娃娃服縫紉BOOK

OBITSU11
荒木佐和子の紙型教科書 3

—— 11cm 尺寸の男娃服飾 ——

荒木佐和子　著

ch.17
帽子／棒球帽
ch.8
連帽衫
ch.10
基本款褲子／牛仔褲
ch.16
鞋子／滑板鞋

「7.運動服」「9.簡易款褲子」只要在側邊加上緞帶邊條的話，馬上就能增添看起來像是運動服的感覺。全身上、下顏色相同的運動服看起來有點土氣，如果將衣領和下襬設計成其他顏色，看起來會比較有時尚感。
如果想要製作成貼身的運動服裝時，可以將熨斗貼布貼在「12.緊身衣(連身長褲)」上，看起來就像是兩件式運動衣。進一步調整長度後，也可以改造成自行車衣或是競技泳衣。

REME

ch.12
緊身衣／連身長褲
長度調整款

ch.1
簡易款 T 恤／短袖

ch.7
運動服

ch.9
簡易款褲子／長褲

ch.16
鞋子／運動鞋

「3. 襯衫」與「9. 簡易款褲子」若使用直條紋布料製作的話，就會變成睡衣！請尋找像是格子花紋布這些可以用來製作睡衣的布料吧！
「8. 連帽衫」使用市售的襪子製作。如果是雙色搭配的話，看起來會更可愛。為了要讓手能夠放進口袋，側邊沒有縫在衣身上，壓邊的縫線只是用來裝飾。

ch.3
襯衫

ch.8
連帽衫

ch.9
簡易款褲子／長褲

ch.9
簡易款褲子／五分褲

「13. 粗呢大衣」使用 2 色的毛氈製作。還可以用手縫加上刺繡，或是在帽子加上毛皮等，請自行調整各式各樣的設計。如果沒有辦法買到小型的雙排釦，也可以自己用飾品用的烤箱軟陶自行製作。「16. 鞋子 (運動鞋)」塗成與外套搭配的顏色。刻意將外表製作成稍微有些髒污，比較有復古的感覺。

ch.13
粗呢大衣
ch.2
後開式 T 恤/長袖
ch.10
基本款褲子/工作褲
ch.16
鞋子/滑板鞋
ch.13
粗呢大衣
ch.2
後開式 T 恤/長袖
ch.9
簡易款褲子/長褲
ch.16
鞋子/運動鞋

「4. 立領制服．學生服」「5. 西裝外套」的底下穿著「3. 襯衫」與「10. 基本款褲子」時，為了盡可能避免穿起來變得臃腫，因此將紙型都製作成剛剛好的尺寸。使用熱壓飾釦代替鈕釦，胸口的徽章是將小鈕釦的腳用鉗子剪掉後黏貼在衣服上。裡面穿的襯衫使用平紋織布，重點在於盡量使用較薄的布料。也可以將前端的黏扣帶長度改短，設計成開領襯衫。

ch.17
帽子/學生帽
ch.4
立領制服‧學生服
ch.10
基本款褲子/休閒褲
ch.16
鞋子/運動鞋
ch.3
襯衫
ch.5
西裝外套
ch.10
基本款褲子/休閒褲
ch.16
鞋子

這裡為了不擅長製作西裝外套領子的人，特地以「6.水手上衣」的應用，製作了”疑似西裝外套領子”的紙型。右邊的作品使用的是印花布。如果找不到適合花紋的話，可以將紙型掃瞄後，描繪自己喜歡的花紋，然後再使用印花布列印出來。
「17.帽子(學生帽)」如果只使用帽身紙型的話，也可以調整設計成貝雷帽。「16.鞋子(靴子)」的上部有做裁剪修改，配合了褲子的長度。如果裁剪得更短，當作短靴使用應該也很可愛。

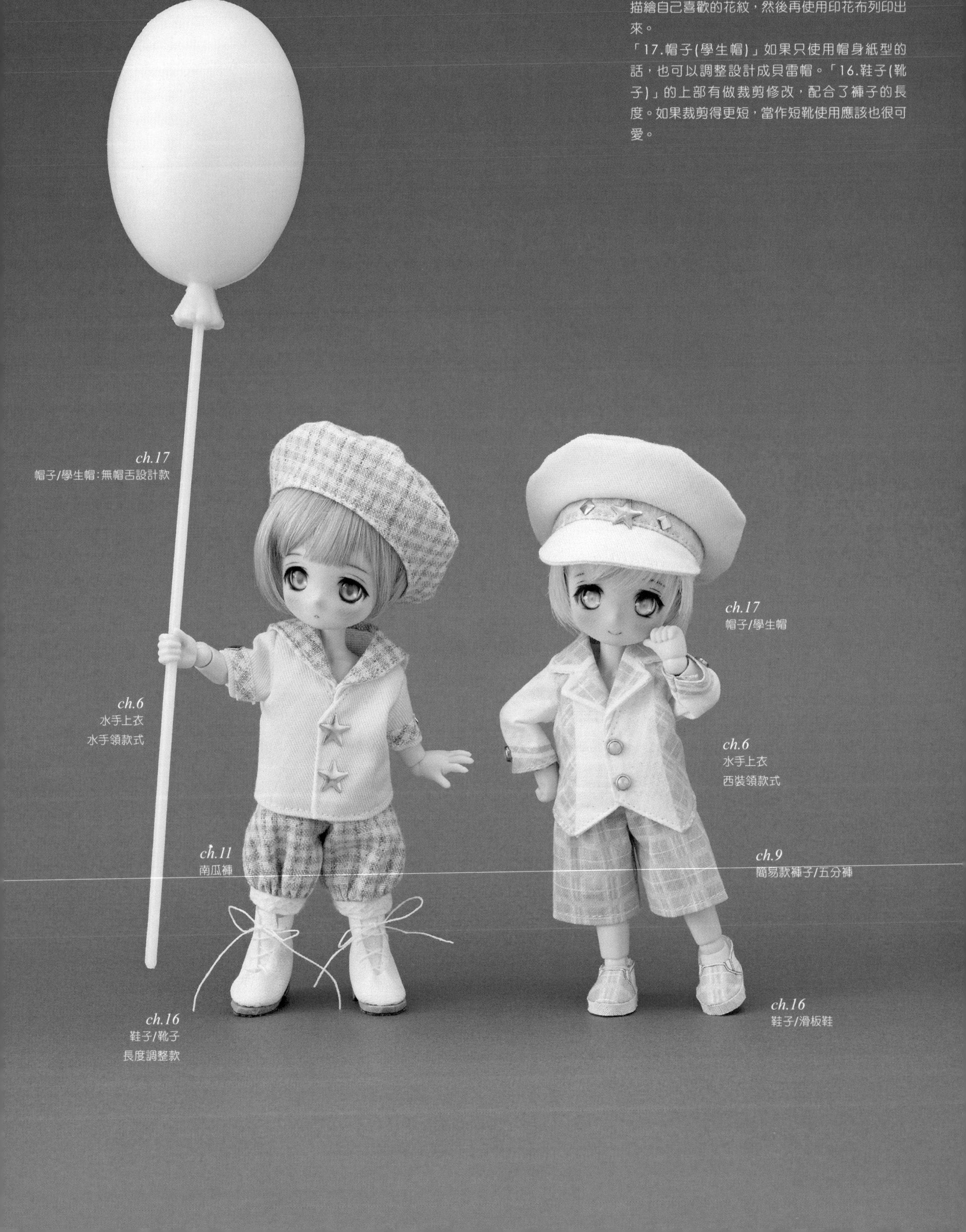

ch.17
帽子/學生帽:無帽舌設計款
ch.17
帽子/學生帽
ch.6
水手上衣
水手領款式
ch.6
水手上衣
西裝領款式
ch.11
南瓜褲
ch.9
簡易款褲子/五分褲
ch.16
鞋子/靴子
長度調整款
ch.16
鞋子/滑板鞋

「14. 披風」使用正反兩面完全不同素材的布料製作起來也蠻可愛的。連帽斗篷的帽子，如同粗呢大衣那樣加上毛皮也不錯。披風內側加上了鐵絲，因此可以讓披風呈現隨風飄揚的感覺。下半身的服裝是將「9. 簡易款褲子（五分褲）」調整設計成南瓜褲風格。「16. 鞋子（靴子）」是以類似鹿皮的合成皮革製作而成。因為是一體成型裁剪的關係，需要縫的部分很少，製作時很像是做勞作的感覺，請各位試著挑戰看看！

ch.14
披風/連帽斗篷

ch.1
簡易款 T 恤/長袖

ch.6
水手上衣/無衣領款式

ch.9
簡易款褲子/五分褲
南瓜褲調整設計款

ch.16
鞋子/靴子·襪子

「15. 浴衣」建議使用不是太厚的布料製作。拿男仕手帕來製作也可以。腰帶是以蒂羅爾繡帶加上緞帶製作而成。如果沒有找到自己喜歡的花色，可以準備一條 1 cm 寬左右的繩帶，以繪布筆自行描繪喜歡的花色。

ch.15
浴衣

ch.15
浴衣

「12. 緊身衣」的舞蹈服裝有分為前開式和後開式兩種。雖然是密貼身體曲線的外形，但和連身長褲不同，在腰部的位置有接縫的設計。當設計希望能上、下身呈現不同顏色或是不同素材時，可以加以活用。如果沒有找到自己喜歡的針織布料，可以拿 80 丹尼數的絲襪或者是將薄襪裁剪下來使用

「14. 披風」如果有加上鐵絲，就不需要釦環也可以固定在肩上，但如果設計成以鏈條吊掛固定在鈕釦上來代替釦環，看起來也相當帥氣。

ch.14
披風/立領披風

ch.12
緊身衣
舞蹈服裝

ch.12
緊身衣
舞蹈服裝

ch.16
鞋子/靴子

CONTENTS

Frill

「芙莉兔妹妹」
縫製娃娃裝的初學者兔子妹妹

Puff

「泡芙貓老師」
洋裁達人貓咪老師

這本書是專門解說《OBITSU11素體》的衣服紙型教科書，
刊載了很多很多的範例哦！
OBITSU11娃娃小小的好可愛呢！
內容都是泛用性很高的基本配件，
只要將素材改為其他材質，就可以做出各種不同的調整設計哦！
使用普通布料製作休閒褲
使用丹寧布製作牛仔褲
加上口袋之後，就成了工作褲
如果是對紙型比較熟悉的人，甚至可以調整長度和形狀，改造成自己原創的設計呢！
外套
增加長度可變成大衣
另外也有刊載可用勞作的感覺製作的運動鞋與靴子的紙型。
大家可以盡情地進行整體穿搭設計。
本書是以男娃服裝為主，因此都是左側在上的設計
男生服裝：左衣身在上
女生服裝：右衣身在上
如果想要製作女生服裝的話，請製作成與本書的衣身左右相反的設計哦！
本書的最後章節，記載了使用本書紙型時的注意事項
展售會、網路販賣、拍賣銷售
NG!
¥○□△○
違反版權
這些注意事項與其他縫紉教學書、手工藝教學書都是共通的，
請各位務必仔細閱讀相關注意事項。
本書中雖然是以縫紉機車縫的方式進行解說，當然要用手工縫也沒有問題！
請各位以自己習慣的方法製作。
活用本書的紙型，幫自己心愛的娃娃多做幾件漂亮的衣服吧！

紙型解說

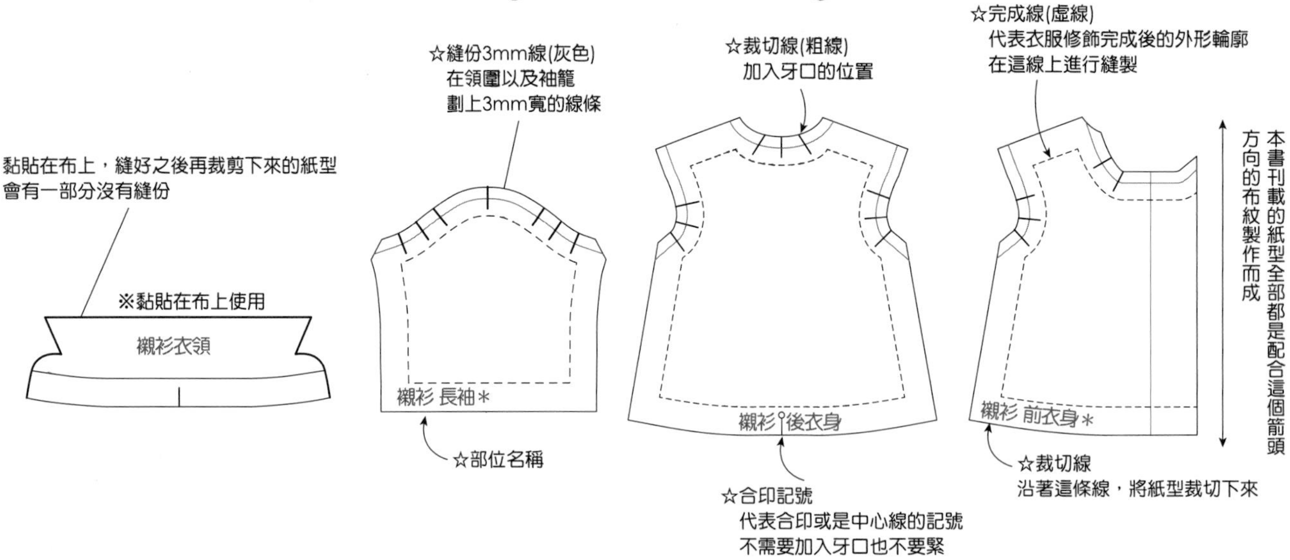

黏貼在布上，縫好之後再裁剪下來的紙型會有一部分沒有縫份
※黏貼在布上使用
襯衫衣領
☆縫份3mm線(灰色)
在領圍以及袖籠劃上3mm寬的線條
襯衫 長袖＊
☆部位名稱
☆裁切線(粗線)
加入牙口的位置
襯衫 後衣身
☆合印記號
代表合印或是中心線的記號
不需要加入牙口也不要緊
☆完成線(虛線)
代表衣服修飾完成後的外形輪廓
在這線上進行縫製
襯衫 前衣身＊
☆裁切線
沿著這條線，將紙型裁切下來
本書刊載的紙型全部都是配合這個箭頭方向的布紋製作而成

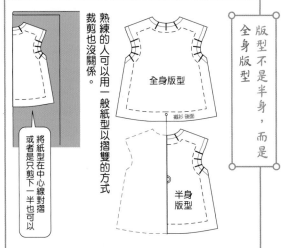

版型不是半身，而是全身版型

熟練的人可以用一般紙型以摺雙的方式裁剪也沒關係。

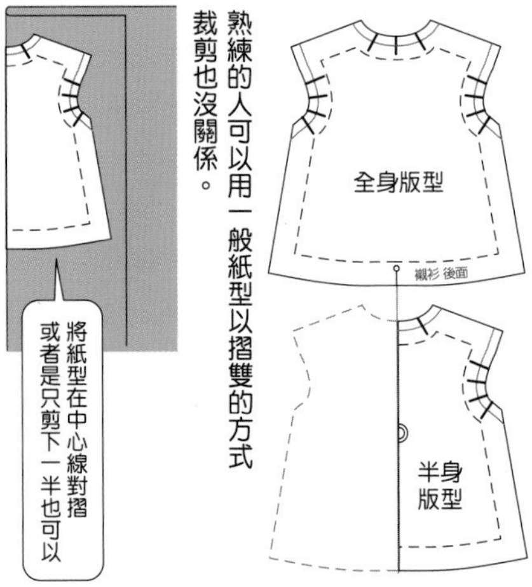

將紙型在中心線對摺或者是只剪下一半也可以
全身版型
襯衫 後面
半身版型

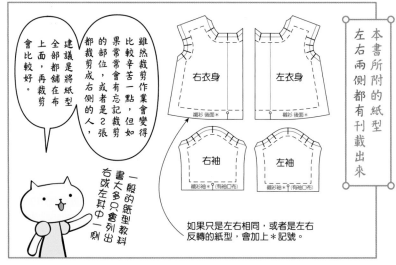

本書所附的紙型左右兩側都有刊載出來

雖然裁剪作業會變得比較辛苦一點，但如果常常會有忘記裁剪的部位，或者是2張都裁剪成右側的人，建議是將紙型全部都鋪在布上面，再裁剪會比較好。

一般的紙型教科書大多只會列出右或左其中一側

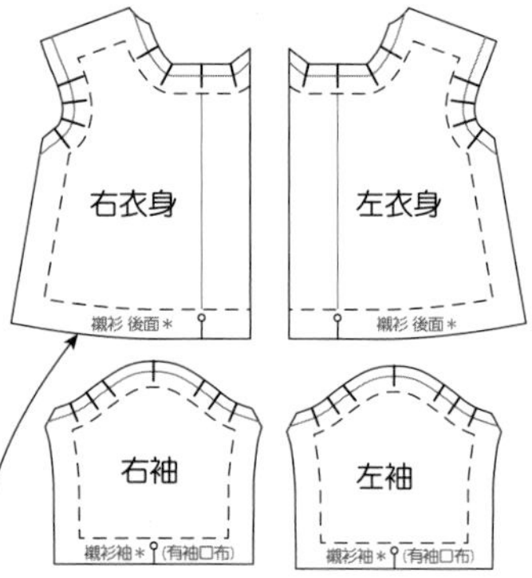

右衣身
左衣身
襯衫 後面＊
右袖
左袖
襯衫袖＊(有袖口布)

如果只是左右相同，或者是左右反轉的紙型，會加上＊記號。

為了讓各部位布片更容易疊合在一起，各部分的縫份請盡可能保留相同的寬度

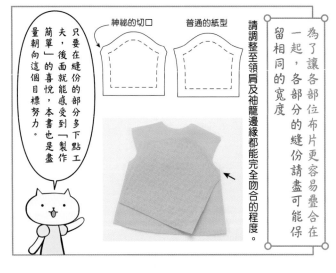

請調整至領肩及袖籠邊緣都能完全吻合的程度。

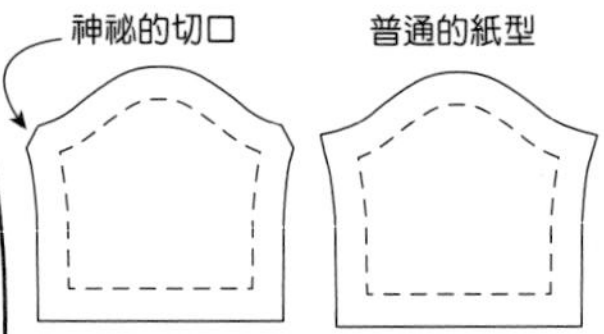

神祕的切口
普通的紙型

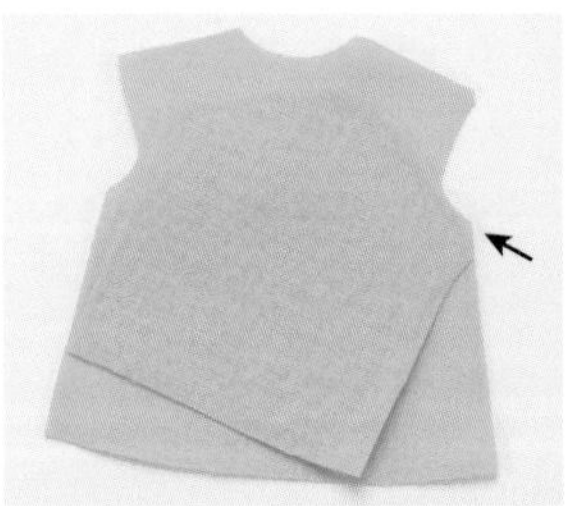

只要在縫份的部分多下點工夫，後面就能感受到「製作簡單」的喜悅，本書也是盡量朝向這個目標努力。

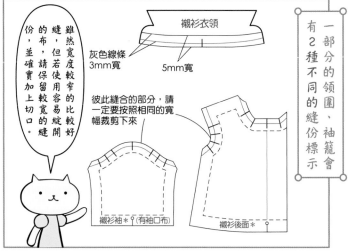

一部分的領圍、袖籠會有2種不同的縫份標示

雖然寬度較窄的比較好縫，但若使用容易綻開的布，請保留較寬的縫份，並確實加上切口。

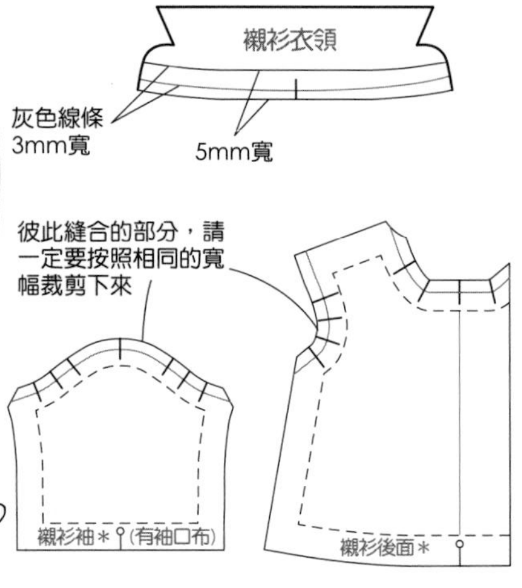

襯衫衣領
灰色線條3mm寬
5mm寬
彼此縫合的部分，請一定要按照相同的寬幅裁剪下來
襯衫袖＊(有袖口布)
襯衫後面＊

襪子及衣領等部分為了能夠確保正確的縫製，要直接貼在布上使用

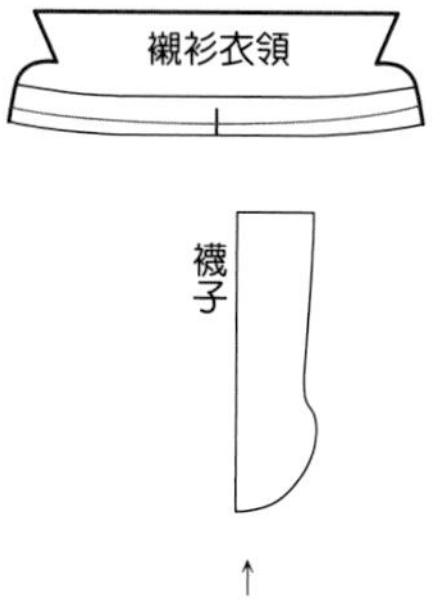
※黏貼在布上使用
襯衫衣領
襪子
有一些特殊的紙型會像這樣完全沒有附上縫份

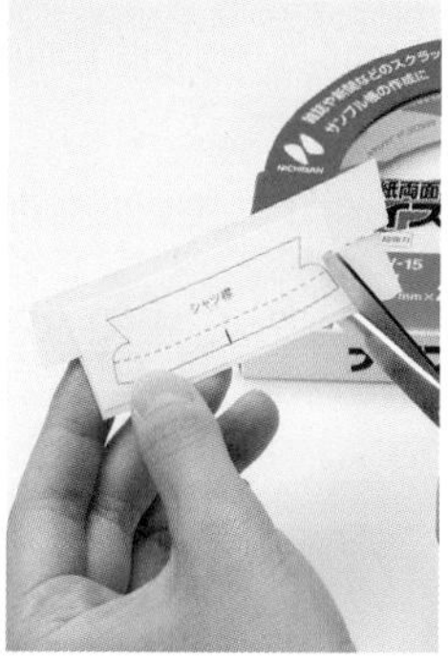

先在紙型的背面貼上雙面膠帶，最好是讓雙面膠帶先在布料上黏貼過數次，讓黏著面沾上纖維，變得黏性稍弱的狀態會更方便使用。

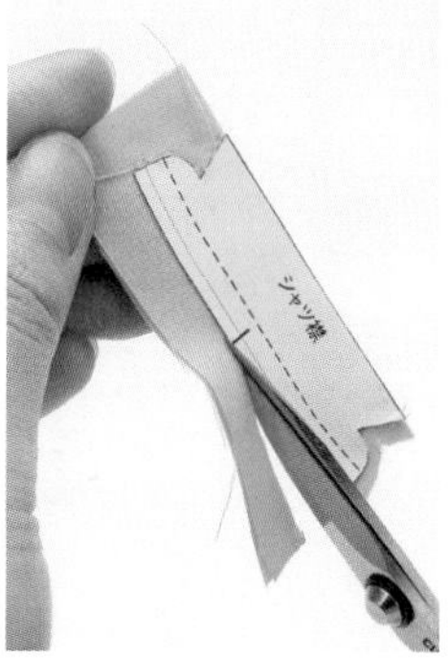

※請注意如果黏性過強的話，撕下膠帶時會拉扯到布料而可能造成綻線。

以紙型為引導縫線完成後，將多餘的部分裁剪下來。

這麼一來就能正確的縫線了呢！
需要縫線的詳細位置，請參考各自的製作解說頁面哦！

方便標記的記號筆

自動鉛筆造型的類型

可以描繪細線（但不太適用於針織布料），與其他布料磨擦後，顏色會變淡，不過有可能會無法完全消除顏色。

遇到水就會消失的類型

塗上防綻液時會讓記號消失，請注意依素材不同，有時候會出現暈開的情形。

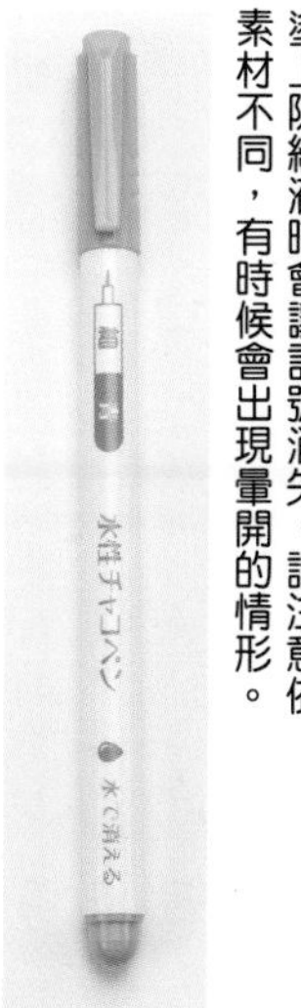

經過一段時間自然消失的類型

依素材不同，有時候會出現暈開的情形。

可以在深色布描繪的類型

描繪後，經過一段時間會慢慢地浮現白色線條。

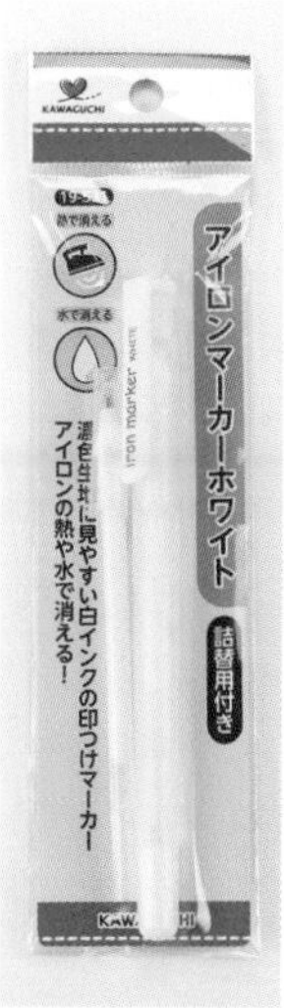

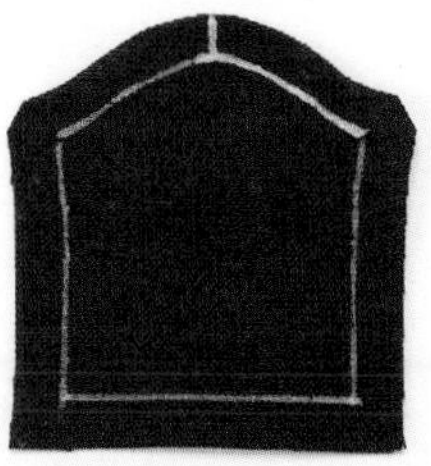

▲適用於黑色或深藍色這類深色布料。以熨斗加熱或用水都可以消除線條。

適合用來裁剪的工具

小剪刀

除了普通的裁布剪刀外，如果再準備一隻銳利的小剪刀，在裁剪小尺寸的紙型布片時會較方便。

※為了避免銳利度下降，請勿用來裁剪紙張。

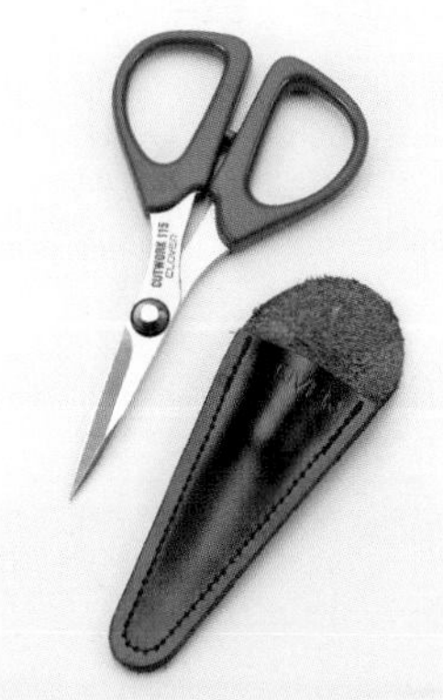

裁布輪刀

相較於一般裁縫用的輪刀，使用刀刃較小的輪刀，比較方便裁切細微的轉角部分。

裁切墊

使用裁布輪刀時，底下請一定要舖設裁切墊。

適合製作小尺寸娃衣的布料

介紹這些代表性的布料給大家！

平織薄棉布

厚度較薄，適合製作襯衫。也很適合使用於水手領的襯領。記得要事先確實塗上防綻液。

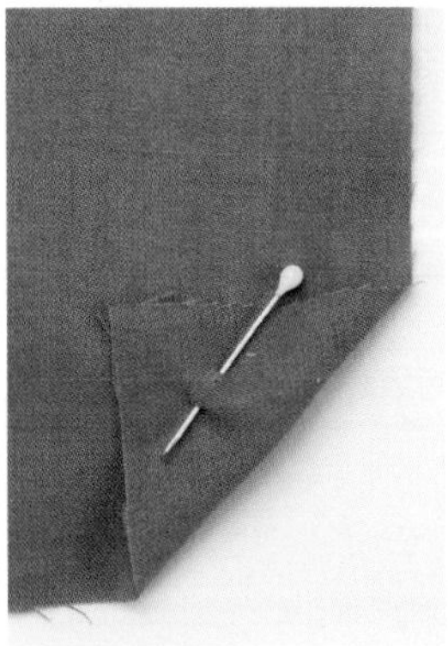

細平棉布

這是棉+化纖的布料，雖然薄但質地硬挺。如果不是會讓底層透出顏色的話，也可以拿來製作外套及褲子。

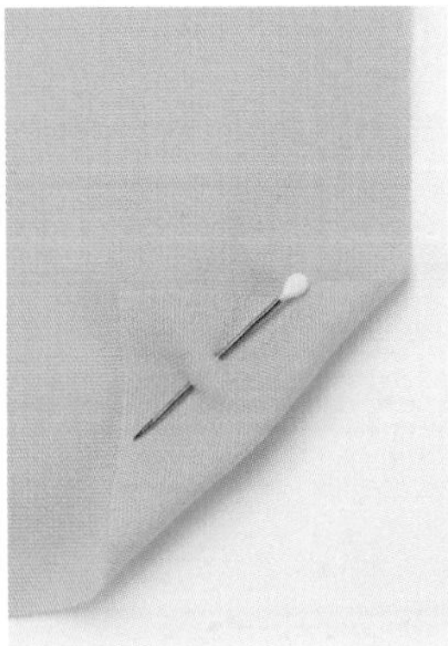

寬幅棉布

適合用於製作褲子及外套，布質柔軟很好縫製。給人樸素的感覺。記得要事先確實塗上防綻液。

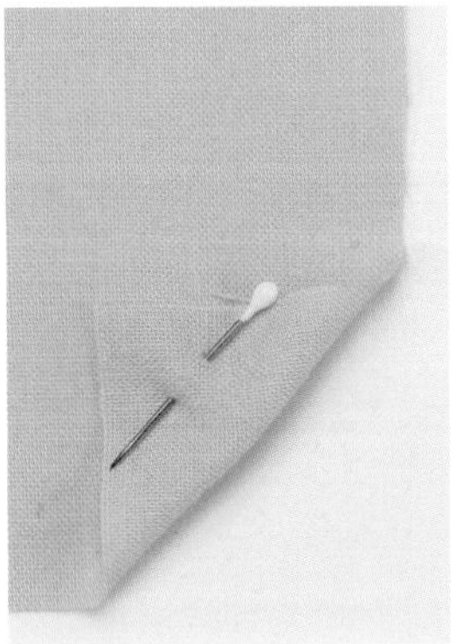

斜紋布．軋別丁布（較薄的種類）

有些布料的質地會相當厚實，使用起來要多加注意。請盡量選擇較薄的種類。這是以菱形織法，質地硬挺的布料，相當適合使用於制服或西裝這種正式服裝的設計。

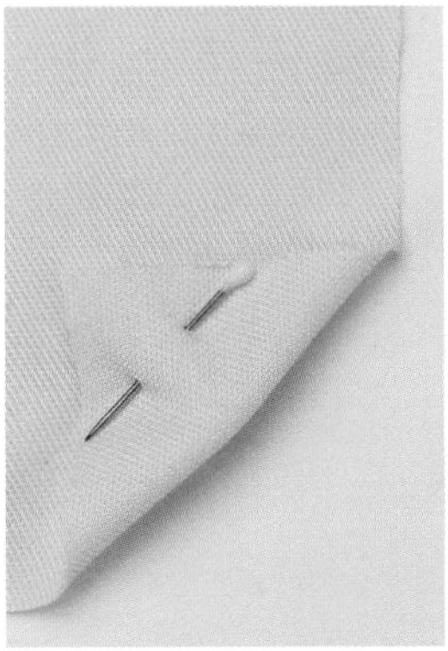

6~7盎司丹寧布

一般真人衣服用的布料太厚會不好縫，因此建議使用6~7盎司的丹寧布。有些規模較小的布行可能沒有銷售，也可以在網路商店找找看。如果真的找不到的話，可以使用風格類似的粗藍斜紋布代替。

這裡是為大家介紹相對容易買得到的主流布料，除此之外也是有很多好用的布料。
請選用不容易綻開，而且質地較薄的布料。

代表性的針織布料

天竺棉

有分正反面。雖然有很多適合拿來製作娃娃服的薄布款式，但裁切的邊緣容易捲成一團。建議使用在T恤、連帽衫、襪子等服飾的製作。

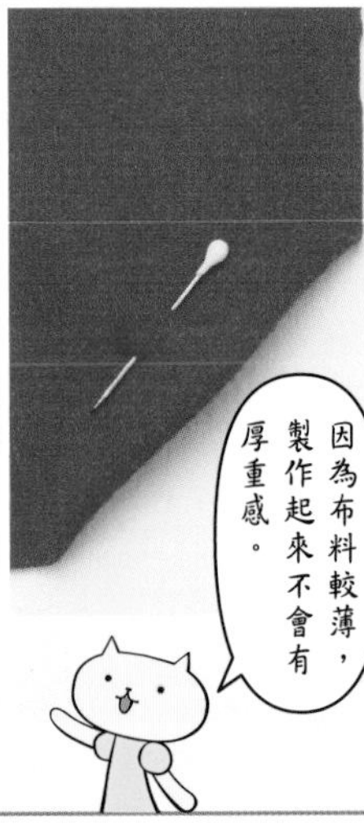

因為布料較薄，製作起來不會有厚重感。

棉毛布

比起天竺棉稍微厚一點點，裁切的布邊不容易捲起。正反兩面看起來幾乎相同。建議使用在T恤、連帽衫等服飾的製作。

用這個布料來製作襪子的話，可能會太厚些。

羅紋布、羅紋抽針針織布

透過下針、上針反覆交替編織，呈現出直線條的布紋。稍微有點厚。

可以使用於連帽衫的下襬，或是作為袖口的點綴設計！

如果覺得要將紙型繕寫到布上很麻煩的時候

只要在紙型的背面貼上保護膠帶，再用裁布輪刀直接裁切就可以囉！

將保護膠帶黏貼在紙型背面，然後貼在布料上。

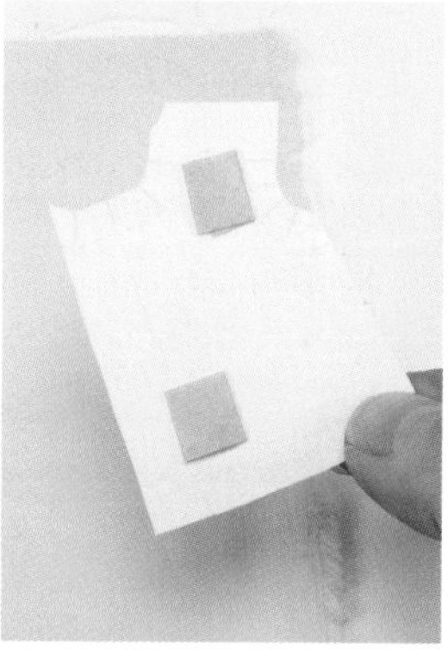

將紙型摺向布紋方向，一邊注意布紋實際的方向，一邊調整位置。

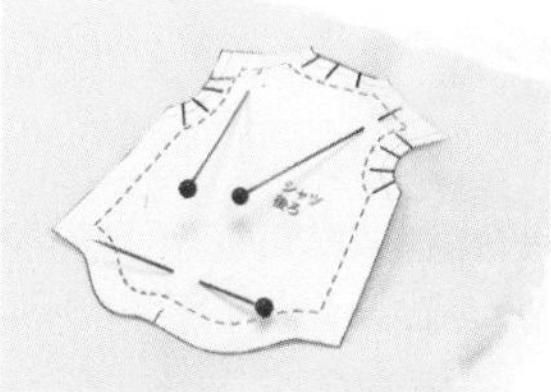

如果使用待針的話，會變得凹凸不平。

使用膠帶會比使用待針更安全呢！

照這個樣子直接裁切下來，就可以省下繕寫的工夫。

細微的部分使用剪刀，以免裁切過頭了！

將完成線正確地繕寫到布上的方法

雖然有些麻煩，但是將沒有縫份的紙型也製作出來，沿著周圍描線就能夠正確地描繪出完成線。

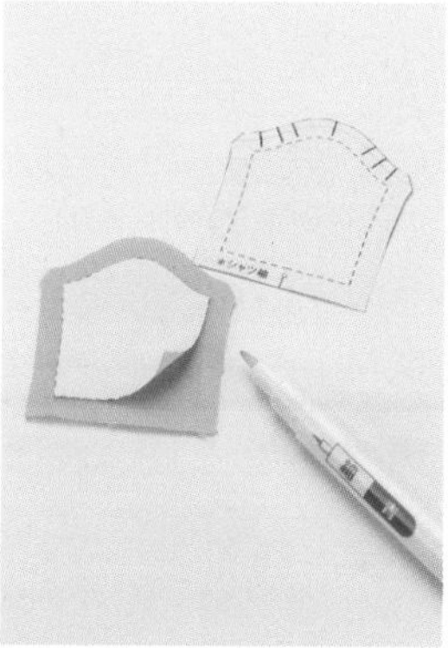

使用保護膠帶黏貼上去。

或者是將紙型的一部分以美工刀切開後，翻開描繪。

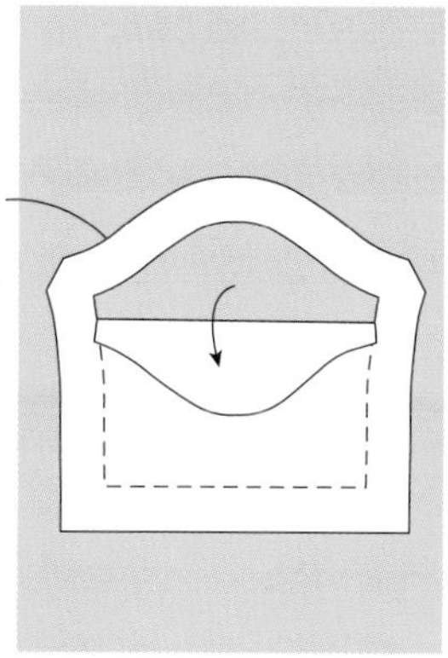

看是否要複印到較厚的紙張，或者是用隱形膠帶補強背面都可以。

不要忘記將合印標示出來。

防綻液的塗抹方法與注意事項

將各部位的布片排放在寵物尿布墊上，塗抹防綻液後直接靜置到乾燥。

防綻液塗抹後外觀會有明顯痕跡的素材，請注意不要塗抹過量。

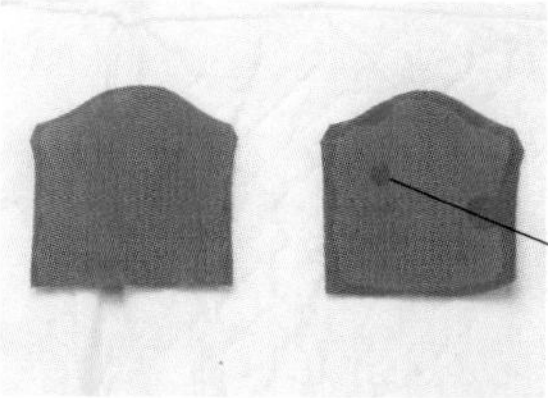

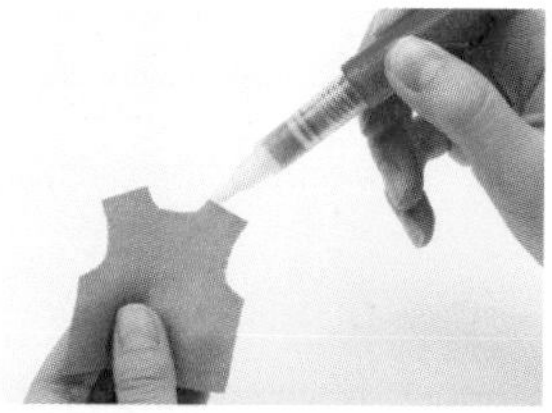

也有可以將布片以手持的方式塗抹邊緣的筆型防綻液。

也可以先塗抹防綻液再裁剪。

如果描繪使用的是遇到水顏色會消失的繪布筆，那就不能用這個方法哦！

布襯

可分為以下3種材質
·不織布
·平織布
·針織布

請選擇可以使用熨斗加熱黏貼的產品。

單面熨斗加熱黏貼的產品，建議使用在商品價格均一店販售的薄布型產品。

Fusible interfacing
接着芯
片面接着タイプ
薄手で表に響きにくい

聽說只要稍微用水沾濕就可確實黏貼上去呢！

雖然顏色有很多種，但一般的布行很少會有那麼多種類，暫時先將比較容易買得到的白色與黑色準備起來。

使用在深色布料時，黑色會比白色看起來更不顯眼。

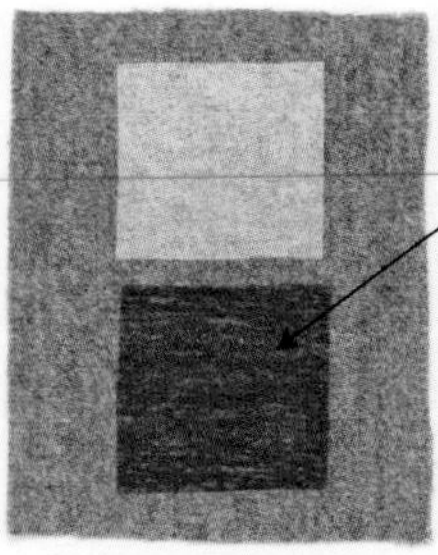

黏貼布襯有什麼好處呢？

對於會延伸的布料，就算作業麻煩也要黏貼布襯比較好。

如果不黏貼布襯的話，會因為縫紉機下壓的力道而延伸拉長。

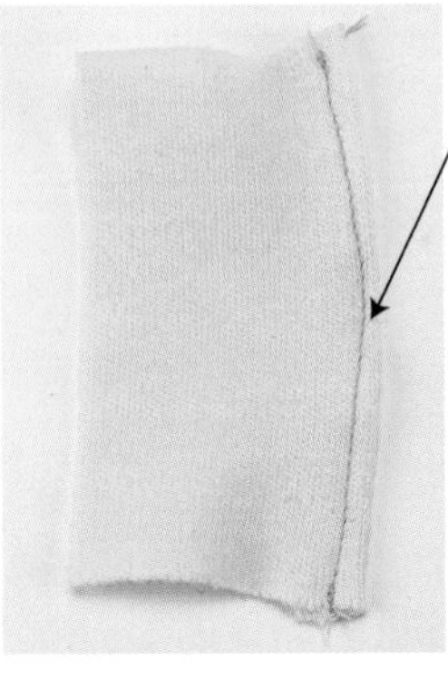

如果將布襯黏貼在縫份上，布邊就可以摺得又直又整齊。

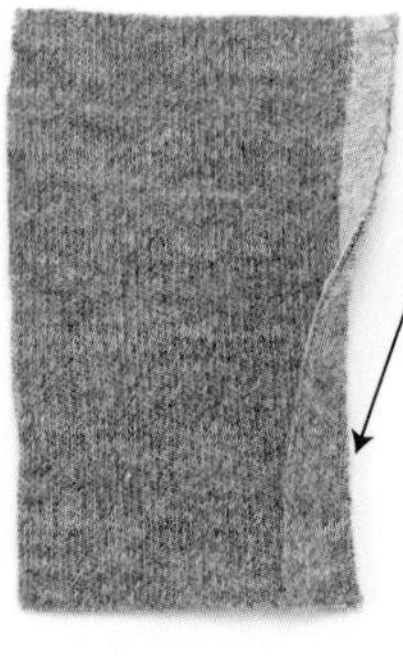

不光是為了防止布料延伸，也可以達到讓整件衣服製作起來更加美觀的效果。

※如果不想弄髒熨斗的人，可以隔上一張墊布或是墊一張紙！

黏扣帶

建議使用在小衣服上的產品

Velcro

Pb-factory原創的特薄型產品。有黑、白兩種顏色。

うすいベルクロ

Soft Sheet

要注意雖然同樣是Craft Cafe公司的產品，10cm×30cm的「黏扣帶」是厚度較厚的產品。

CraftCafé
ソフトシート
面ファスナー
30cm×30cm
縫製用
好きな形にカット！
自由にアレンジ！

HCP Kincsem

雖然厚度最薄，但比其他產品容易剝離。

HCP
Kincsem
Kincsem HCP
メカニカルファスナー
CAT.NC-009

黏扣帶的鉤面、毛面哪個要朝上呢？

一般來說，衣服會蓋在上面的那一側是要貼上黏扣帶的粗糙面。不過上述3種產品即使碰觸到娃娃的頭髮也不容易造成糾結，所以反過來貼上黏扣帶也沒有關係。

鉤面（表面粗糙面）

毛面（蓬鬆柔軟面）

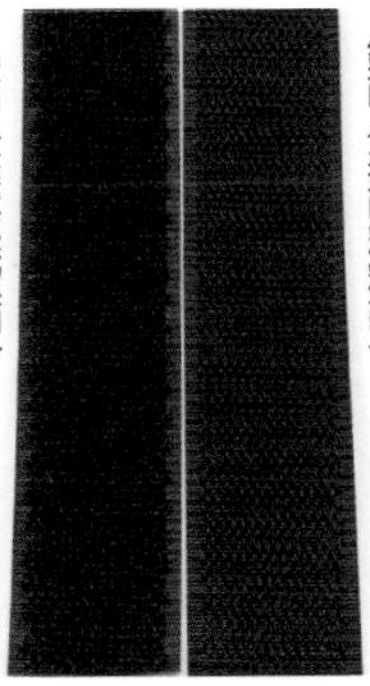

如果是像褲子這種在穿脫時，容易鉤到內衣的情形，將黏扣帶反過來裝設也無妨。

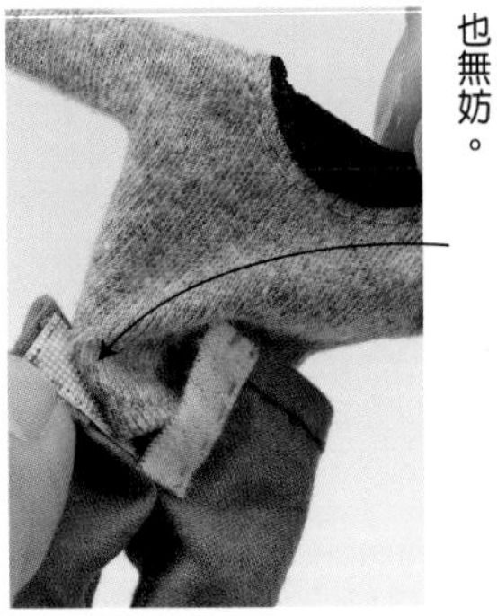

順帶一提，娃娃服的大型製造商都是將鉤面、毛面與一般相反的方式裝設。

隨著時代，素材也產生變化。因此只要是自己覺得方便作業的方式都可以。

縫紉線

OBITSU尺寸的娃娃建議使用像這種較細的縫紉線。

90號（薄布用）
縫紉針#7~9

這是小物品及真人衣服常用的粗細度。如要購買細縫紉線有困難的話，也可以使用這種粗細的縫紉線。

60號（普通布用）
縫紉針#9

再來就是這種限定販售娃娃服專用線，既細且堅韌。
很容易縫製，而且衣服的完成狀態也很漂亮，相當推薦給大家！

Tic Tic
DEUXIEME
Tic Tic
PREMIER

有普通布用的「Tic Tic PREMIER」與針織布用的「Tic Tic DEUXIEME」等種類。

針織用縫紉線

這是使用於像針織布這種會延伸布料的縫紉線。製作襪子或是像絲襪般容易延伸的素材製作衣服時，可以使用這種縫紉線。

50號 針織布用線
縫紉針#9

手縫線

右撇子的人以手縫時，用這種線比較不容易發生縫縮起皺。有些產品線的本身經過加工帶有張力，不容易糾纏在一起。和縫紉線相較之下稍粗一些。

手縫線
針#7~8

拼布線
針#7~8

使用剪成60公分以下的線縫製比較方便哦！
如果太長的話，很容易糾纏在一起！

布用接著劑

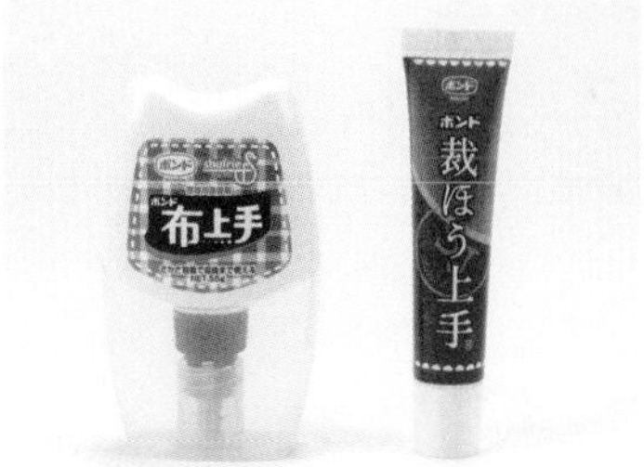
布上手
裁ほう上手

與其使用木工用接著劑，建議還是使用布用、手藝用接著劑比較好。

像是袖口或下襬這些部分，如果不想要壓明線，也可以使用這個產品。
這麼一來，還有幫娃娃穿上衣服時，袖口不容易勾到手的好處呢！

使用牙籤可以塗得較薄。

如果塗得太厚的話，小心會滲透到正面。

使用接著劑一旦黏錯的話，不是無法再拆開，就是會留下痕跡。因此如果只是想要暫時固定裝飾品的時候，建議可以使用熨斗加熱就會融化的縫線。

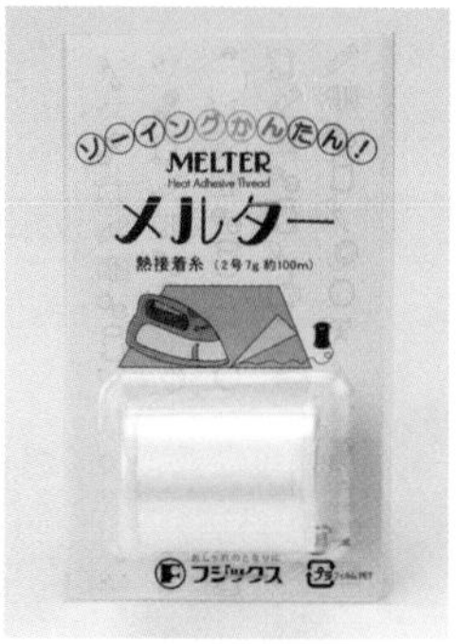
MELTER
メルター

雖然接著力比較弱，如失誤了可以輕鬆取下來。

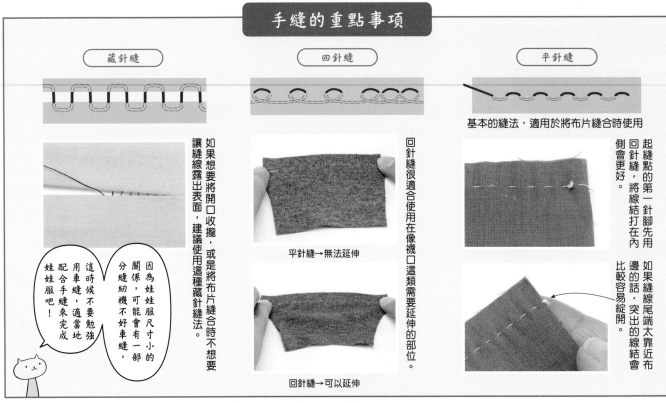

手縫的重點事項

藏針縫

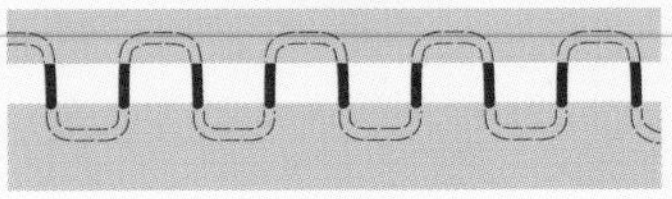

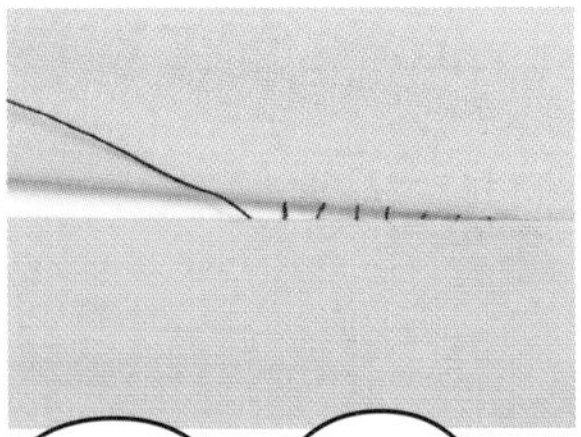

如果想要將開口收攏，或是將布片縫合時不想要讓縫線露出表面，建議使用這種藏針縫法。

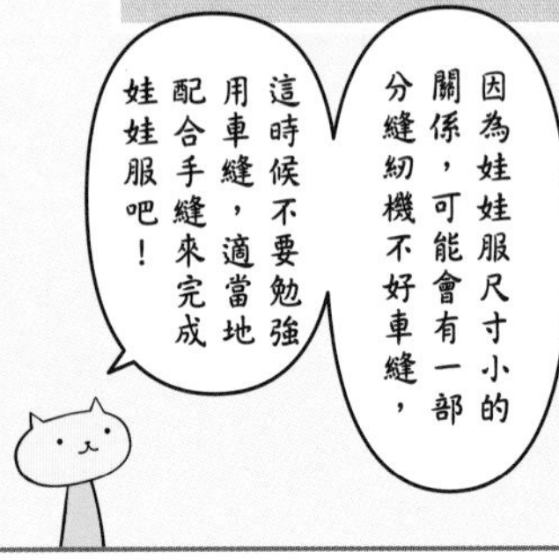

因為娃娃服尺寸小的關係，可能會有一部分縫紉機不好車縫，
這時候不要勉強用車縫，適當地配合手縫來完成娃娃服吧！

回針縫

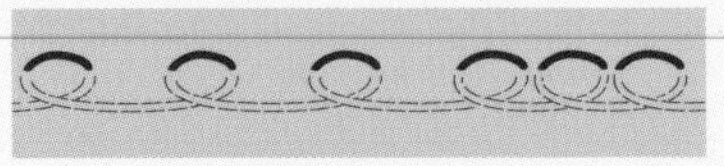

平針縫→無法延伸

回針縫→可以延伸

回針縫很適合使用在像襪口這類需要延伸的部位。

平針縫

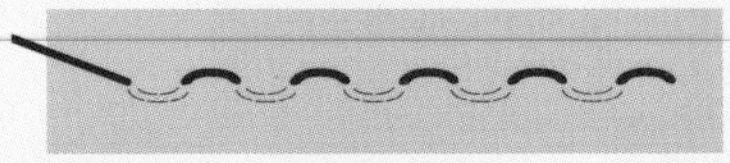

基本的縫法，適用於將布片縫合時使用

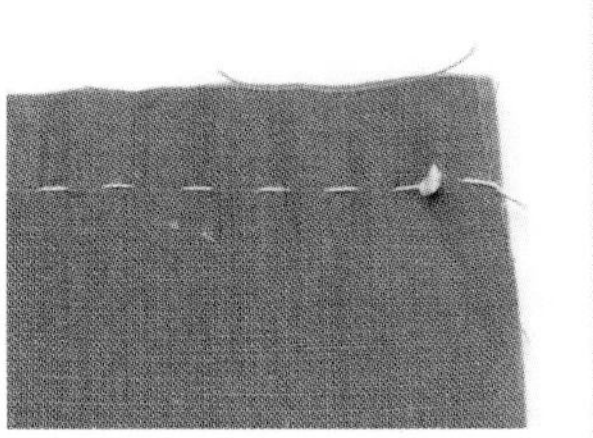

起縫點的第一針腳先用回針縫，將線結打在內側會更好。

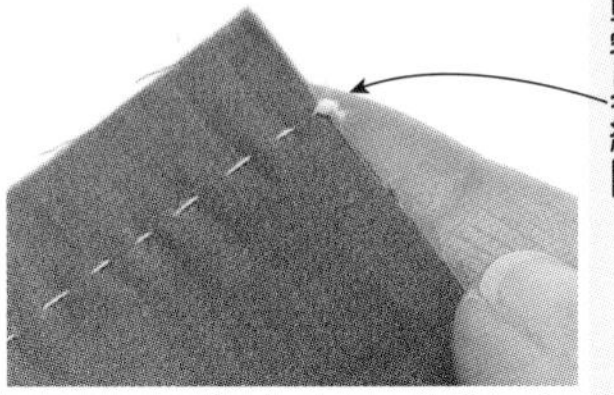

如果縫線尾端太靠近布邊的話，突出的線結會比較容易綻開。

縫紉機車縫的重點事項

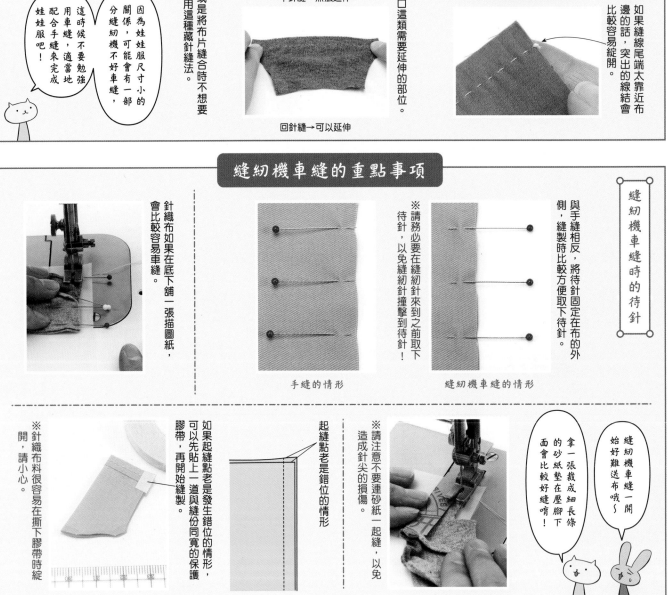

縫紉機車縫時的待針

與手縫相反，將待針固定在布的外側，縫製時比較方便取下待針。

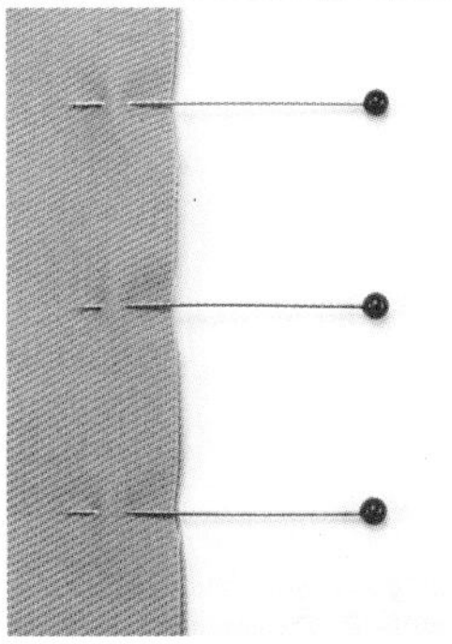

縫紉機車縫的情形

※請務必要在縫紉針來到之前取下待針，以免縫紉針撞擊到待針！

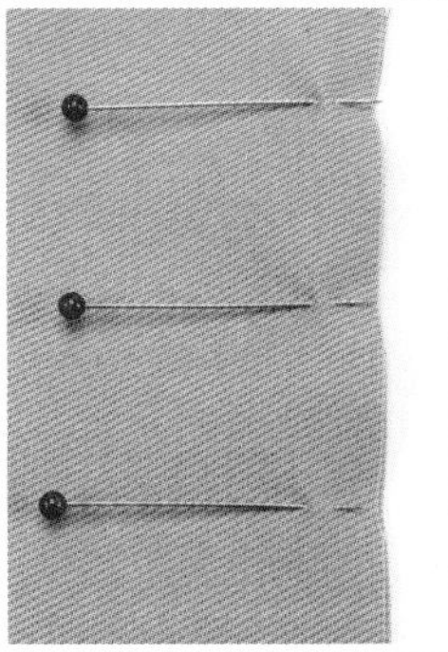

手縫的情形

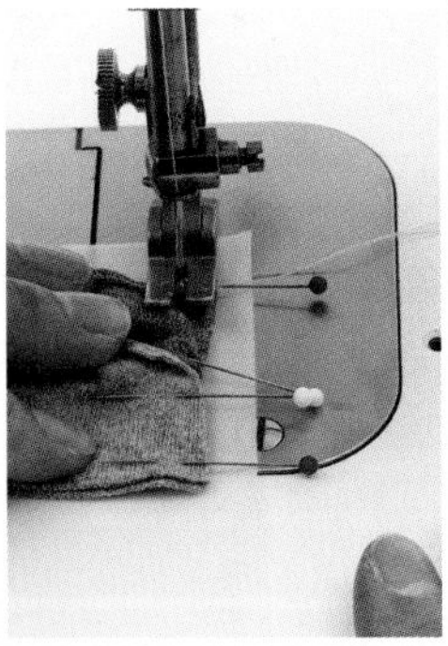

針織布如果在底下鋪一張描圖紙，會比較容易車縫。

縫紉機車縫一開始好難送布哦～
拿一張裁成細長條的砂紙墊在壓腳下面會比較好縫唷！

※請注意不要連砂紙一起縫，以免造成針尖的損傷。

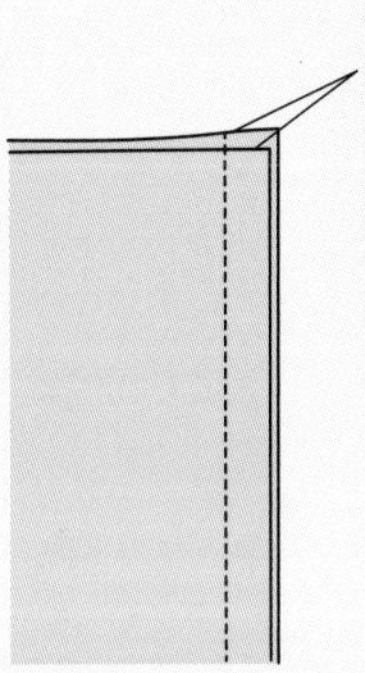

起縫點老是錯位的情形

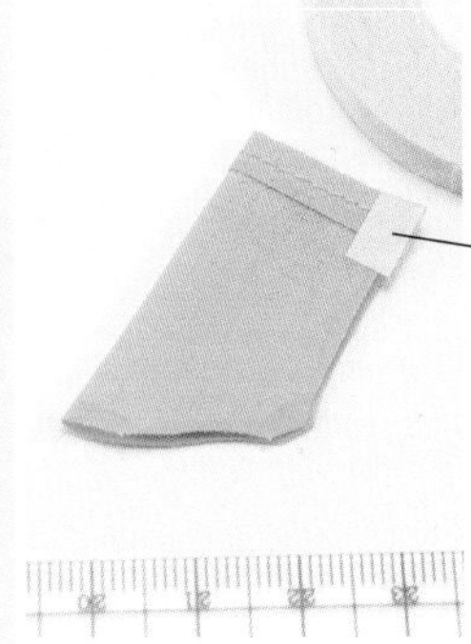

如果起縫點老是發生錯位的情形，可以先貼上一道與縫份同寬的保護膠帶，再開始縫製。

※針織布料很容易在撕下膠帶時綻開，請小心。

使用列印布

プリントできる布
コットンクロス A4 2枚

這是可以用印表機列印的布，很好用哦！

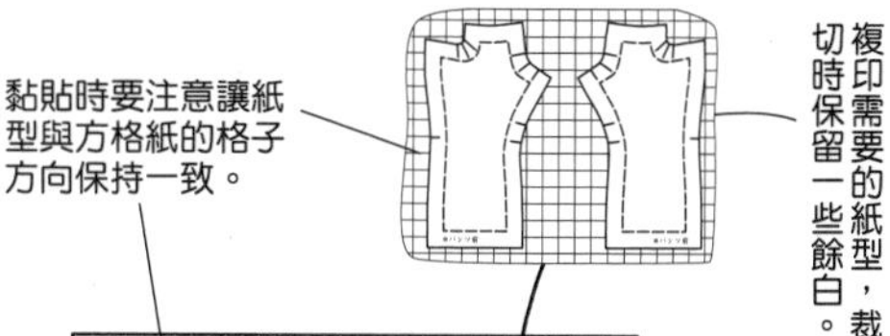
複印需要的紙型，裁切時保留一些餘白。
黏貼時要注意讓紙型與方格紙的格子方向保持一致。

將紙型黏貼在A4尺寸的方格紙上，或直接將紙型繕寫在白紙上也可以。

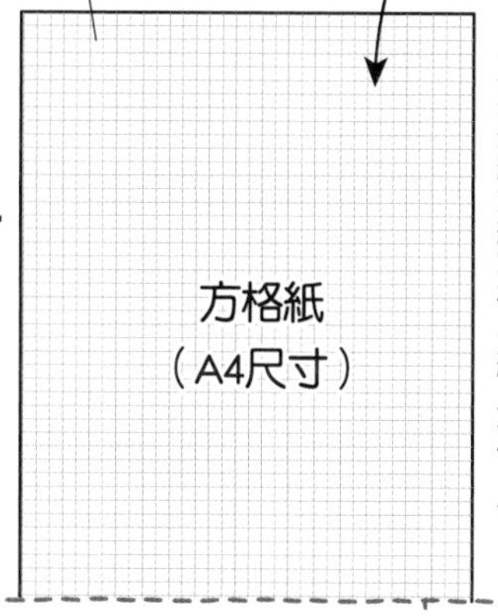
方格紙
（A4尺寸）

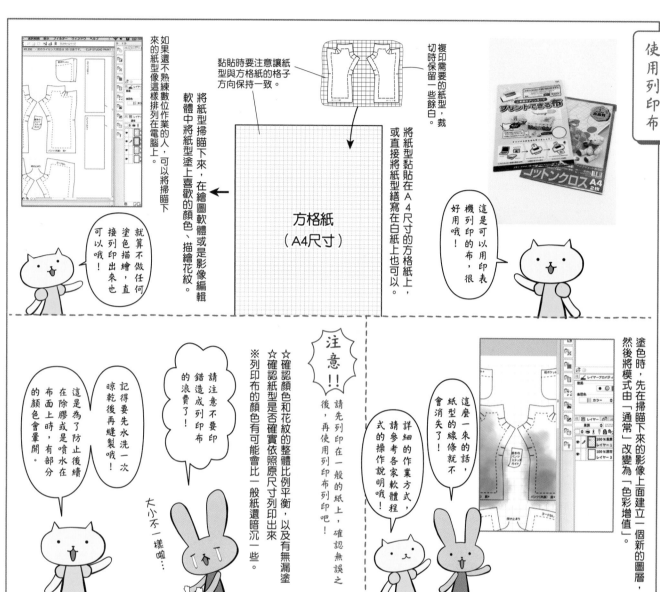

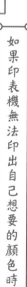

將紙型掃瞄下來，在繪圖軟體或是影像編輯軟體中將紙型塗上喜歡的顏色、描繪花紋。

如果還不熟練數位作業的人，可以將掃瞄下來的紙型像這樣排列在電腦上。

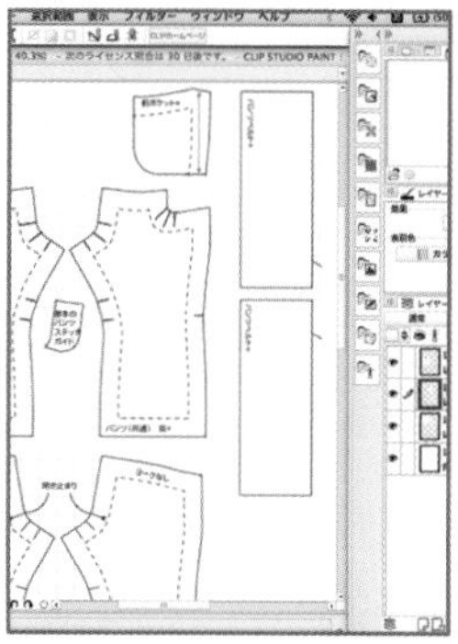

就算不做任何塗色描繪，直接列印出來也可以哦！

塗色時，先在掃瞄下來的影像上面建立一個新的圖層，然後將模式由「通常」改變為「色彩增值」。

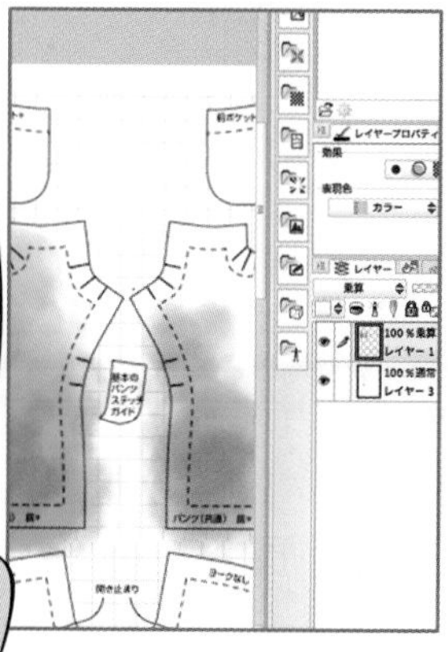

這麼一來的話，紙型的線條就不會消失了！
詳細的作業方式，請參考各家軟體程式的操作說明哦！

注意!!

請先列印在一般的紙上，確認無誤之後，再使用列印布列印吧！

☆確認顏色和花紋的整體比例平衡，以及有無漏塗
☆確認紙型是否確實依照原尺寸列印出來
※列印布的顏色有可能會比一般紙還暗沉一些。

請注意不要印錯造成列印布的浪費了！
大小不一樣啊…
記得要先水洗一次晾乾後再縫製哦！
這是為了防止後續在除膠或是噴水在布面上時，有部分的顏色會暈開。

如果印表機無法印出自己想要的顏色時

如果印表機印出來的一直不是自己想要的顏色，可以乾脆不要塗色直接印出來，然後再使用與自己想要的顏色更相近的繪布筆來上色。

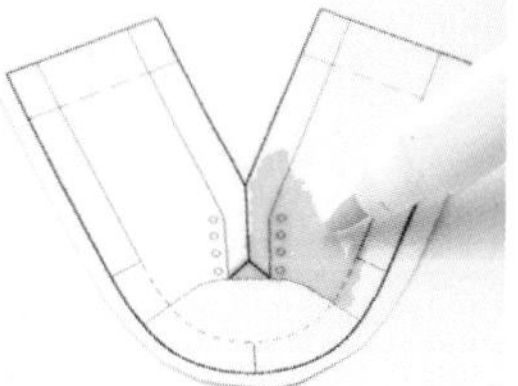

繪布筆

顏色種類豐富，也有螢光色。

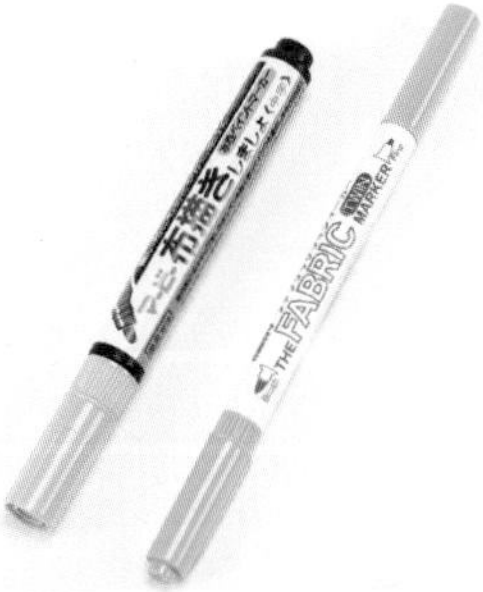

如果找不到自己喜歡顏色的緞帶或是繩子，也可以用繪布筆染色加工。

如果擔心顏色沾染到娃娃的話，請不要使用於臉部附近。

Chapter *1.*

簡易款 T 恤

— T-SHIRTS I —

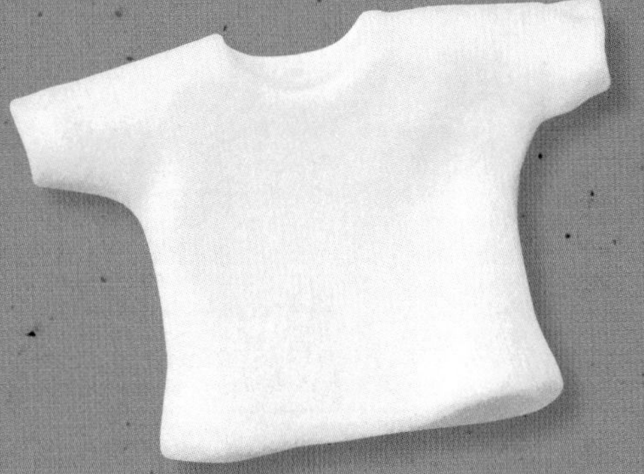

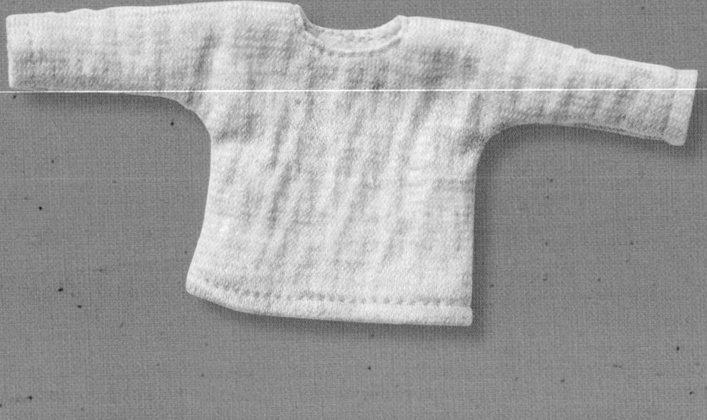

原寸大

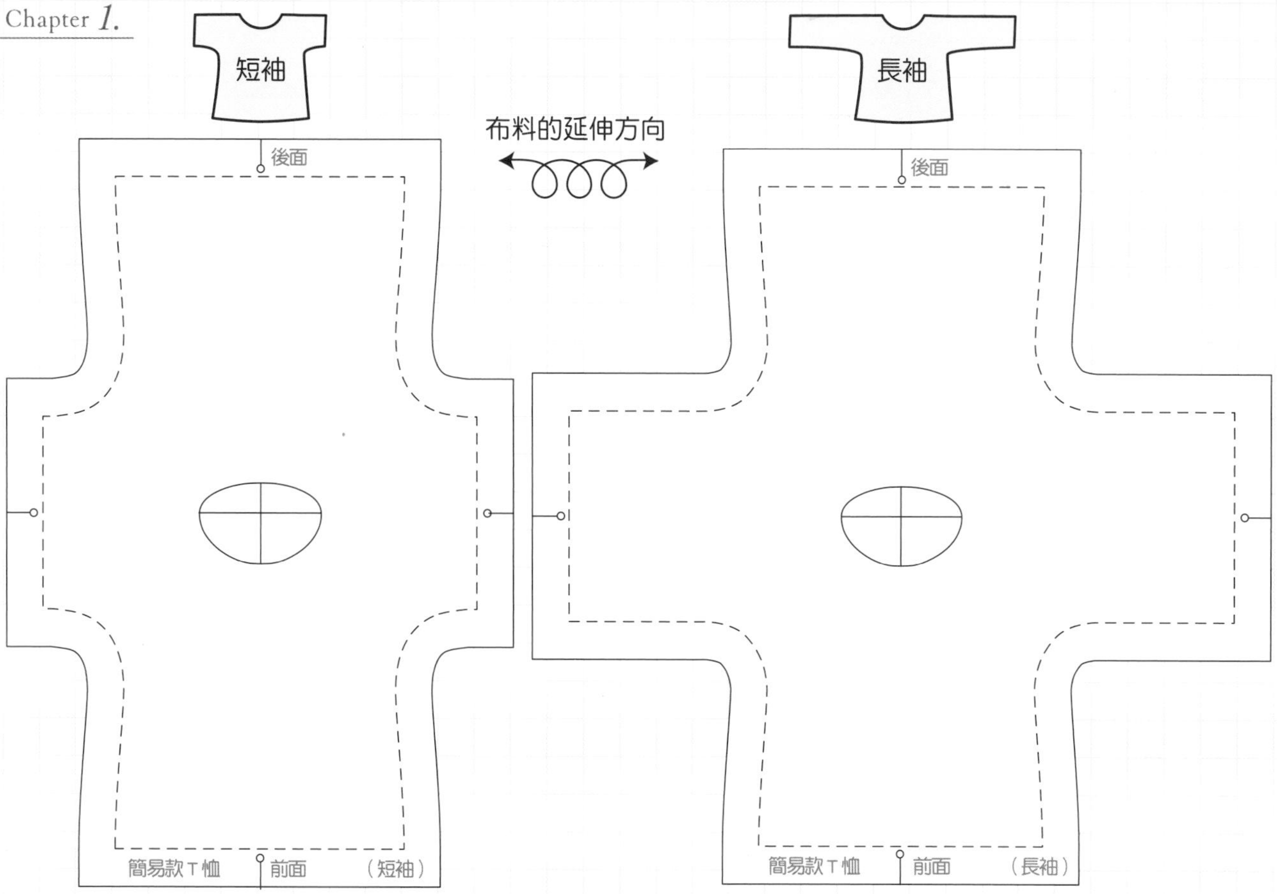
短袖
長袖
布料的延伸方向
後面
簡易款T恤
前面
（短袖）
後面
簡易款T恤
前面
（長袖）

※如果只是左右相同，或者是左右反轉的紙型，會加上＊記號。

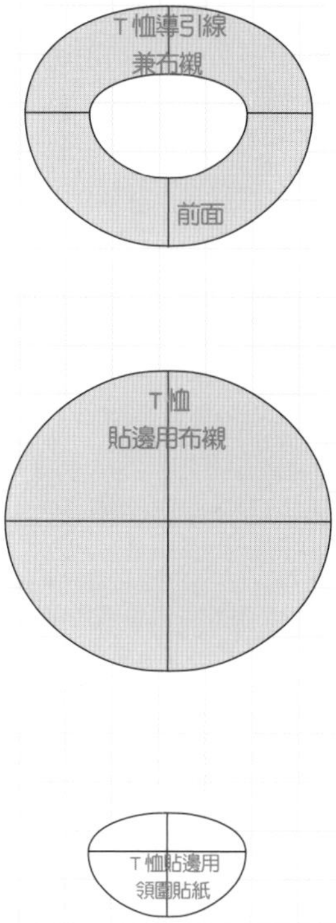
T恤導引線
兼布襯
前面
T恤
貼邊用布襯
T恤貼邊用
領圍貼紙

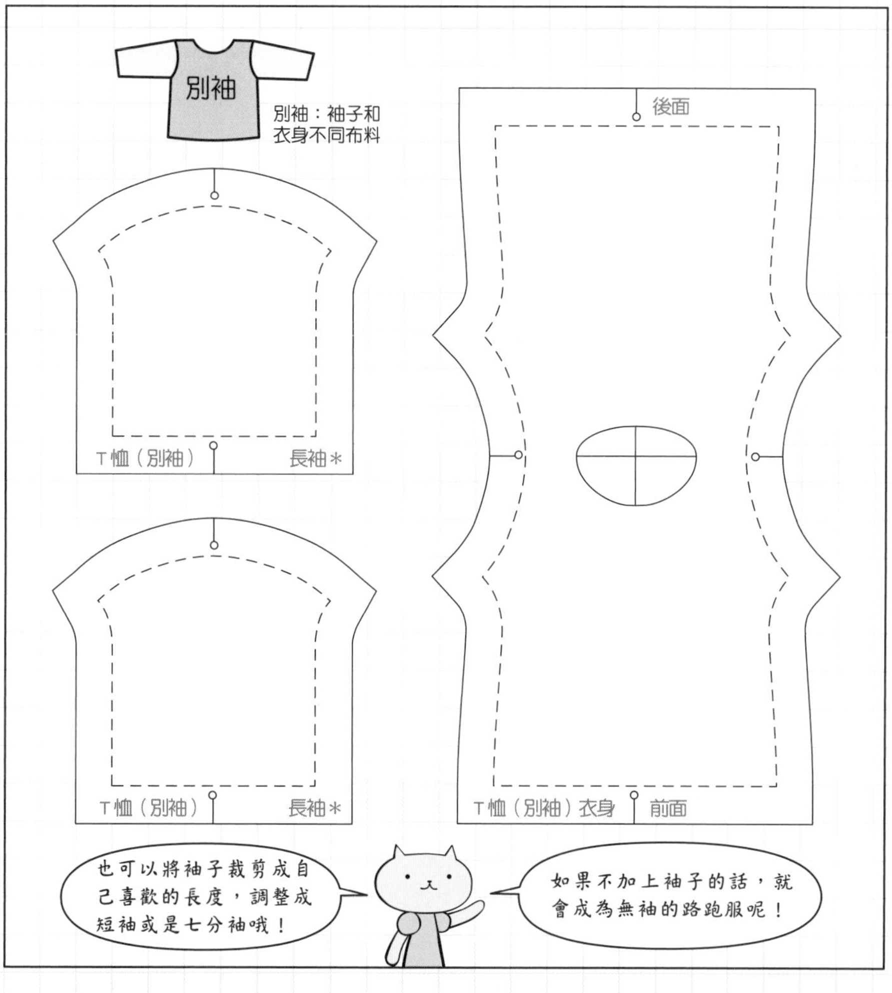
別袖
別袖：袖子和
衣身不同布料
後面
T恤（別袖）
長袖＊
T恤（別袖）
長袖＊
T恤（別袖）衣身
前面
也可以將袖子裁剪成自己喜歡的長度，調整成短袖或是七分袖哦！
如果不加上袖子的話，就會成為無袖的路跑服呢！

請將紙型複印後裁切下來使用！

簡易款T恤紙型

→製作方法 P.22-23

簡易款T恤

只需要縫2個地方！

只要使用接著劑，初學者也能簡單製作！
如有袖子的話，也只要縫4個地方。

→紙型 P.21

1

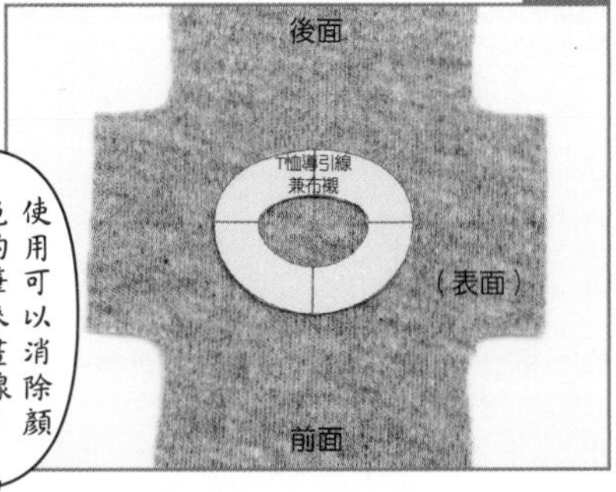
後面
T恤導引線
兼布襯
（表面）
前面

在領圍用的紙型背面貼上雙面膠帶，製作成紙型貼紙，再將紙型的導引線對齊布片的中心貼上。

使用可以消除顏色的筆來畫線，會更容易對齊正確的位置哦！

2

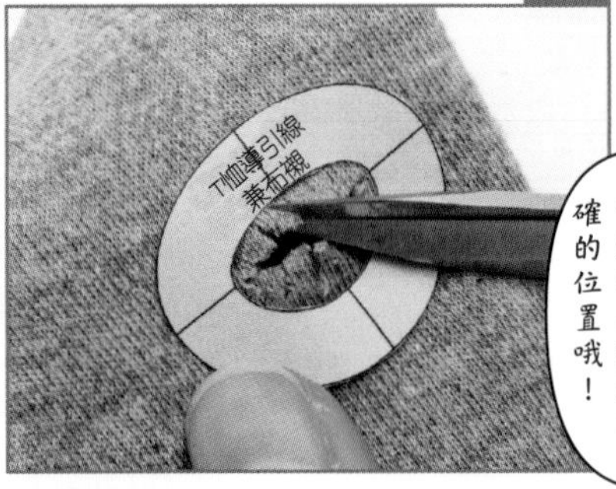
T恤導引線
兼布襯

在領圍的縫份部分加上牙口。

3

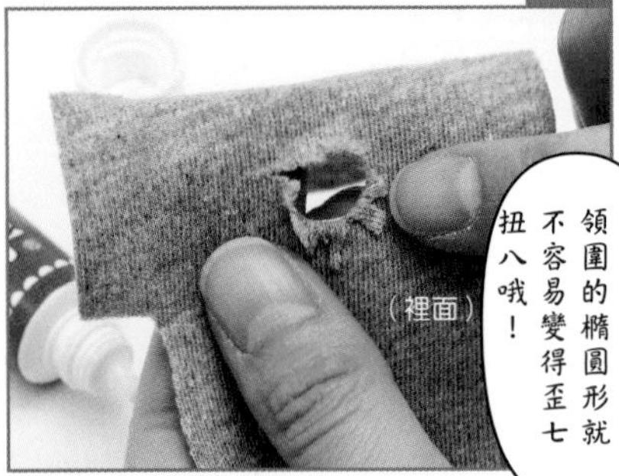
（裡面）

以紙型的圓形作為導引，向裡側摺起後使用接著劑黏貼。

有了紙型導引，領圍的橢圓形就不容易變得歪七扭八哦！

4

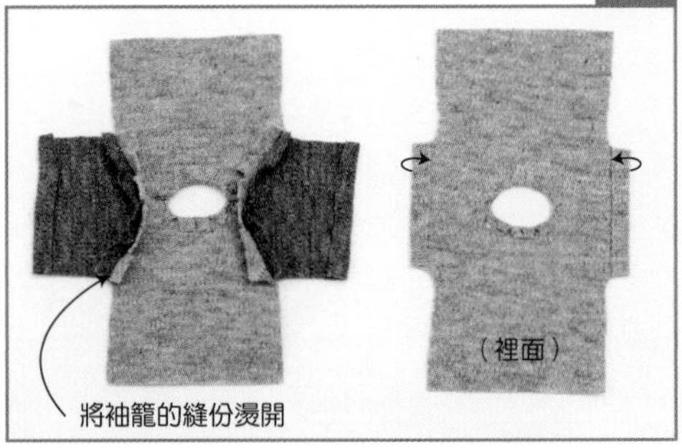
（裡面）
將袖籠的縫份燙開

如果是別袖款式的設計，這裡要將袖子裝上，摺起袖籠，用接著劑黏起來。

還不熟練車縫的人，此時在領圍和袖籠加上壓邊縫線也不錯

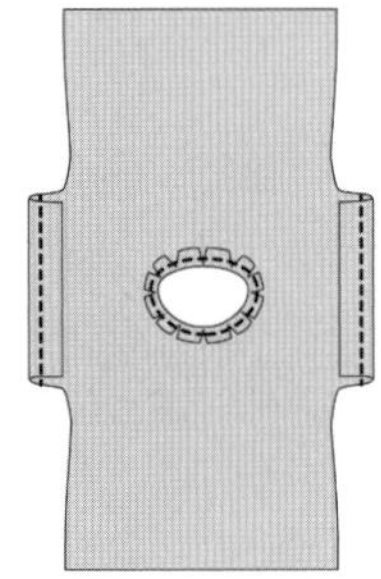

5

（裡面）
將角裁切

以表面相對的方式，摺起後縫合袖下，並在側邊切出牙口，翻回表面。

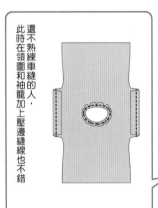

需要縫的只有這2個位置！

6

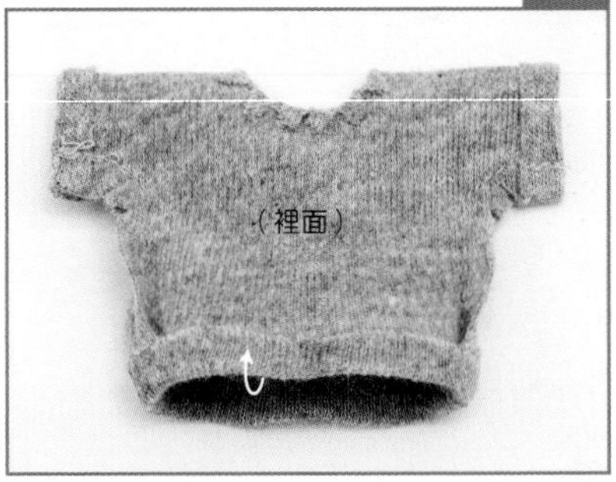
（裡面）

將側邊的縫份燙開，摺起下襬以接著劑黏貼，或者是以縫紉機車縫。

如果較難以縫紉機車縫作業情形

1.只縫合其中一側的袖下，然後縫出下襬。

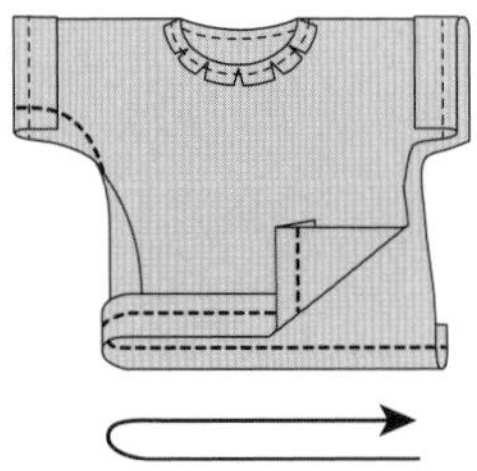

2.最後再縫合另一側的側邊。

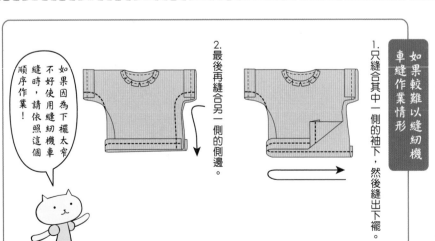

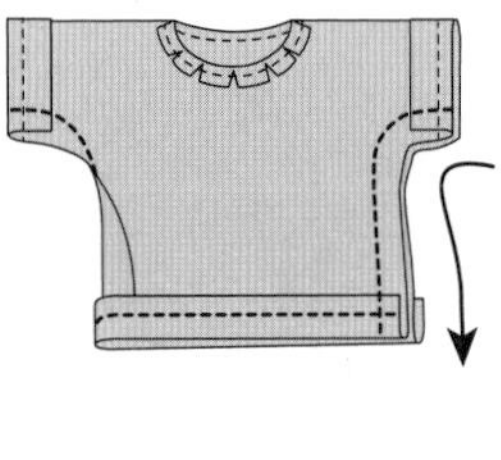

如果因為下襬太窄不好使用縫紉機車縫時，請依照這個順序作業！

簡易款T恤

使用布襯的領圍處理方法

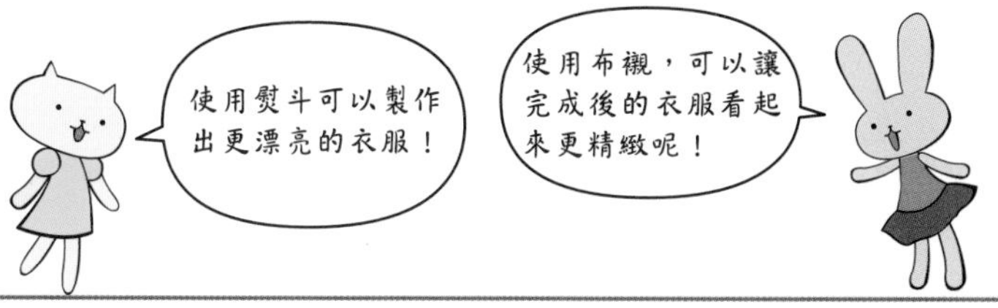
使用熨斗可以製作出更漂亮的衣服！
使用布襯，可以讓完成後的衣服看起來更精緻呢！

將布襯作為導引線使用的方法

1

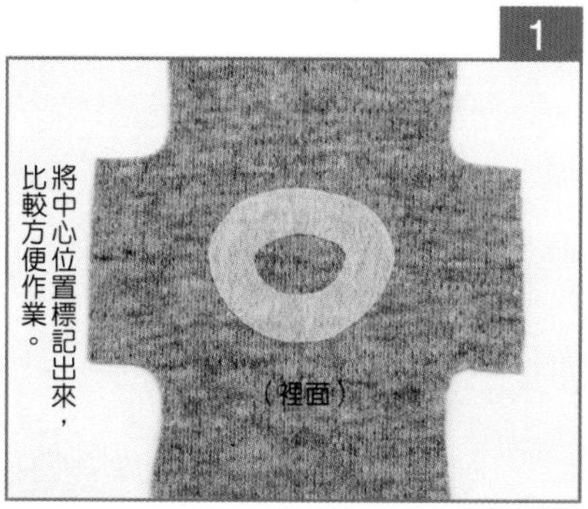
將中心位置標記出來，比較方便作業。
(裡面)

將按照紙型裁剪下來的布襯黏貼在裡面。

2

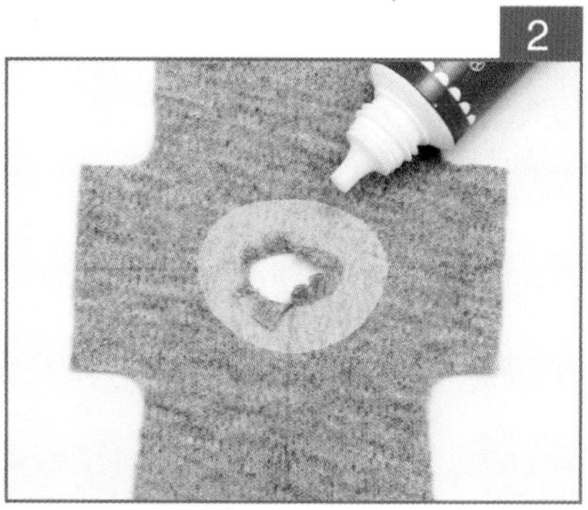

裁切領圍的縫份，加上牙口。並以布襯為導引線，將縫份摺起。

如果依照前頁的方法，無法摺出漂亮弧形的話，請試試這個方法！
布料會因為布襯的關係而變得比較硬挺，方便摺起來。

將布襯作為貼邊的方法

1

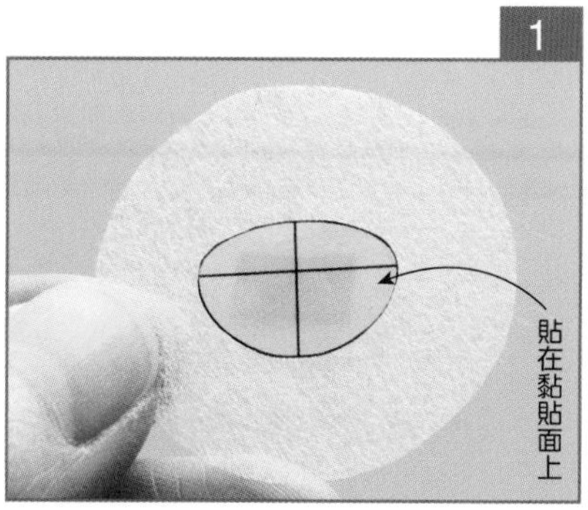
貼在黏貼面上

將雙面膠帶貼在領圍的導引紙型裡面，將其製作成貼紙，貼在按照紙型形狀裁剪後的布襯中心。

2

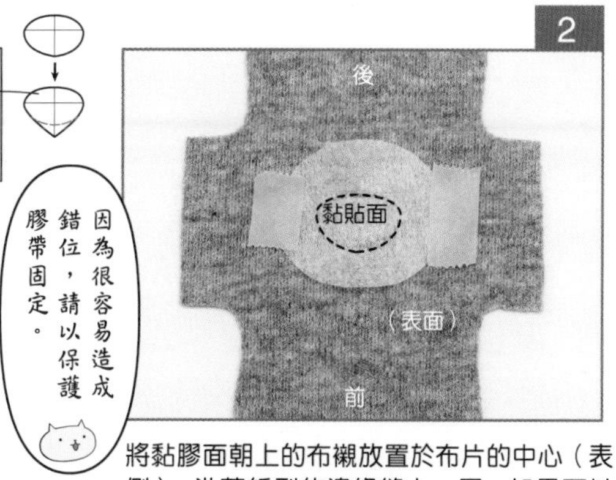
後
黏貼面
(表面)
前
因為很容易造成錯位，請以保護膠帶固定。

將黏膠面朝上的布襯放置於布片的中心（表側），沿著紙型的邊緣縫上一圈。如果可以使用顏色會消失的繪布筆標示出導引線會更好。

3

(表面)

保留0.3cm左右的縫份後裁切下來，並加入牙口，將布襯翻到裡側。

4

(裡面)
建議深色的布料要使用黑色的布襯！

稍微將表布拉出來一些，以免從表面看得到布襯，整理好後使用熨斗加熱接合。

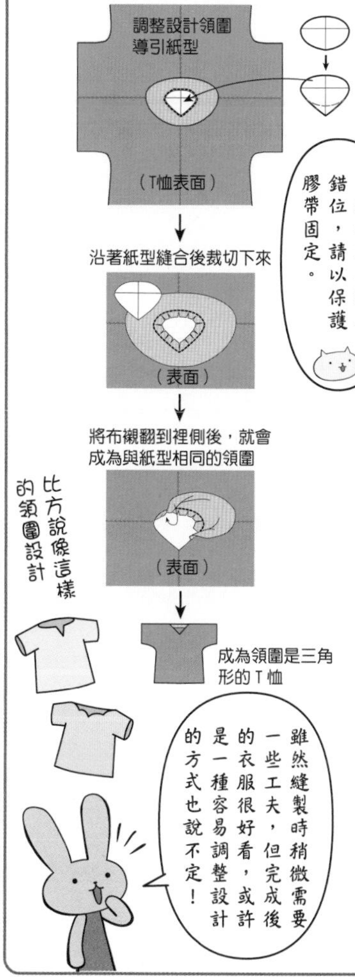
調整設計領圍導引紙型
(T恤表面)
沿著紙型縫合後裁切下來
(表面)
將布襯翻到裡側後，就會成為與紙型相同的領圍
(表面)
成為領圍是三角形的T恤
比方說像這樣的領圍設計
雖然縫製時稍微需要一些工夫，但完成後的衣服很好看，或許是一種容易調整設計的方式也說不定！

Chapter 2.

後開式T恤

—T-SHIRTS II—

＊原寸大＊

後開式T恤

連肩袖

除了側邊以外的部分，都可以使用接著劑黏貼製作。
以適合自己的方式製作即可！

這是後開式的T恤哦！

→紙型 P.26

1

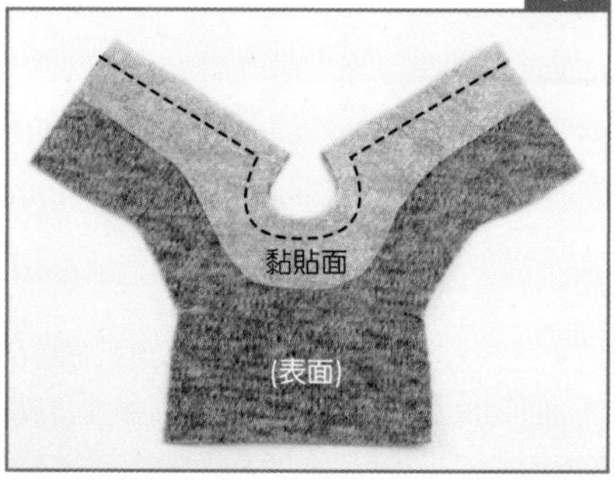
黏貼面
(表面)

將黏貼面朝上的布襯放在表面上，將領圍及後面的布端縫合。

2

將領圍及後面的布端剪出0.3cm左右的細窄縫份。

3

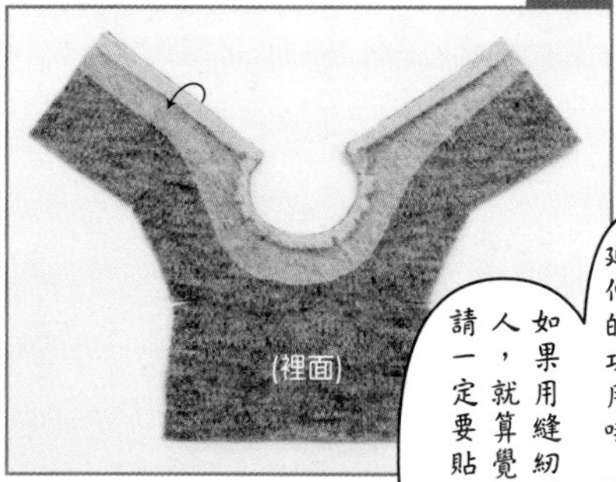
(裡面)

將布襯翻至裡面，然後以熨斗燙貼上去。

布襯可當作貼邊和發揮防止布料延伸的功用哦！
如果用縫紉機車縫的人，就算覺得麻煩也請一定要貼上布襯！

4

(裡面)

將袖籠向內摺，以接著劑或是車縫固定。

5

摺成表面相對的狀態，將側邊縫合。斜切去除邊角。

6

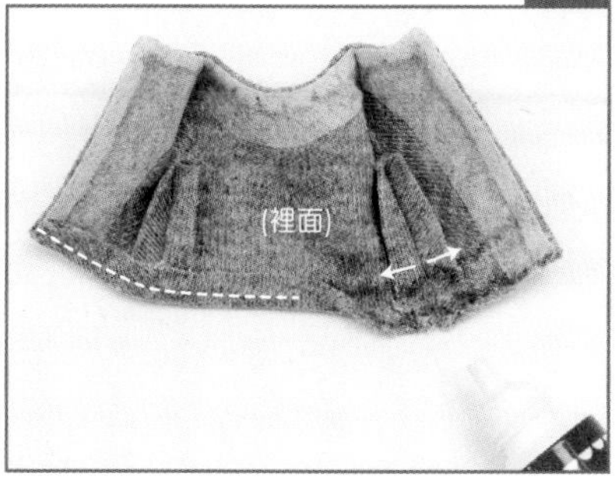
(裡面)

將側邊的縫份燙開，下襬以接著劑或車縫固定。

7

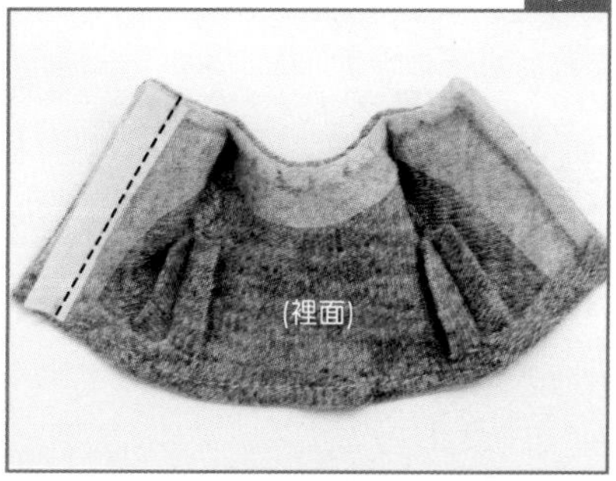
(裡面)

將裁切成0.7cm寬的黏扣帶放置於左衣身裡面的布端，並將距離布端0.4cm處縫合。

8

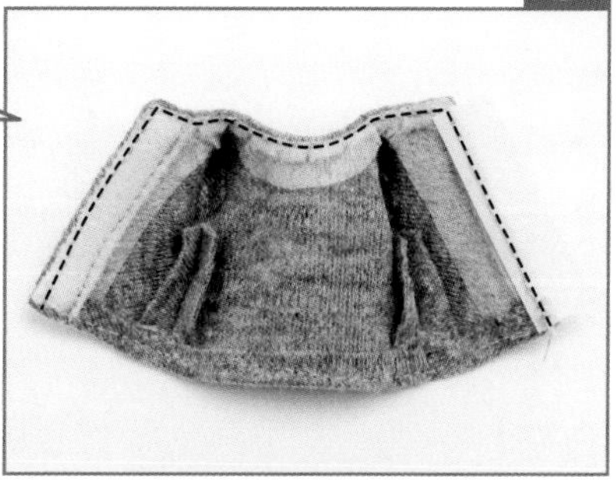

將裁切成0.8cm~ 1 cm的黏扣帶，以超出0.5cm的方式對齊右衣身，然後由後端~領圍~下襬的周圍縫上一圈。

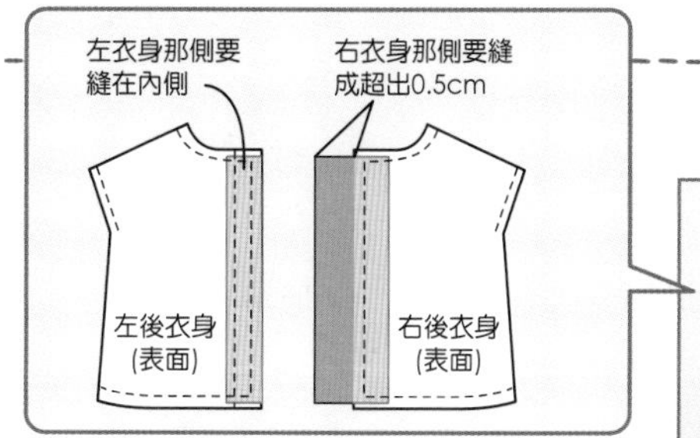
左衣身那側要縫在內側
右衣身那側要縫成超出0.5cm
左後衣身
(表面)
右後衣身
(表面)

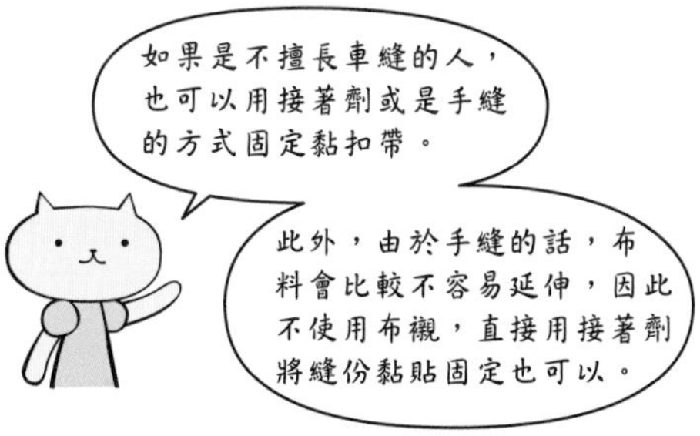
如果是不擅長車縫的人，也可以用接著劑或是手縫的方式固定黏扣帶。
此外，由於手縫的話，布料會比較不容易延伸，因此不使用布襯，直接用接著劑將縫份黏貼固定也可以。

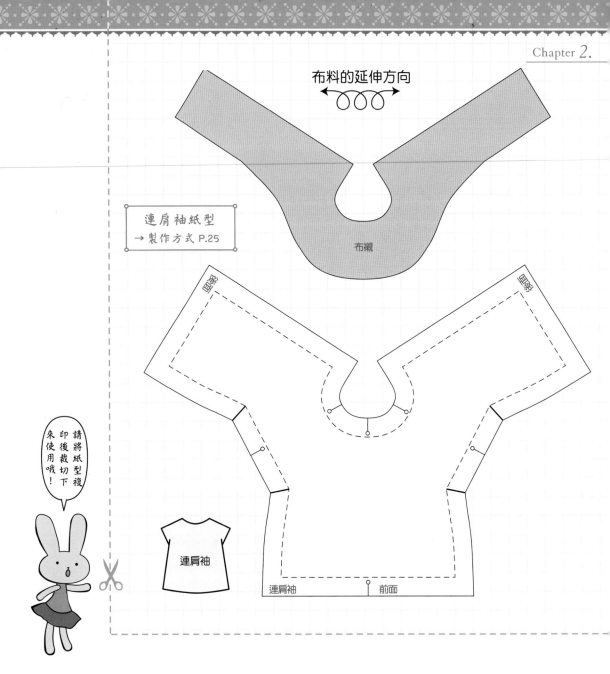

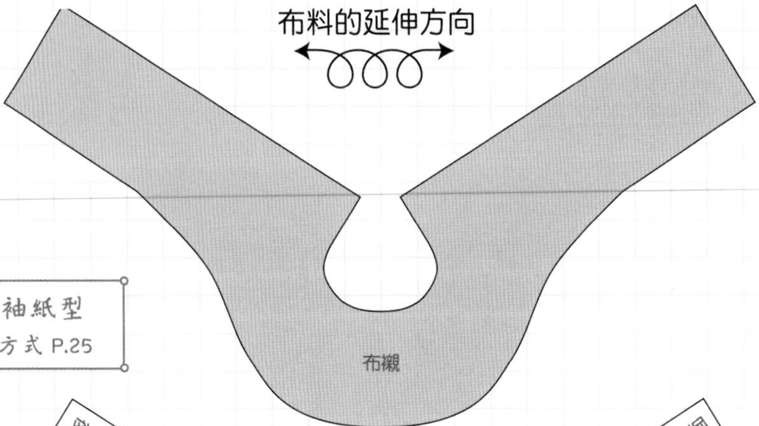

布料的延伸方向
布襯

連肩袖紙型
→製作方式 P.25

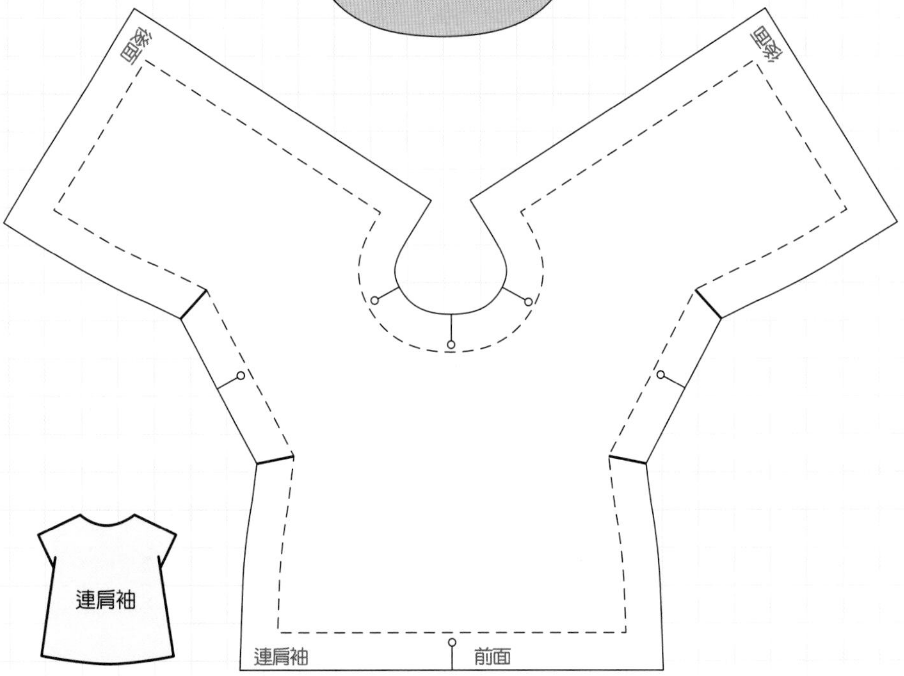

連肩袖
前面
連肩袖

請將紙型複印後裁切下來使用哦！

配合布紋正確擺放紙型的方法

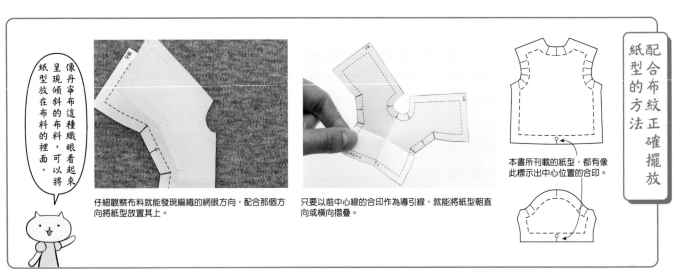

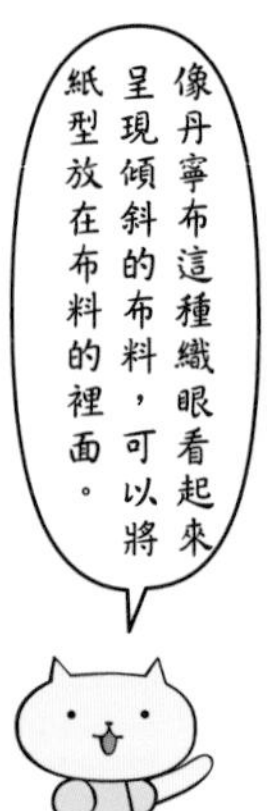

像丹寧布這種織眼看起來呈現傾斜的布料，可以將紙型放在布料的裡面。

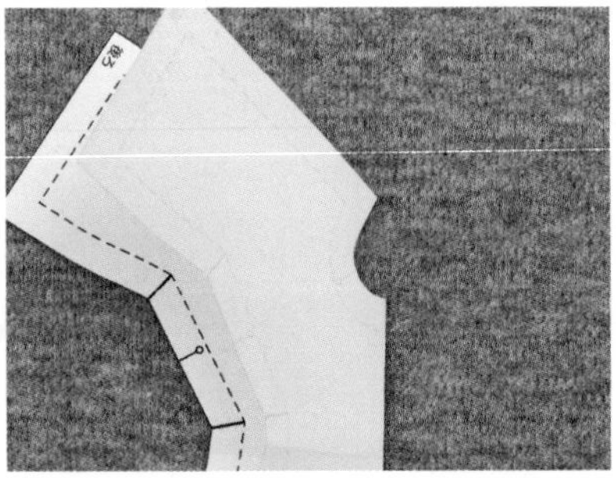

仔細觀察布料就能發現編織的網眼方向，配合那個方向將紙型放置其上。

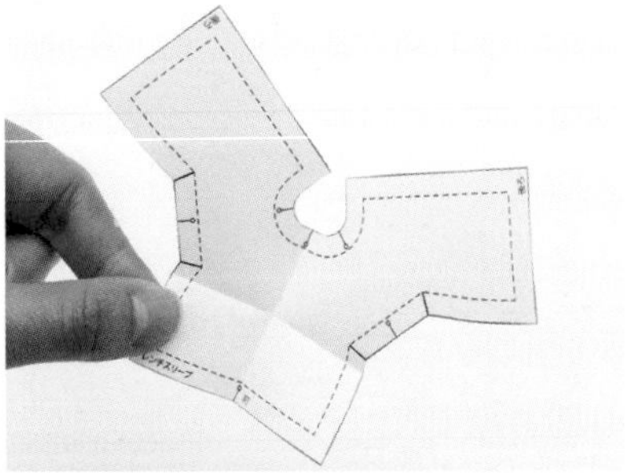

只要以前中心線的合印作為導引線，就能將紙型朝直向或橫向摺疊。

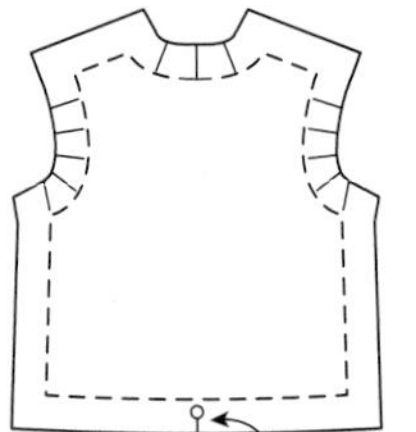

本書所刊載的紙型，都有像此標示出中心位置的合印。

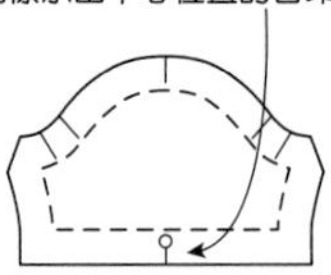

後開式T恤

羅紋滾邊領

如果在領圍滾邊的話，看起來會更有T恤的感覺！

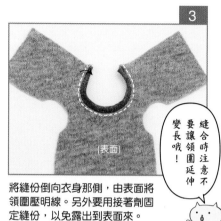

→紙型 P.29

1

(裡面)

黏貼面朝下，貼在布料上。

在後布端貼上裁切成0.5cm寬用來防止布料延伸的布襯，以熨斗燙出摺痕。

2

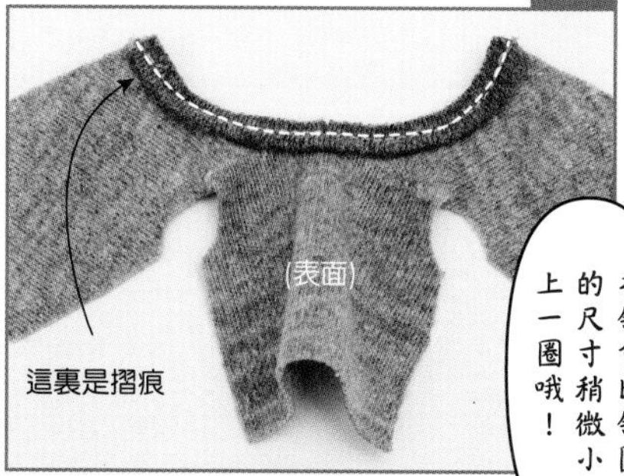
(表面)
這裏是摺痕

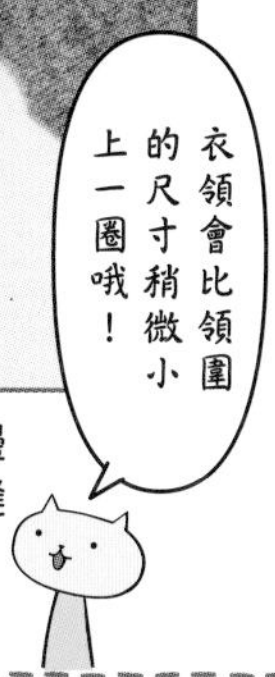
衣領會比領圍的尺寸稍微小上一圈哦！

將對摺後的衣領一邊推開，一邊用待針固定在領圍上，然後縫合。

3

(表面)

縫合時注意不要讓領圍延伸變長哦！

將縫份倒向衣身那側，由表面將領圍壓明線。另外要用接著劑固定縫份，以免露出到表面來。

4

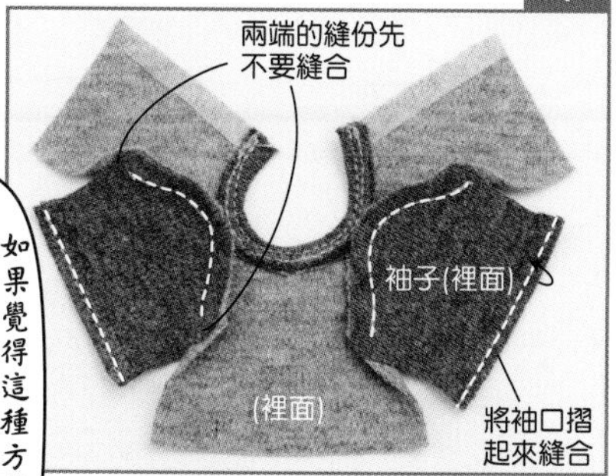
兩端的縫份先不要縫合
袖子(裡面)
(裡面)
將袖口摺起來縫合

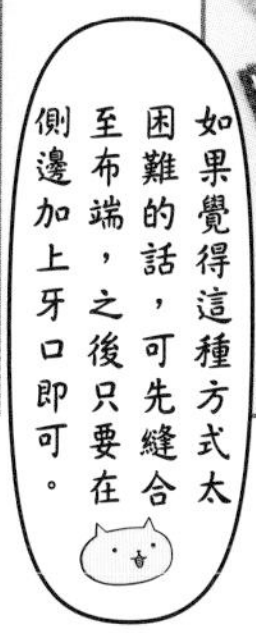
如果覺得這種方式太困難的話，可先縫合至布端，之後只要在側邊加上牙口即可。

將袖口摺起來縫合。然後將衣身與袖子以表面相對的方式縫合。兩端的縫份先不要縫合。

5

將袖下的縫份燙開，縫合袖下~側邊。將下襬部分縫份的角斜切去掉。

如果是衣身與袖子連成一體的紙型，要縫合袖子~側邊。

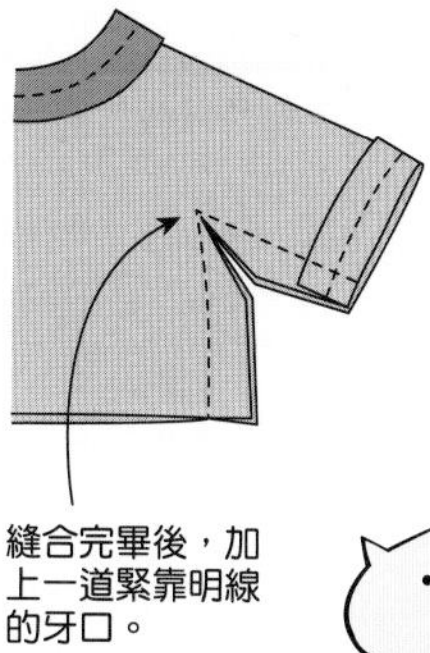
縫合完畢後，加上一道緊靠明線的牙口。

沒有縫合的部分可以代替牙口的功用，讓縫線不容易起皺哦！

6

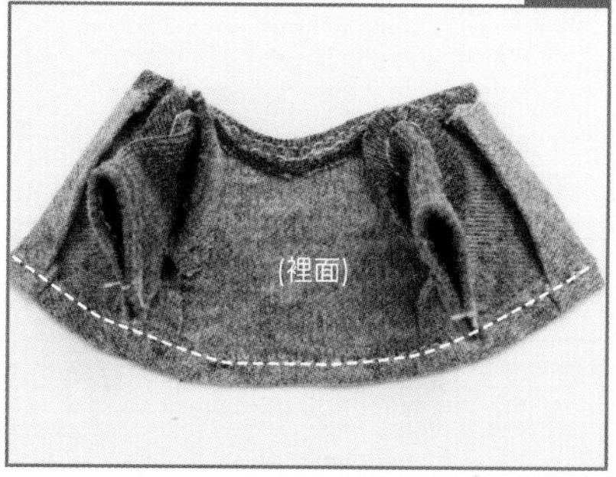
(裡面)

將下襬摺起後縫合或是以接著劑固定。

7

裡面
(表面)

將左衣身的布端摺起，裝上黏扣帶。右衣身則要將黏扣帶翻面後，縫在距離布端0.5cm的位置。

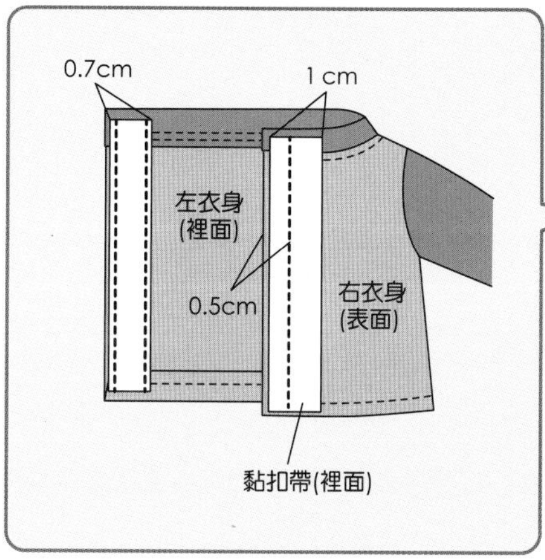
0.7cm
1 cm
左衣身
(裡面)
0.5cm
右衣身
(表面)
黏扣帶(裡面)

這麼說來，OBITSU尺寸的衣服開口處都不需要裝上暗釦嗎？

當然要使用暗釦也可以，不過好像有很多人會在意厚度過厚的問題，
再加上黏扣帶也比較方便縫在衣服上，這兩種方法可以依照自己的喜好選用。

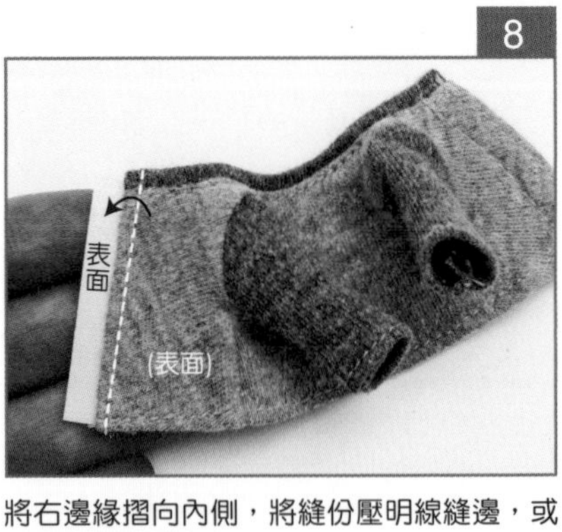
8
表面
(表面)

將右邊緣摺向內側，將縫份壓明線縫邊，或是以接著劑固定。

使用襪子製作而成的T恤

活用襪子的花紋，試著製作一件像這樣的T恤！
發揮創意，就可以製作出各種不同的衣服呢！

使用橫條紋布料的情形

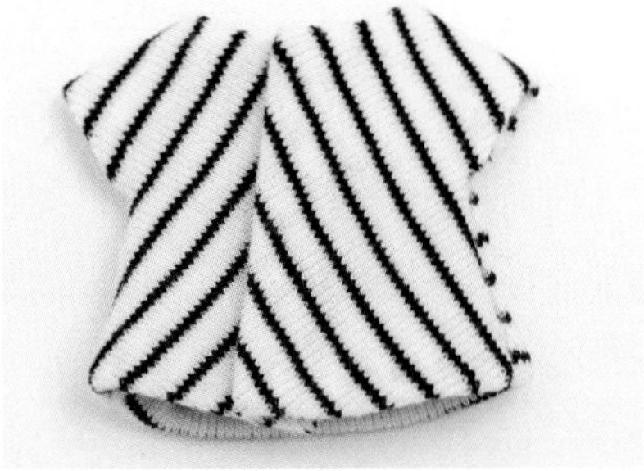

肩上沒有針腳的紙型，如果使用橫條紋布料製作的話，後面的花紋會變成V字形。

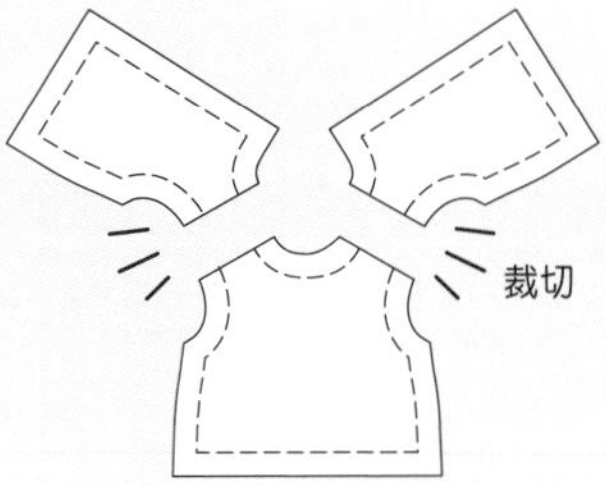
裁切

如果覺得在意的話，可以像這樣沿著肩線裁切下來，加上縫份，將前衣身與後衣身切割開來。

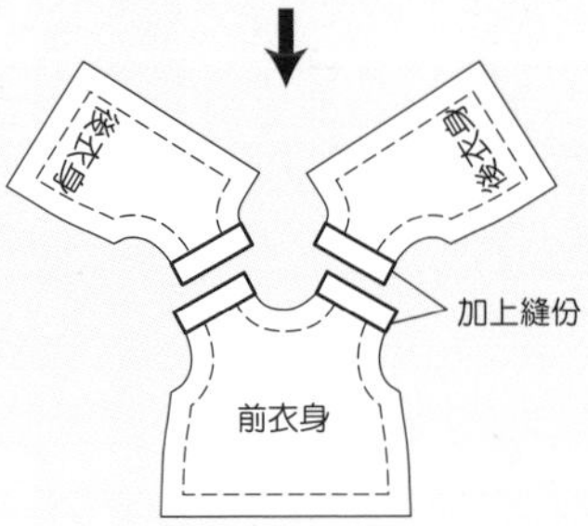
後衣身
後衣身
加上縫份
前衣身

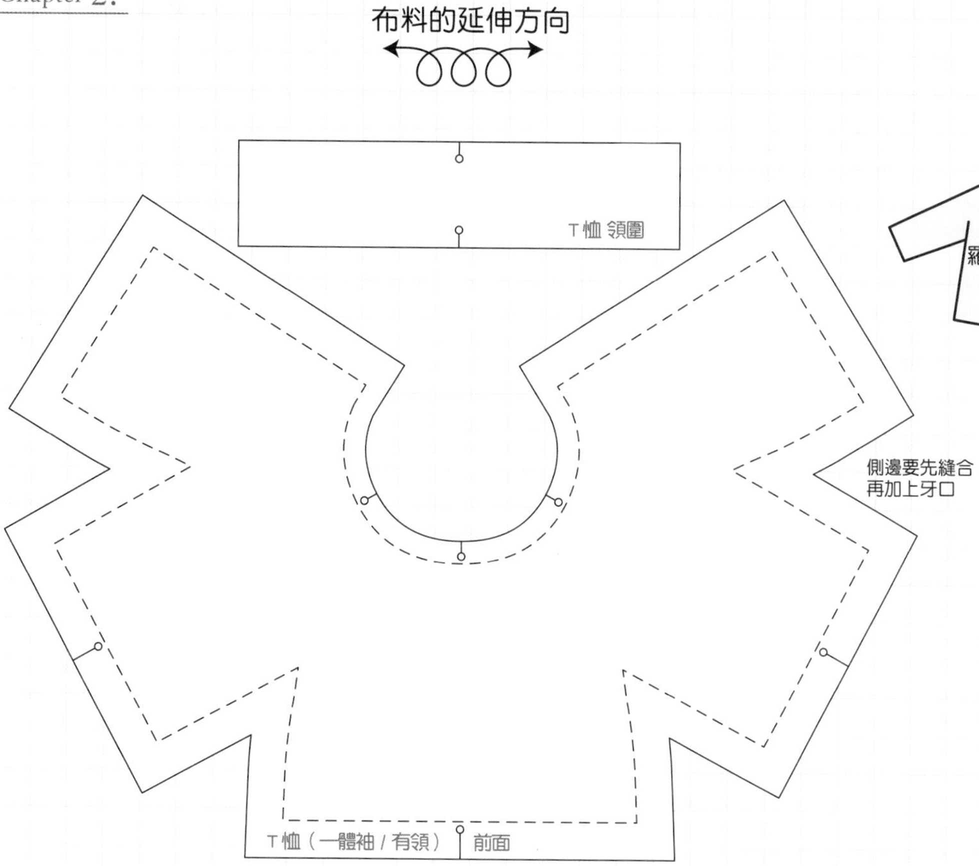
布料的延伸方向
T恤 領圍
側邊要先縫合
再加上牙口
T恤（一體袖／有領） 前面

羅紋滾邊領
一體袖

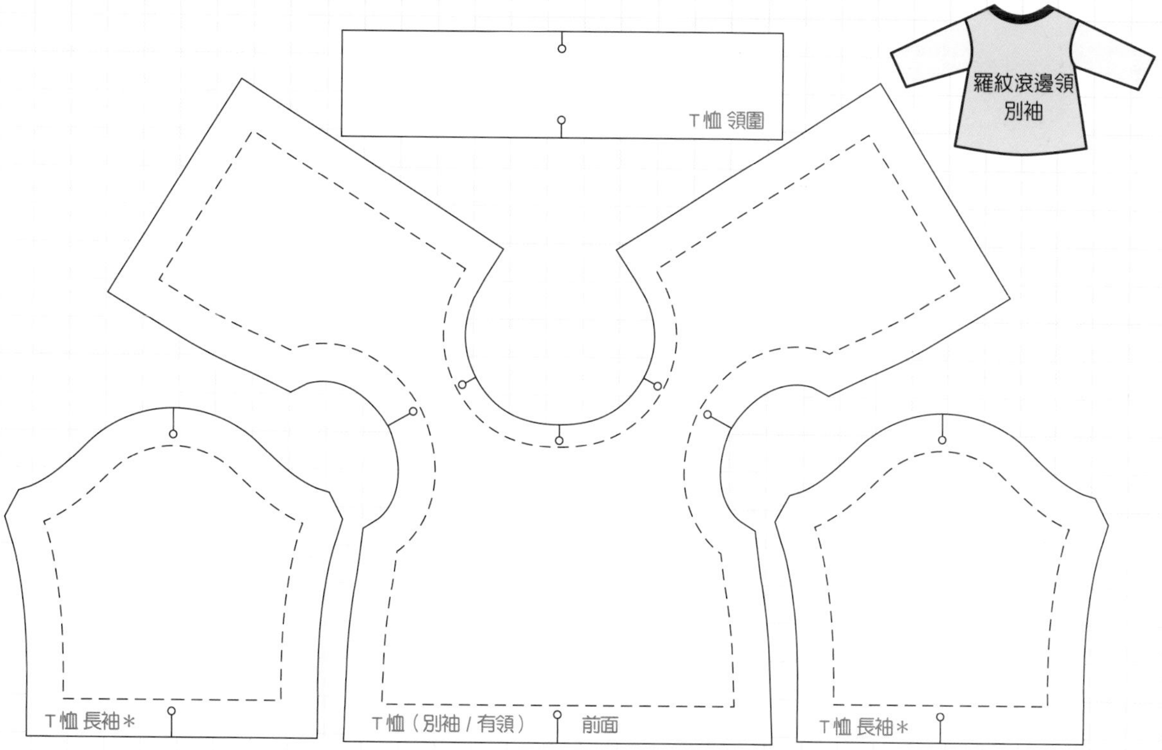
T恤 領圍
T恤 長袖＊
T恤（別袖／有領） 前面
T恤 長袖＊
羅紋滾邊領
別袖

連肩袖T恤紙型

→製作方法 P.27-28

※如果只是左右相同，或者是左右反轉的紙型，會加上＊記號。

請將紙型複印後
裁切下來使用！

※如果只是左右相同，或者是左右反轉的紙型，會加上＊記號。

無領T恤紙型

→製作方法 P.25、27

無領
一體袖

順便將領圍沒有滾邊設計的紙型也製作出來了。

關於領圍及後開口的處理，請參考連肩袖的解說頁面。

無領
別袖

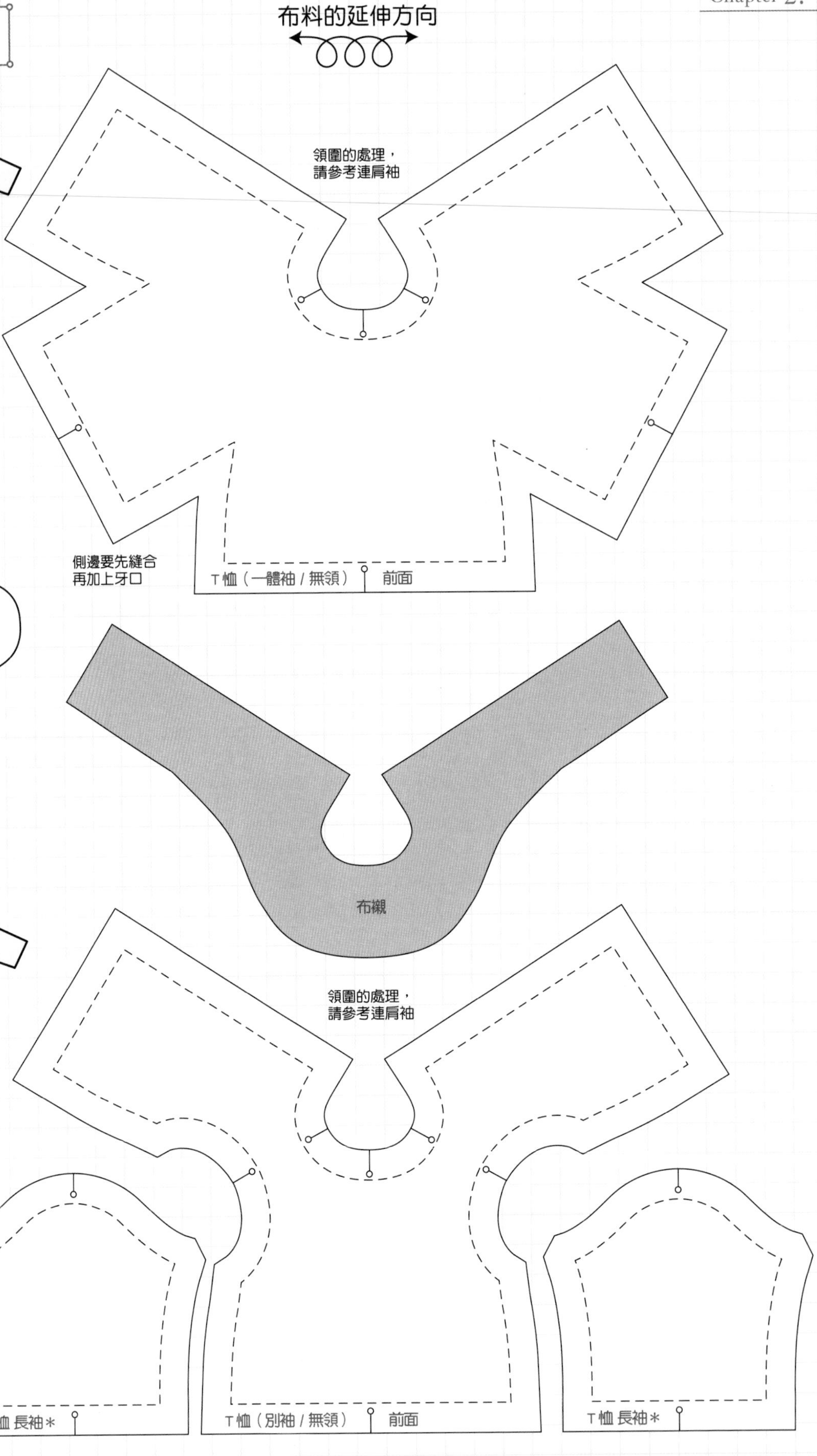
布料的延伸方向
領圍的處理，請參考連肩袖
側邊要先縫合再加上牙口
T恤（一體袖／無領） 前面
布襯
領圍的處理，請參考連肩袖
T恤 長袖＊
T恤（別袖／無領） 前面
T恤 長袖＊

請將紙型複印後裁切下來使用！

Chapter 3.

襯衫

— SHIRTS —

原寸大

襯衫

※這個章節所解說的領圍及袖籠製作方法的縫份全部都是0.3cm寬

依照有、無領座區分為2種款式。

→紙型 P.34

1

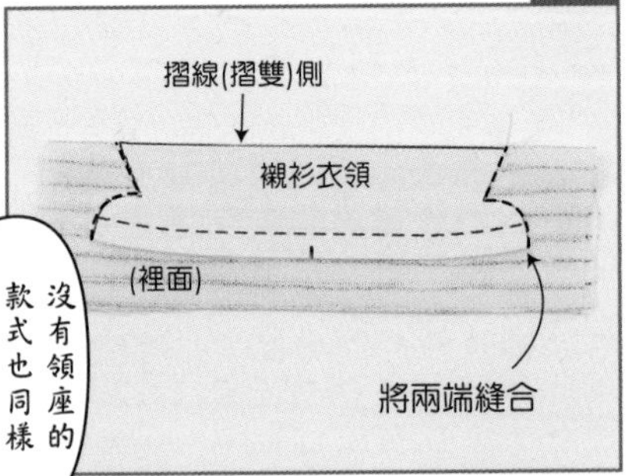

摺線(摺雙)側
襯衫衣領
(裡面)
將兩端縫合

準備一塊比衣領紙型大上兩圈的布，橫向對摺。在紙型的裡面貼上雙面膠帶，再整個黏貼在布上，並以此為導引將兩端縫合。

沒有領座的款式也同樣縫法哦！

2

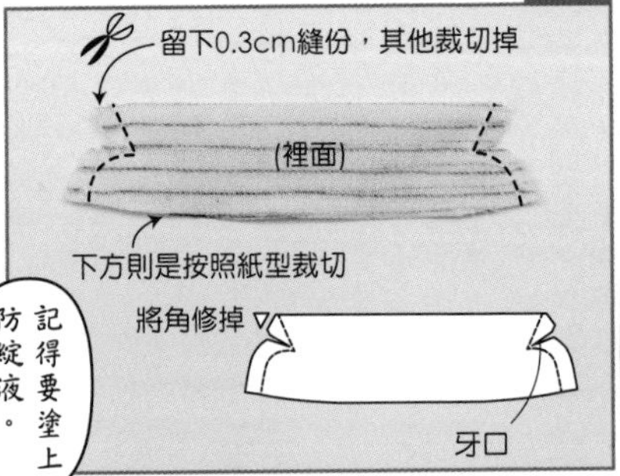

留下0.3cm縫份，其他裁切掉
(裡面)
下方則是按照紙型裁切
將角修掉
牙口

領圍的部分按照紙型裁切，兩端的縫份則是保留0.3cm，裁切後翻回表面。

記得要塗上防綻液。

3

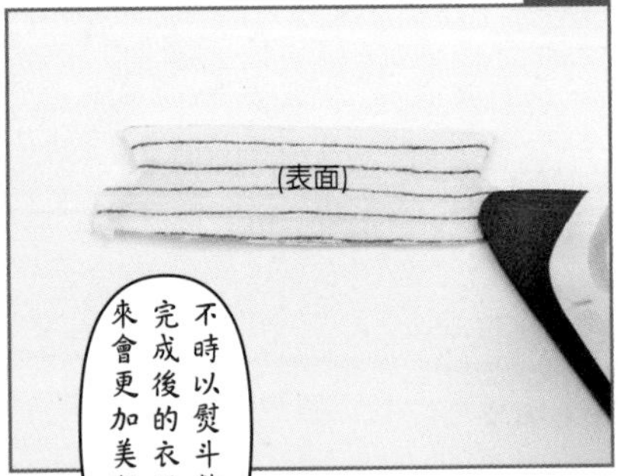

(表面)

將衣領翻至正面，使用熨斗整燙。

不時以熨斗整燙，完成後的衣服看起來會更加美觀！

4

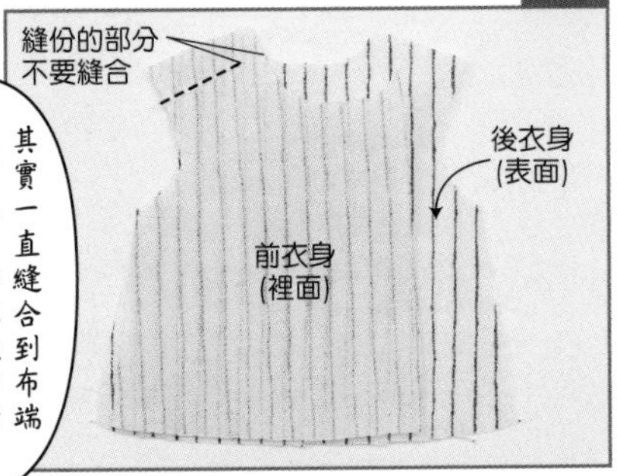

縫份的部分不要縫合
後衣身(表面)
前衣身(裡面)

將衣身的肩部縫合起來。靠近領圍側的縫份則不要縫合。

其實一直縫合到布端也可以，如此做的話，將領子與衣身縫合的作業會容易一些。

5

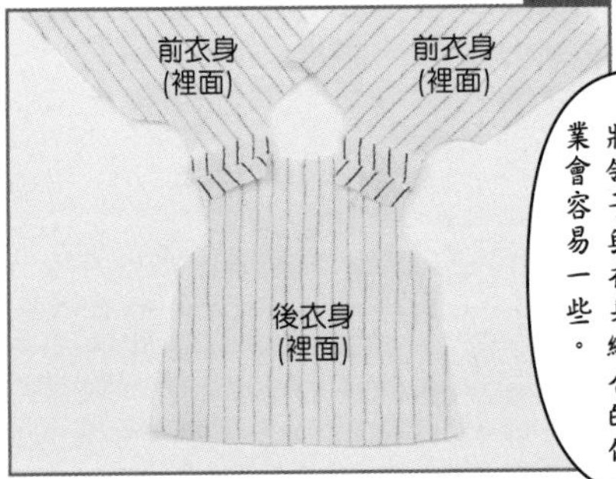

前衣身(裡面)
前衣身(裡面)
後衣身(裡面)

將肩部的縫份熨開。

6

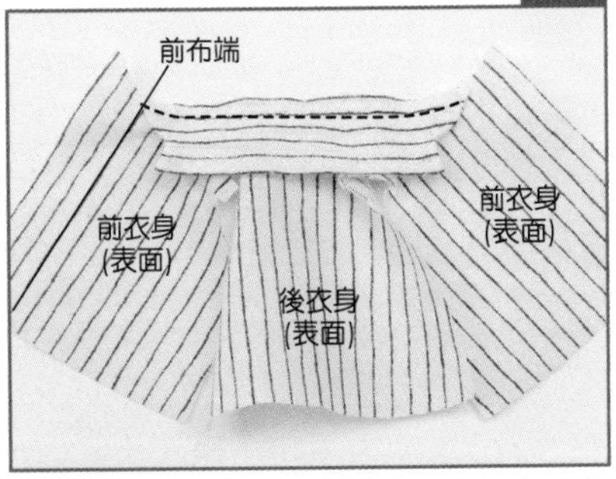

前布端
前衣身(表面)
前衣身(表面)
後衣身(表面)

有領座的款式，要將衣領的布端與衣身的前布端對齊後縫合；無領座的款式，要對齊衣身布端內側0.3cm的位置縫合。(請參考左頁的圖解)

7

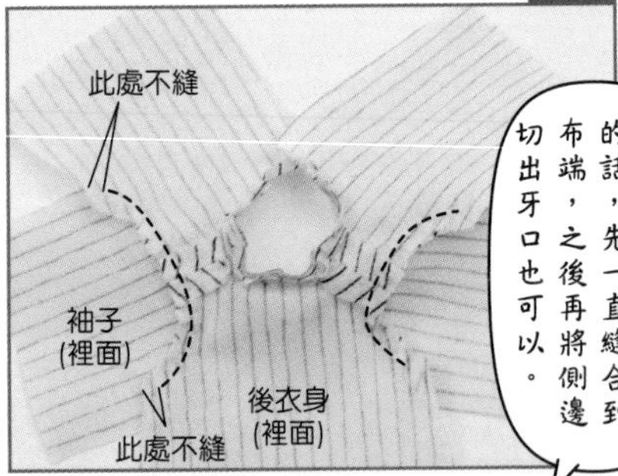

此處不縫
袖子(裡面)
此處不縫
後衣身(裡面)

將袖子縫合至衣身。兩端布端的縫份有部分不縫。

如果覺得這樣太困難的話，先一直縫合到布端，之後再將側邊切出牙口也可以。

8

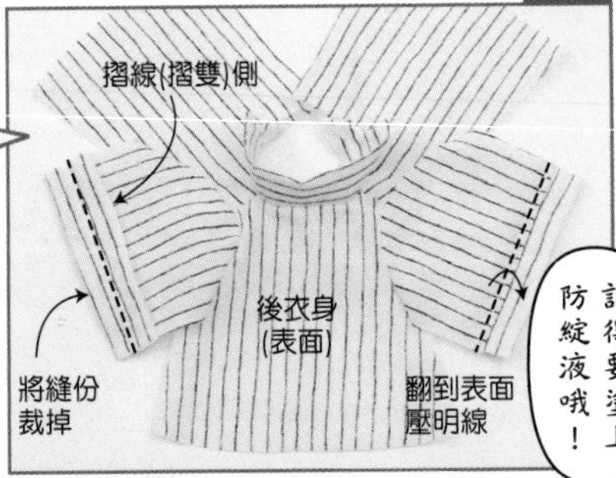

摺線(摺雙)側
後衣身(表面)
將縫份裁掉
翻到表面壓明線

將對摺後的袖口布放置於袖口上縫合，並將縫份裁成0.3cm。將袖口布翻至裡面，在布端壓明線(使用接著劑黏貼也可以)。

記得要塗上防綻液哦！

袖口布的處理

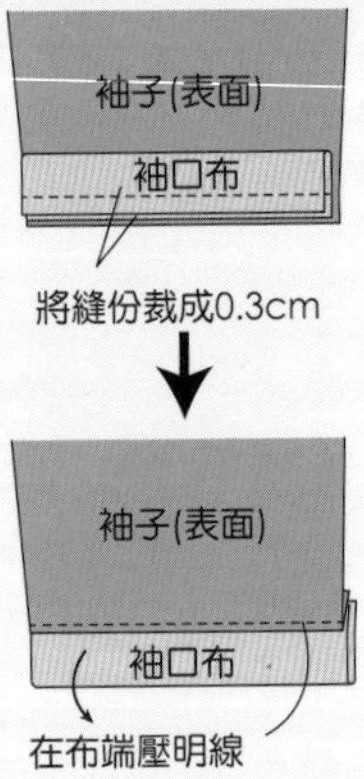

袖子(表面)
袖口布
將縫份裁成0.3cm
袖子(表面)
袖口布
在布端壓明線

9

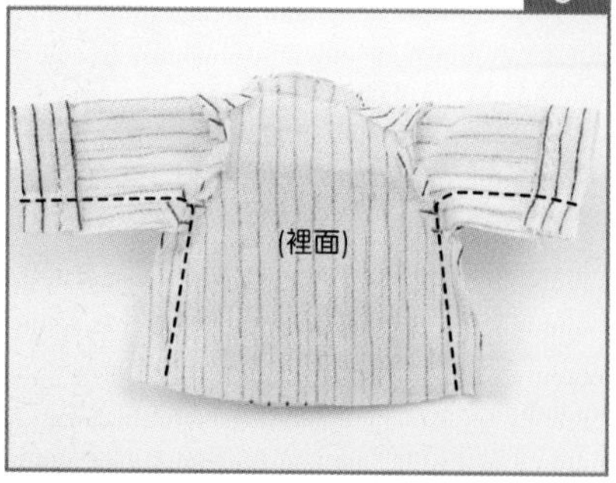
(裡面)

將側邊的縫份燙開，縫合袖下~側邊。

10

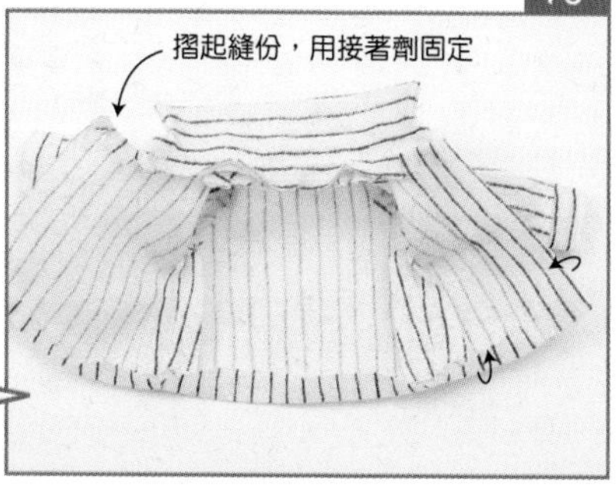
摺起縫份，用接著劑固定

將前布端和下襬摺起後用熨斗燙平。貼邊的上、下要以接著劑固定。

有領座款式

將衣領的布端確實對齊前布端縫合

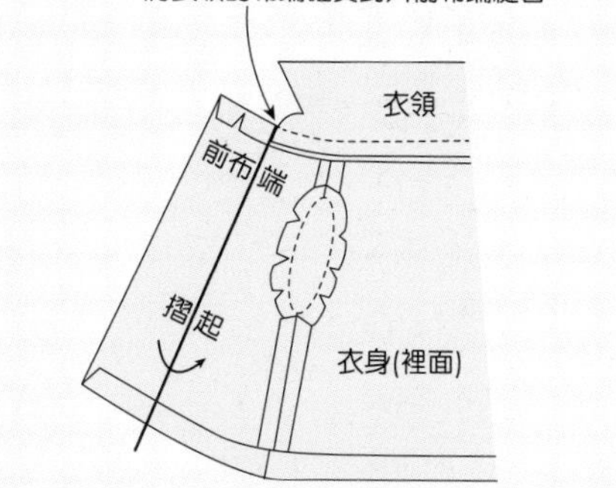
衣領
前布端
摺起
衣身(裡面)

無領座款式

在距離前布端 3 mm內側，沿著衣領的完成線縫合。

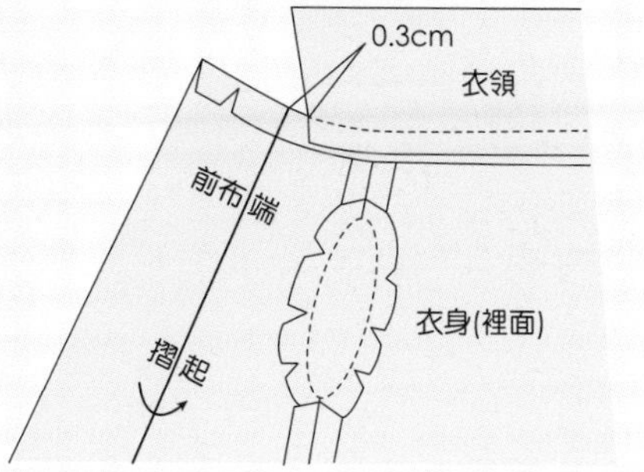
0.3cm
衣領
前布端
摺起
衣身(裡面)

11

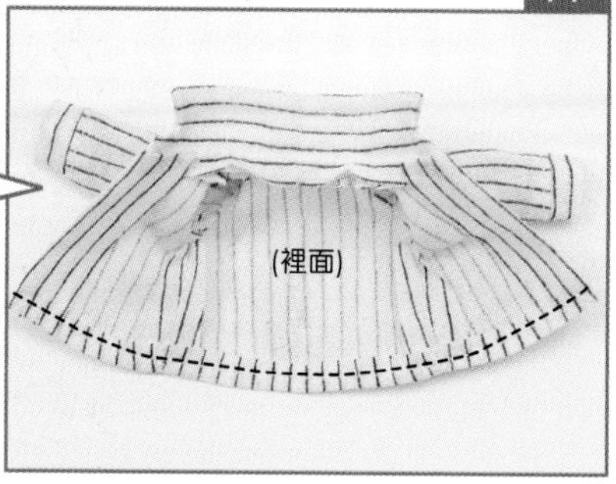
(裡面)

將下襬摺起後縫合。

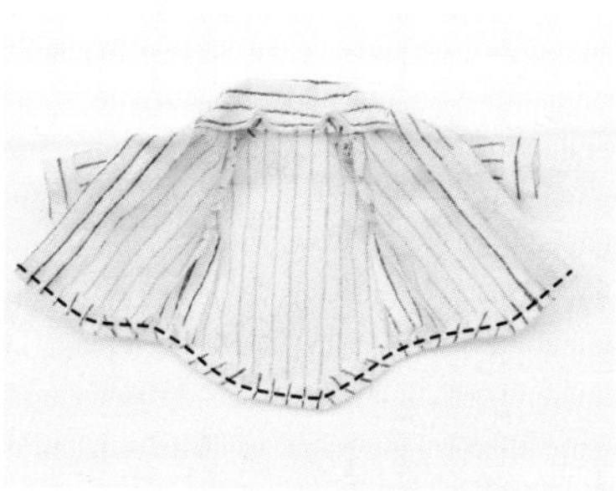

弧形的下襬同樣也是摺起後縫合。

12

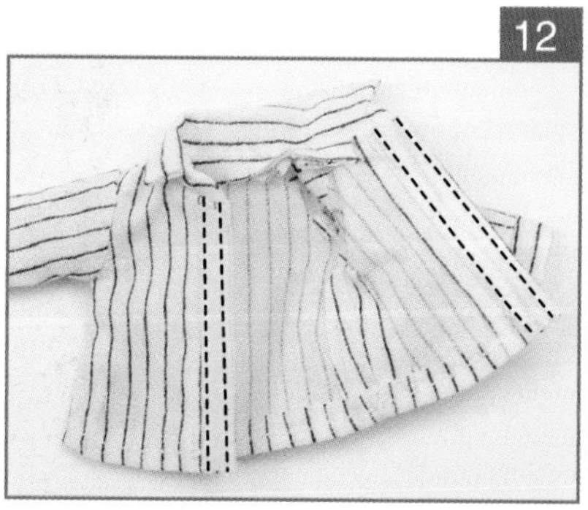

在前布端裝上黏扣帶。

13

在左衣身那側裝上 4 mm鈕釦。

這裏也準備了短袖的紙型。短袖的袖口只要摺至完成線再縫合起來就OK了。沒有袖口布的長袖也是同樣的製作方法。

※如果只是左右相同，或者是左右反轉的紙型，會加上＊記號。

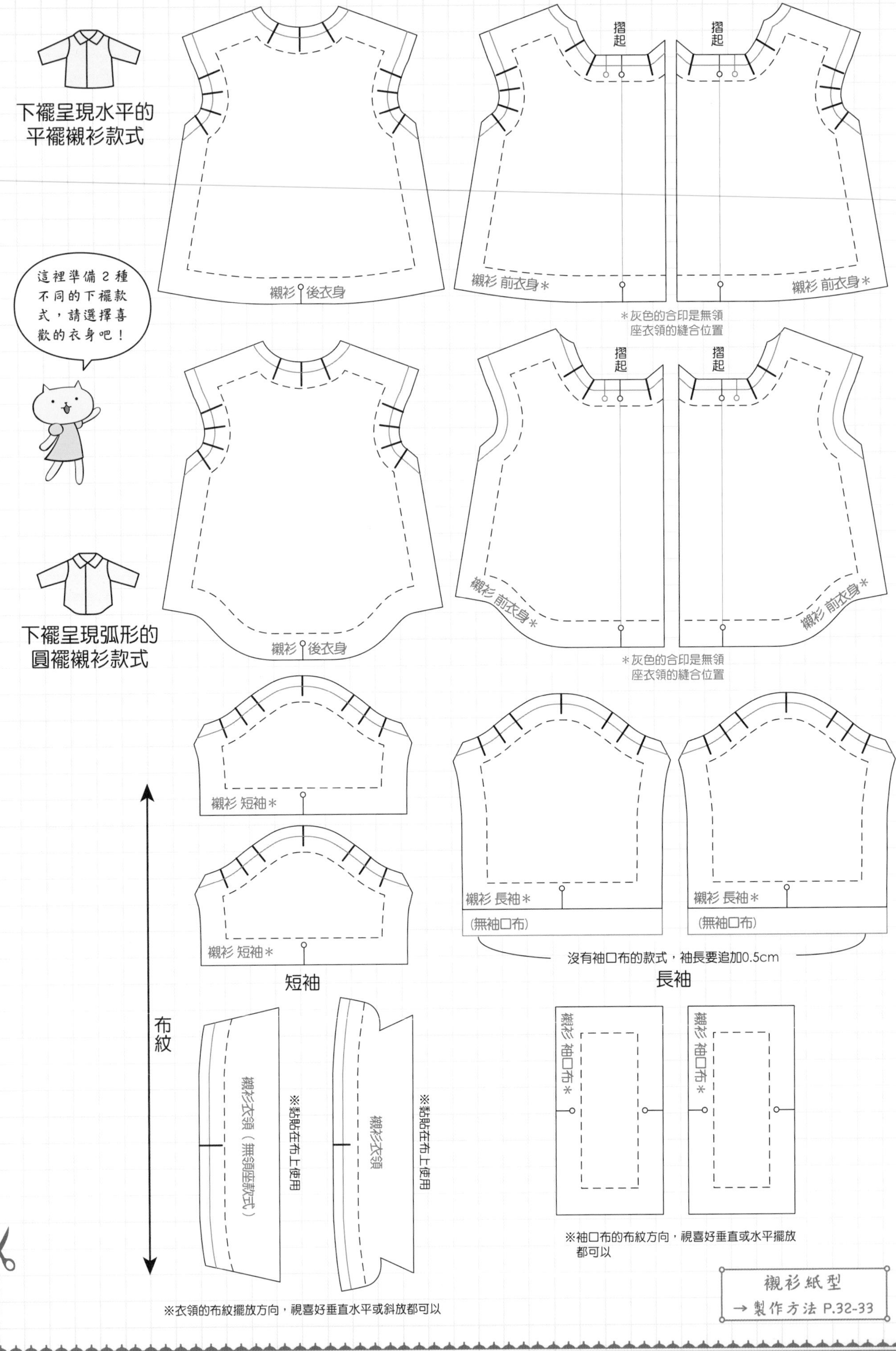
下襬呈現水平的
平襬襯衫款式
這裡準備2種不同的下襬款式，請選擇喜歡的衣身吧！
襯衫 後衣身
摺起
襯衫 前衣身＊
＊灰色的合印是無領座衣領的縫合位置
下襬呈現弧形的
圓襬襯衫款式
襯衫 短袖＊
短袖
襯衫 長袖＊
(無袖口布)
沒有袖口布的款式，袖長要追加0.5cm
長袖
布紋
襯衫衣領（無領座款式）
※黏貼在布上使用
襯衫衣領
襯衫 袖口布＊
※袖口布的布紋方向，視喜好垂直或水平擺放都可以
※衣領的布紋擺放方向，視喜好垂直水平或斜放都可以
請將紙型複印後裁切下來使用！

襯衫紙型

→製作方法 P.32-33

Chapter 4.

立領制服·學生服

— STAND-UP COLLAR —

原寸大

立領制服‧學生服

※這個章節所解說的領圍及袖籠製作方法的縫份全部都是0.3cm寬

製作學生服
及軍服吧！

→紙型 P.38

1

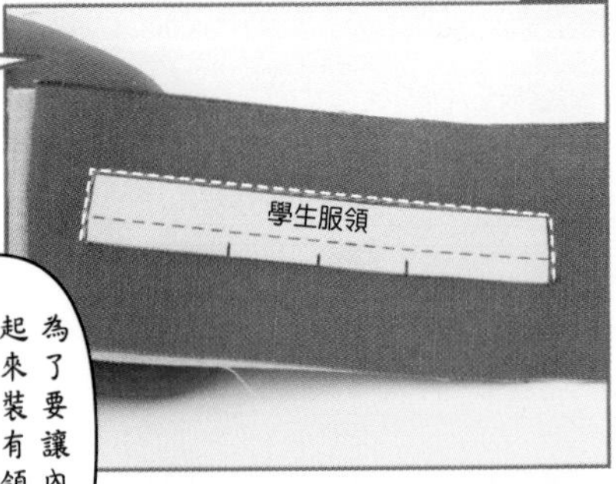
學生服領

將表領、襯領用布以表面相對的方式重疊。把背面貼有雙面膠帶的紙型黏貼在布上，再以紙型為導引將周圍縫合。

如果表領、襯領使用相同布料的話，可以用同一塊布料摺雙後縫製。

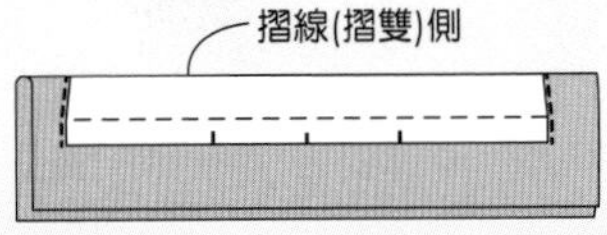
摺線(摺雙)側

※如果布料較厚的話，像右圖一般，襯領使用另一塊較薄的布料，整體看起來會更加美觀。

為了要讓內側看起來裝有領襯的關係，使用白色的平紋織布。

2

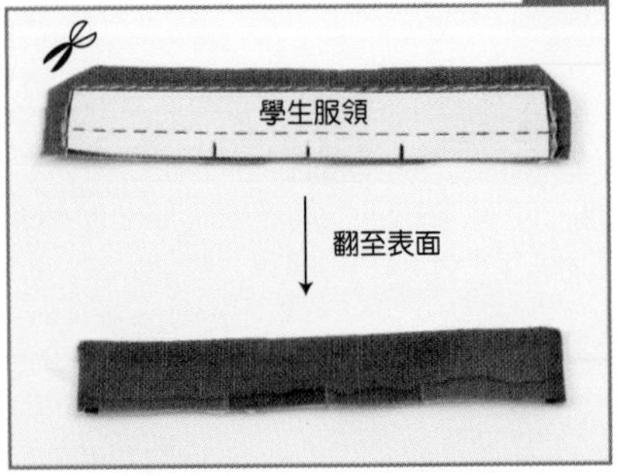
學生服領
翻至表面

沿著紙型將領圍裁下，周圍的縫份裁切至剩下0.3cm左右，翻至表面。

3

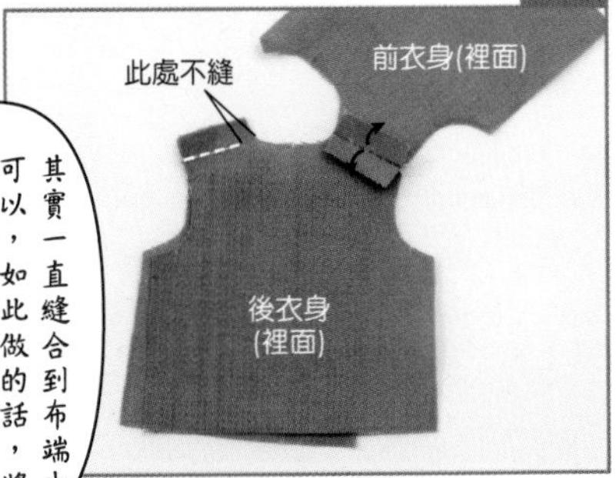
此處不縫
前衣身(裡面)
後衣身
(裡面)

將衣身的肩部縫合。衣領側的縫份先不縫。將肩部的縫份熨開。

4

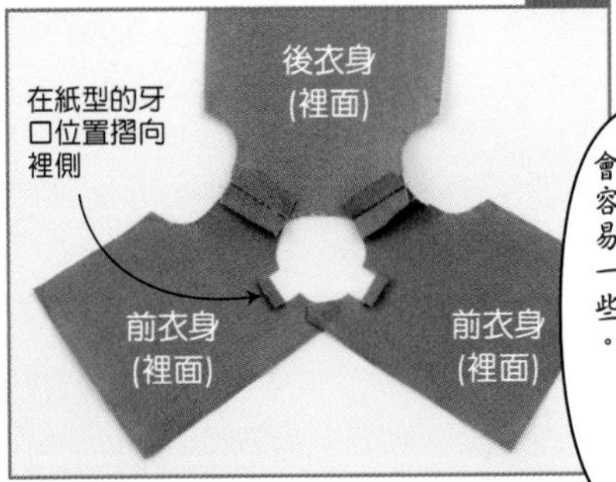
在紙型的牙
口位置摺向
裡側
後衣身
(裡面)
前衣身
(裡面)
前衣身
(裡面)

將前布端的上部摺起後以接著劑固定。

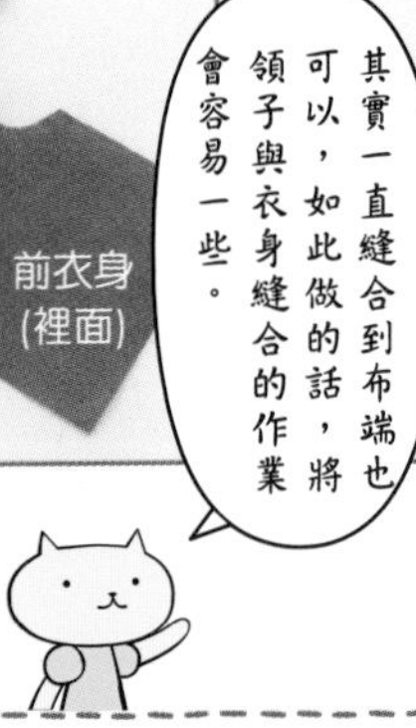
其實一直縫合到布端也可以，如此做的話，將領子與衣身縫合的作業會容易一些。

5

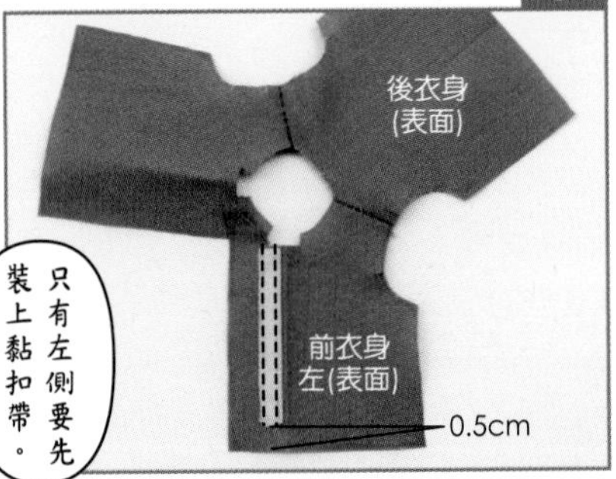
後衣身
(表面)
前衣身
左(表面)
0.5cm

將黏扣帶縫在左衣身的貼邊部分。

只有左側要先裝上黏扣帶。

6

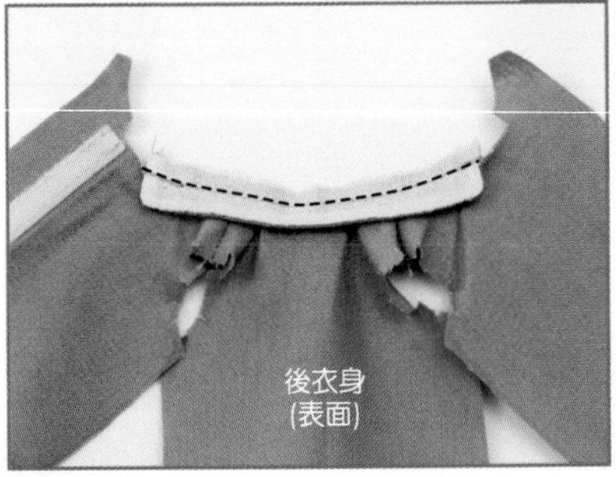
後衣身
(表面)

將衣領縫上。

7

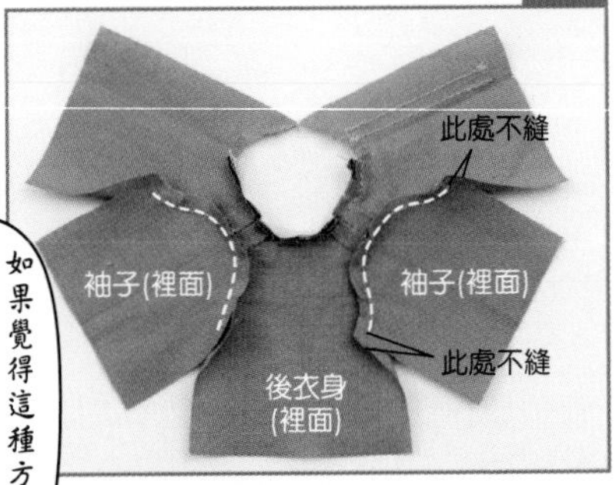
此處不縫
袖子(裡面)
袖子(裡面)
後衣身
(裡面)
此處不縫

將衣袖縫合至衣身。兩側布端的縫份不縫。

如果覺得這種方式太困難的話，就先縫合至布端，之後只要在側邊加上牙口即可。

8

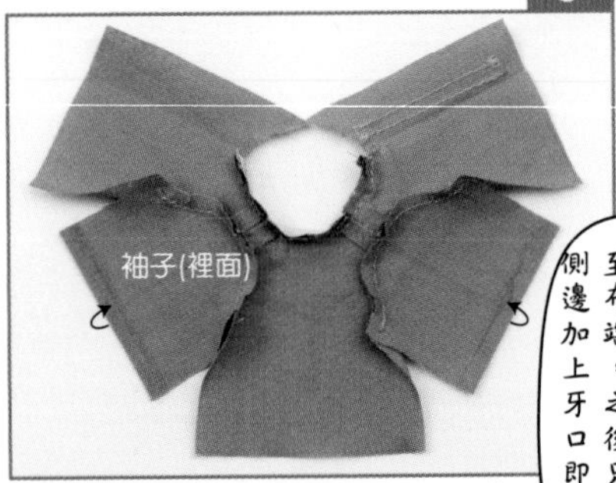
袖子(裡面)

將袖口摺起後以接著劑或是壓明線固定。

9

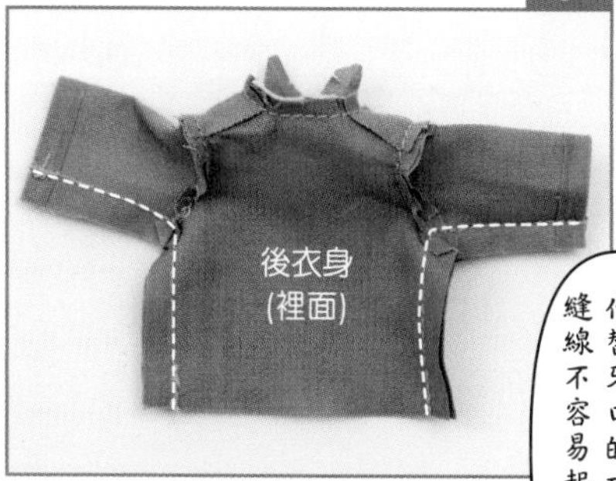
後衣身
(裡面)

將側邊的縫份熨開，縫合袖下~側邊。再將側邊下方的縫份熨開。

沒有縫合的部分可以代替牙口的功用，讓縫線不容易起皺哦！

如果不想要在袖口壓明線或是接著劑滲出到表面時

布襯就派上用場啦！

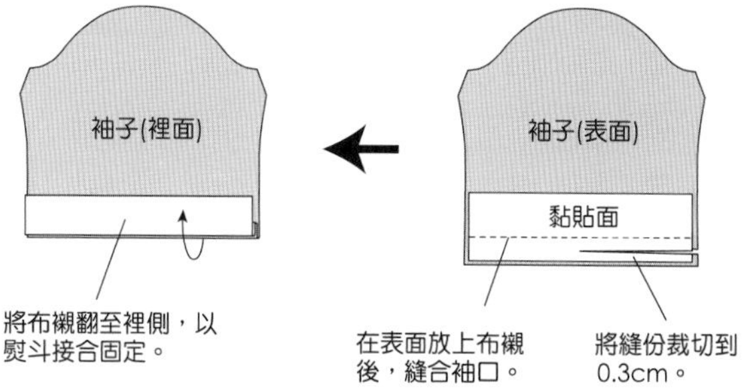
袖子(裡面)
袖子(表面)
黏貼面
將布襯翻至裡側，以熨斗接合固定。
在表面放上布襯後，縫合袖口。
將縫份裁切到0.3cm。

10

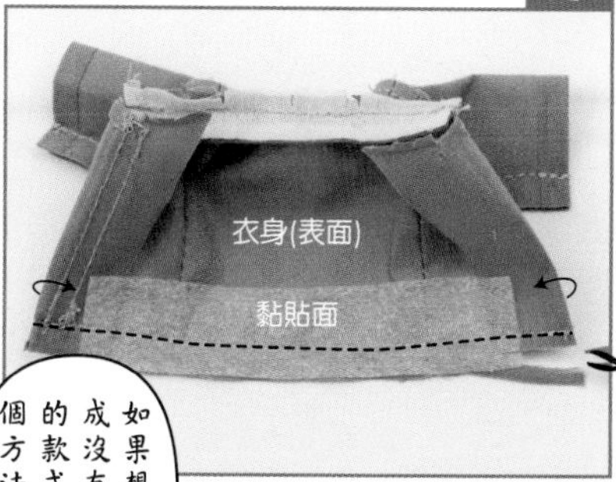
衣身(表面)
黏貼面

摺起前布端，將貼邊布表面相對重疊。將黏貼面朝上的布襯放置在下襬縫合，再將縫份裁切成0.3cm。

如果想要設計成沒有壓明線的款式就用這個方法！

11

衣身(裡面)

將下襬(布襯)與貼邊布翻至表面，以熨斗熱壓接合。如果將布襯位置稍微向內側錯開到由表面看不見布襯會更佳。

12

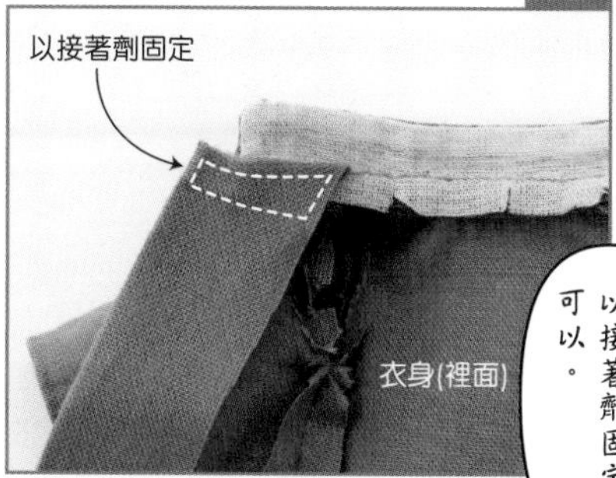
以接著劑固定
衣身(裡面)

將貼邊布上方的縫份摺起，以接著劑或是綠縫固定。

將下襬摺起後，以接著劑固定也可以。

13

將黏扣帶裝至右衣身的布端。

14

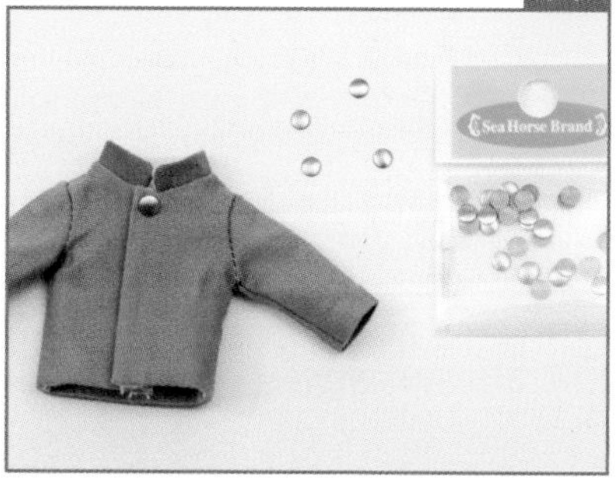

將鈕釦及熱壓飾釦裝在左衣身和衣袖上。

15

這裏的範例是將 4 mm熱壓飾釦當作前襟鈕釦，2 mm熱壓飾釦當作袖釦使用。

※如果只是左右相同，或者是左右反轉的紙型，會加上＊記號。

這裏為各位準備帶有縫份的衣領紙型，可以直接拿來影印至列印布使用。

立領制服・學生服紙型

→ 製作方法 P.36-37

下襬用布襯

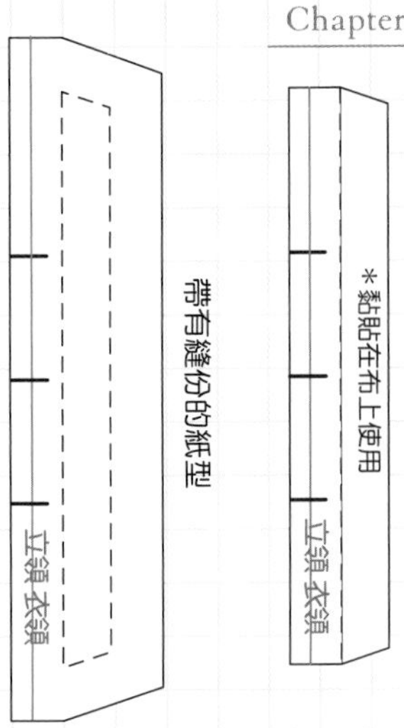
立領 衣領
帶有縫份的紙型
＊黏貼在布上使用
立領 衣領

※衣領的布紋擺放方式，視喜好垂直、水平或斜放都可以

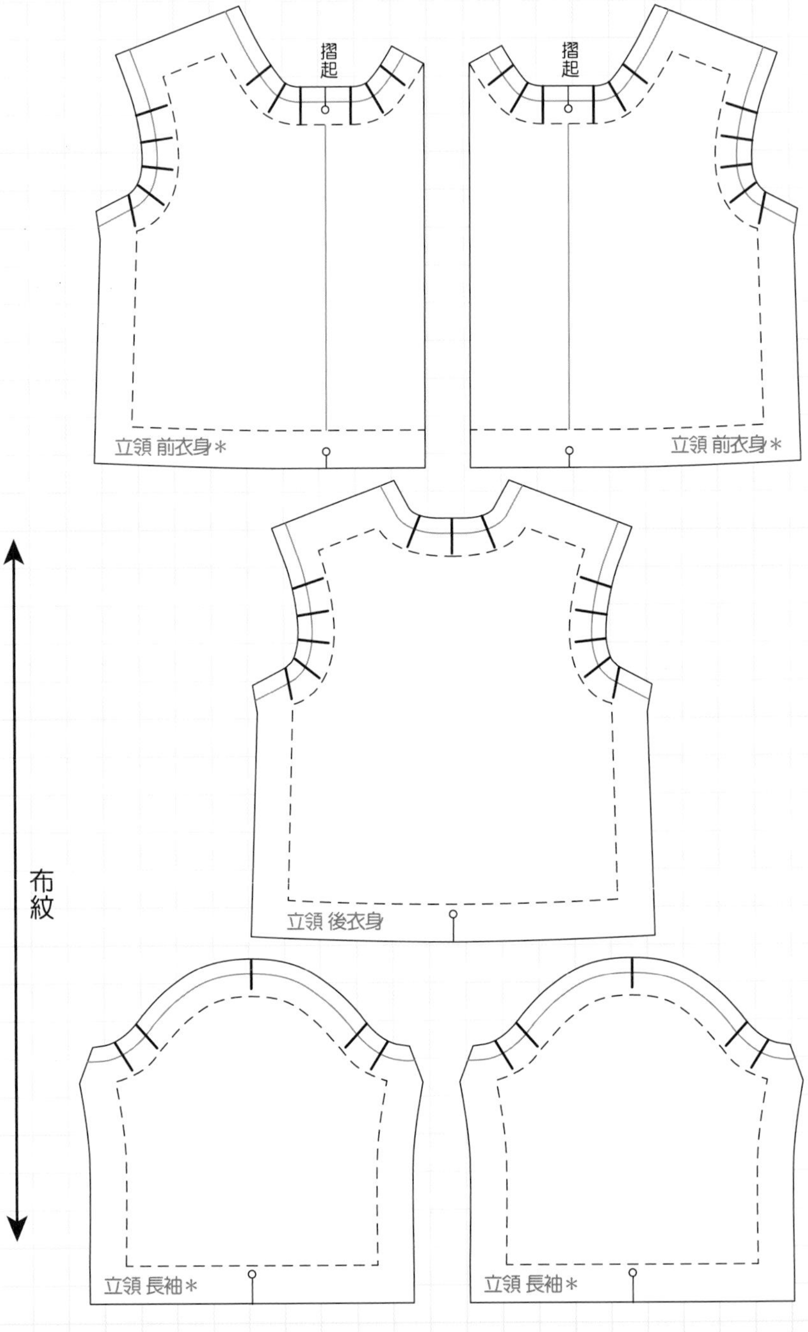
摺起
摺起
立領 前衣身＊
立領 前衣身＊
立領 後衣身
布紋
立領 長袖＊
立領 長袖＊

請將紙型複印後裁切下來使用！

Chapter 5.

西裝外套

— TAILORED JACKET —

原寸大

這裏為了初學者調整了和一般製作方法不同的製作順序。

西裝外套

※這個章節所解說的領圍及袖籠製作方法的縫份全部都是0.3cm寬

→紙型 P.42

1

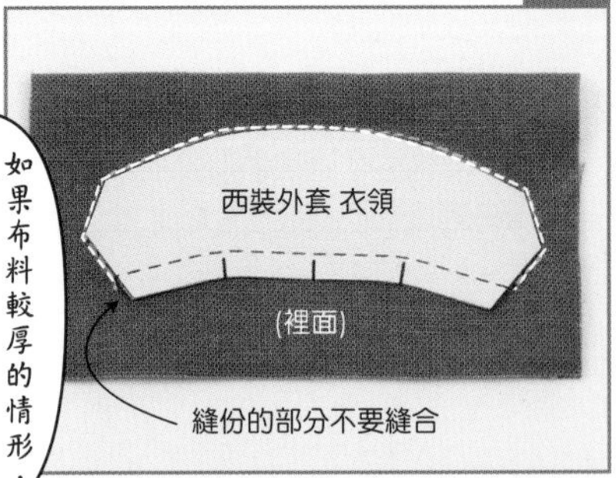

西裝外套 衣領
(裡面)
縫份的部分不要縫合

將表領、襯領用布以表面相對的方式重疊。把背面貼有雙面膠帶的紙型黏貼在布上，再以紙型為導引將周圍縫合。

2

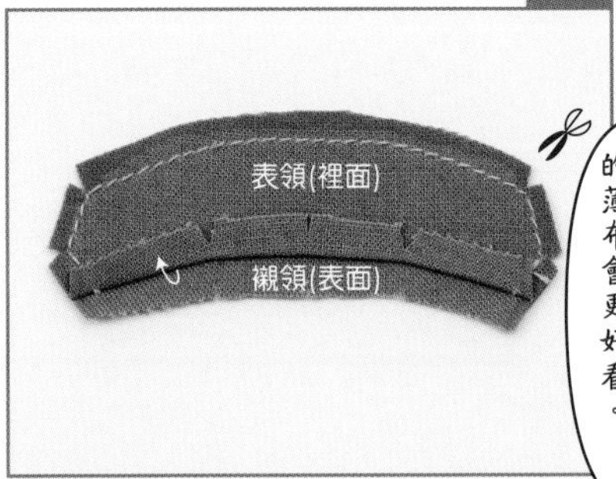

表領(裡面)
襯領(表面)

如果布料較厚的情形，襯領使用平紋織布之類的薄布會更好看。

沿著紙型將領圍裁下，周圍的縫份裁切至剩下0.3cm左右，再將表領側的縫份摺向內側。

3

表領(表面)
襯領(裡面)

翻到表面，以熨斗整形。

4

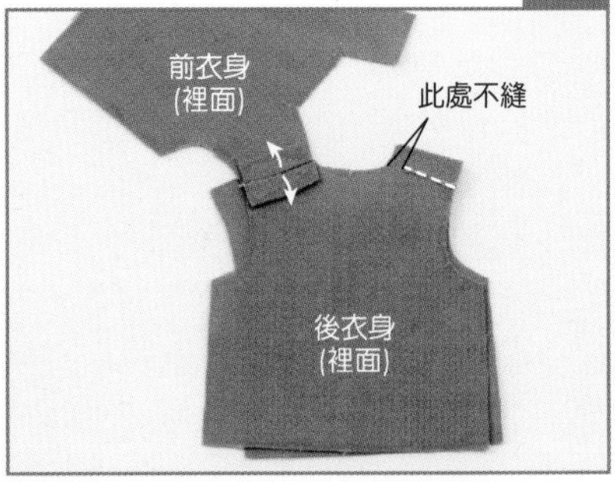

前衣身
(裡面)
此處不縫
後衣身
(裡面)

將衣身的肩部縫合，並將縫份熨開。衣領側的縫份不要縫合。

5

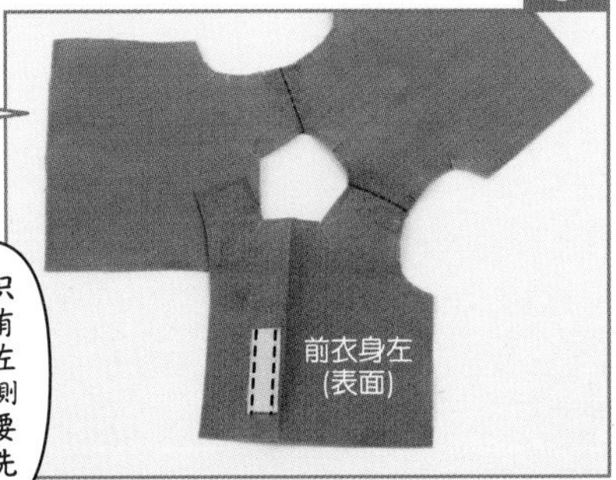

前衣身左
(表面)

將黏扣帶縫至左衣身的貼邊部分。

只有左側要先裝上黏扣帶。

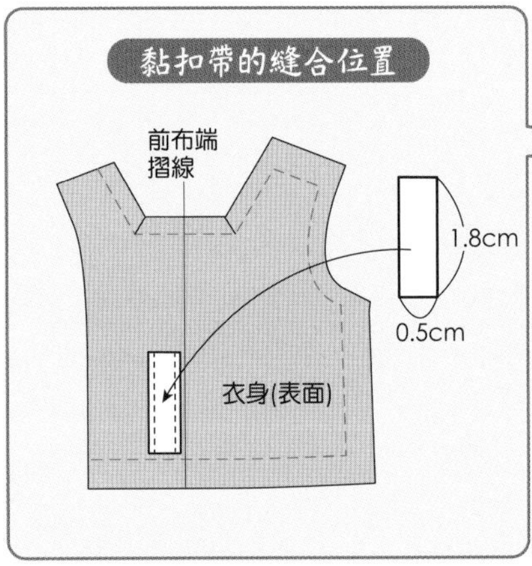

黏扣帶的縫合位置
前布端
摺線
1.8cm
0.5cm
衣身(表面)

6

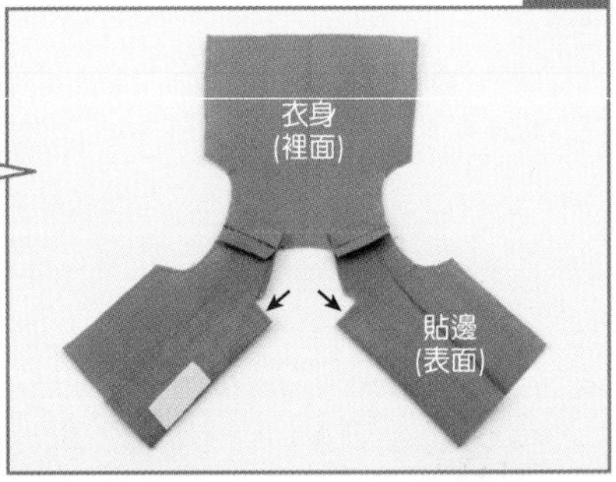

衣身
(裡面)
貼邊
(表面)

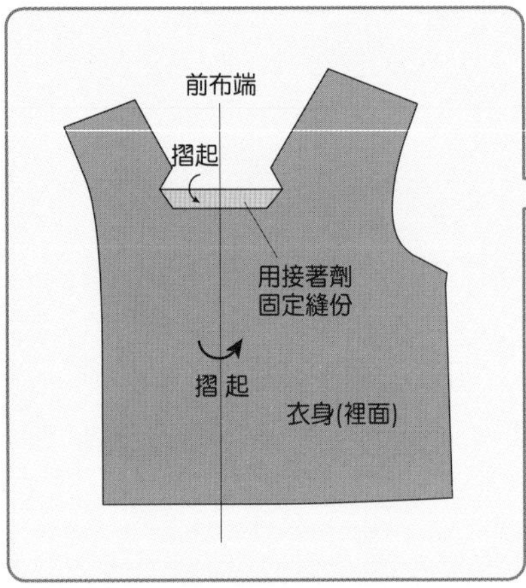

前布端
摺起
用接著劑
固定縫份
摺起
衣身(裡面)

摺起貼邊布的上部，再將前布端表面相對後摺起，用接著劑將上部固定。貼邊布的布端要藏在肩部縫份的下方。

7

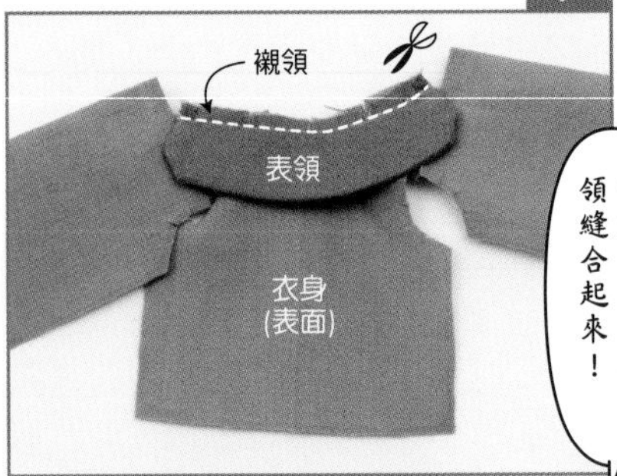

襯領
表領
衣身
(表面)

以襯領朝下的方式將衣領放置於衣身上，並將襯領與衣身縫合。縫份如果有0.5cm的話，縫好後請裁剪成0.3cm。

請注意不要將表領縫合起來！

如果衣領老是翹起來的話，使用熨斗將翹起來的位置確實燙整即可改善。

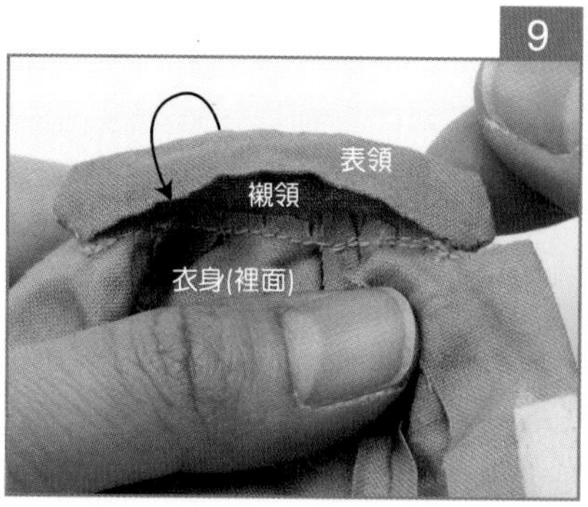
9
表領
襯領
衣身(裡面)

將襯領的縫份向上摺，蓋住表領。

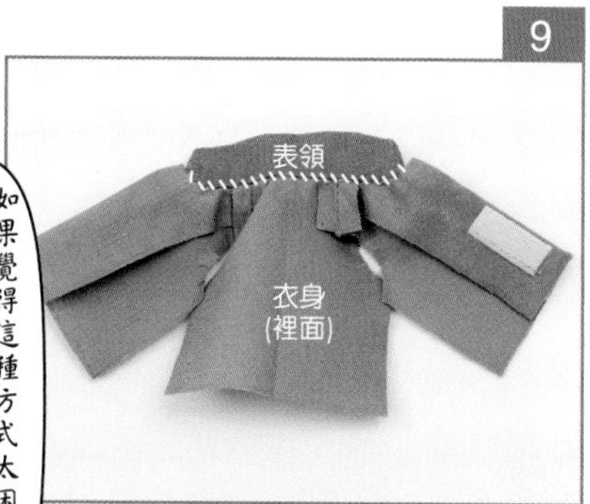
9
表領
衣身
(裡面)

將衣身的前布端上部~領圍+衣身以藏針縫的方式縫合起來。

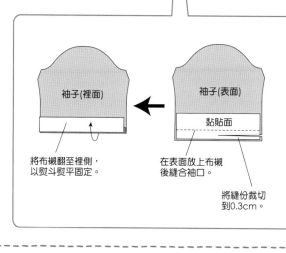

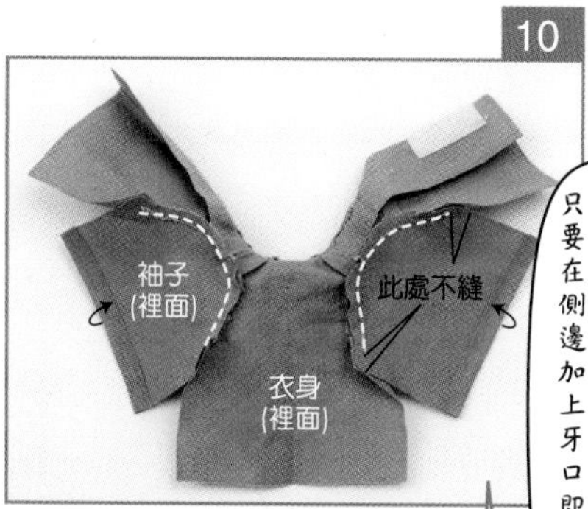
10
袖子
(裡面)
此處不縫
衣身
(裡面)

將衣袖縫至衣身。兩側布端的縫份部分不要縫合。將袖口摺起，以接著劑或是壓明線固定。

如果覺得這種方式太困難的話，就先縫合至布端，之後只要在側邊加上牙口即可。

如果不想要在袖口壓明線或是接著劑滲出到表面時

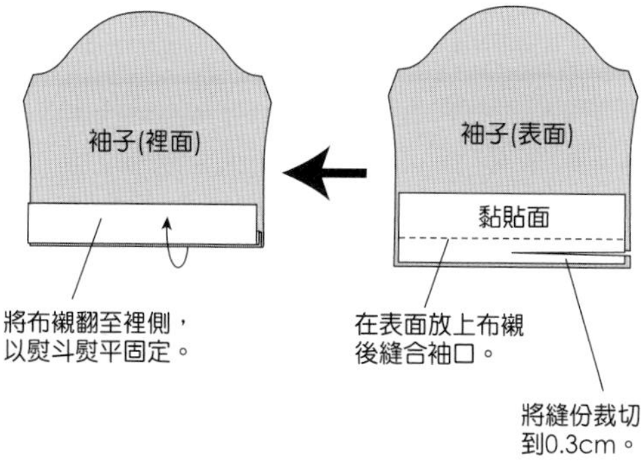
袖子(裡面)
將布襯翻至裡側，以熨斗熨平固定。
袖子(表面)
黏貼面
在表面放上布襯後縫合袖口。
將縫份裁切到0.3cm。

沒有縫合的部分可以代替牙口的功用，讓縫線不容易起皺哦！

11
衣身
(裡面)

將側邊下方的縫份熨開，縫合袖下~側邊。

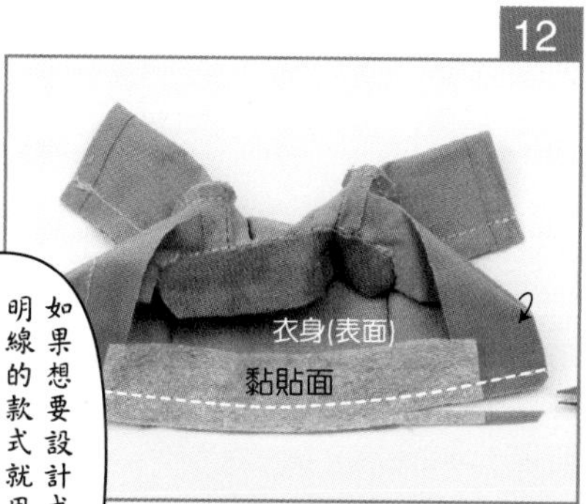
12
衣身(表面)
黏貼面

將前布端摺起，貼邊布以表面相對的方式縫合。再將布襯放在下襬處縫合，將縫份裁剪成0.3cm。

如果想要設計成沒有壓明線的款式就用這個方法。就算只是摺起，以接著劑固定也可以。

13
衣身
(裡面)

將下襬(布襯)翻至表面，以熨斗加熱接合，並在右衣身縫上黏扣帶。

14
Sea Horse

在左衣身和衣袖裝上熱壓飾釦。這裏的範例使用的是 4 mm的熱壓飾釦。

※如果只是左右相同，或者是左右反轉的紙型，會加上＊記號。

帶有縫份的紙型

※衣領的布紋擺放方式，視喜好垂直、水平或斜放都可以

西裝外套紙型
→ 製作方法 P.40-41

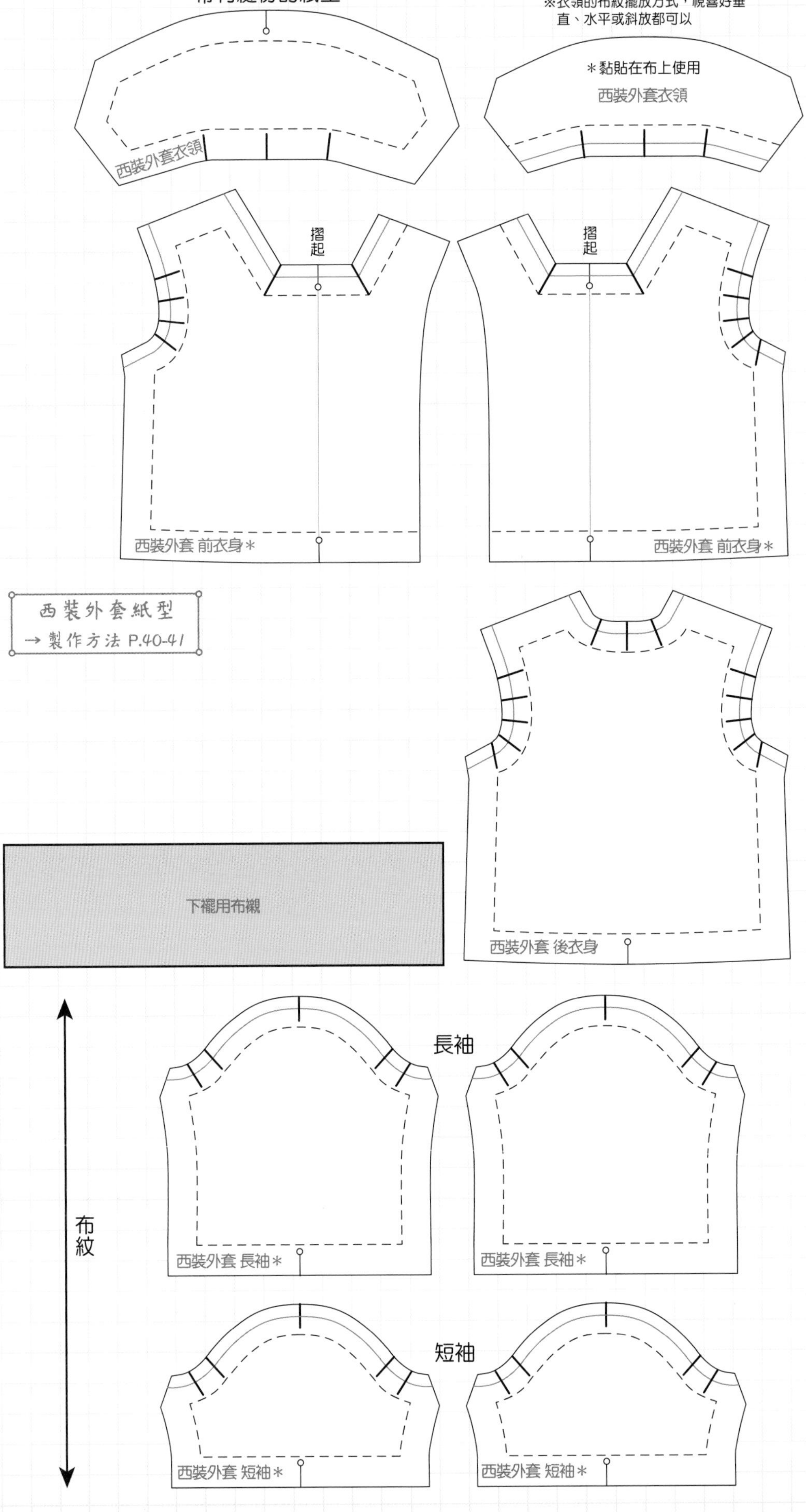

西裝外套衣領
＊黏貼在布上使用
西裝外套衣領
摺起
西裝外套 前衣身＊
摺起
西裝外套 前衣身＊
下襬用布襯
西裝外套 後衣身
布紋
長袖
西裝外套 長袖＊
西裝外套 長袖＊
短袖
西裝外套 短袖＊
西裝外套 短袖＊

請將紙型複印後裁切下來使用！

衣袖的紙型與立領制服・水手服的尺寸共通。請依自己喜歡挑選長袖或短袖製作。

Chapter 6.

水手上衣

— SAILOR JACKET —

原寸大

這是水手領和西裝風格領的外套製作方式！

水手上衣

水手領、西裝風格領

※這個章節所解說的領圍及袖籠製作方法的縫份全部都是0.3cm寬

→紙型 P.47

1

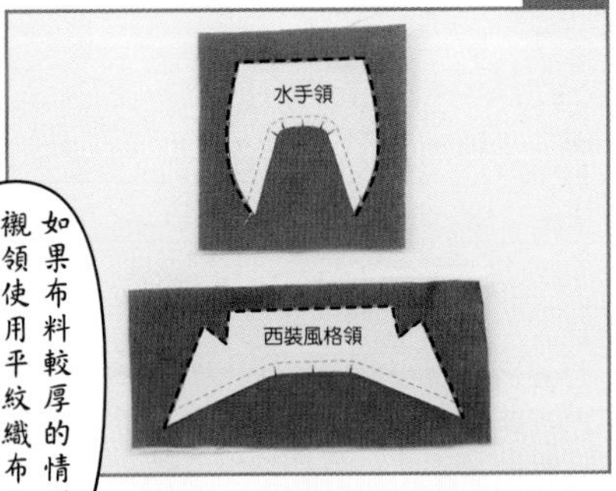
水手領
西裝風格領

如果布料較厚的情形，襯領使用平紋織布之類的薄布會更好看。

將表領、襯領用布以表面相對的方式重疊。把背面貼有雙面膠帶的紙型黏貼在布上，再以紙型為導引將周圍縫合。

如果使用薄布料製作，也可以將這部分摺雙製作。

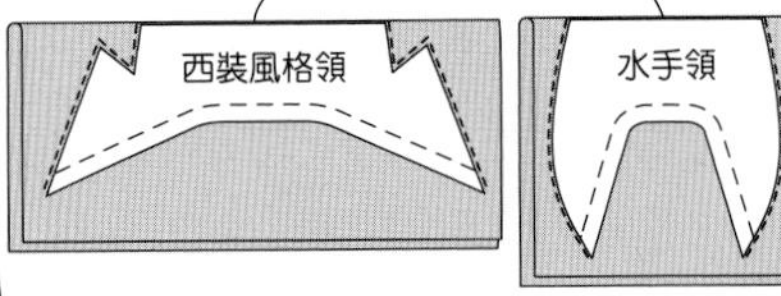
西裝風格領
水手領

2

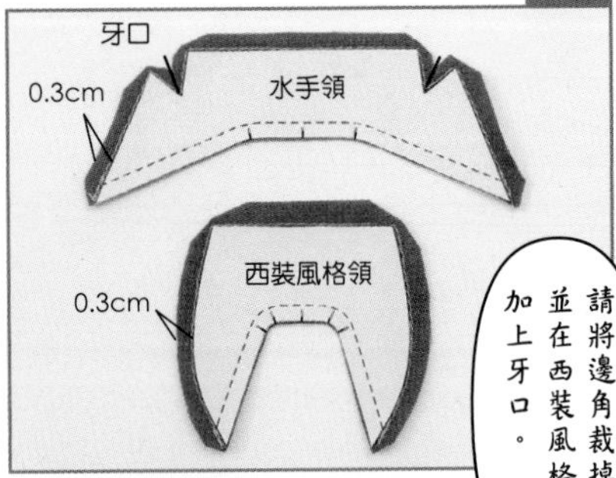
牙口
0.3cm
水手領
西裝風格領
0.3cm

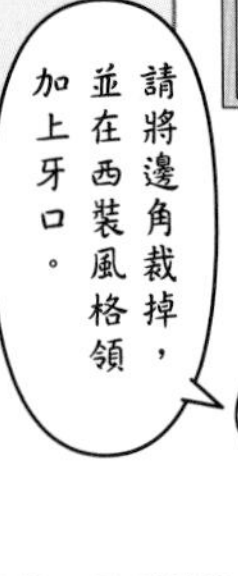
請將邊角裁掉，並在西裝風格領加上牙口。

沿著紙型將領圍裁下，周圍的縫份裁切至剩下0.3cm左右，翻至表面。

3

此處不縫
前衣身
(裡面)

將衣身的肩部縫合。領圍側的縫份不要縫合。

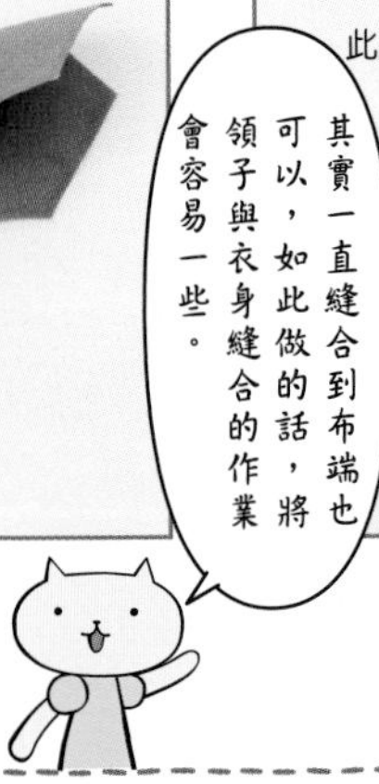
其實一直縫合到布端也可以，如此做的話，將領子與衣身縫合的作業會容易一些。

4

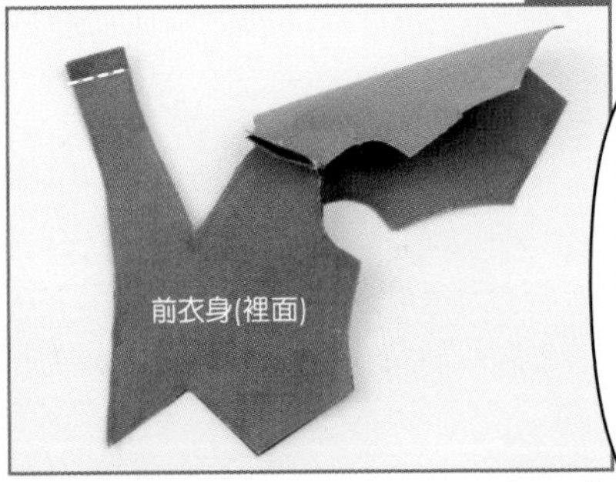
前衣身(裡面)

將貼邊布的後中心以表面相對的方式縫合。

5

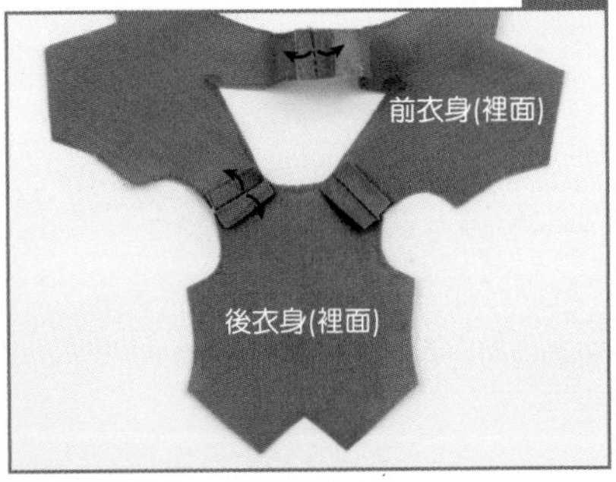
前衣身(裡面)
後衣身(裡面)

將肩部及貼邊的縫份熨開。

如果是無衣領的設計就成為V字領的外套，
若連衣袖都沒有的話，就變成背心了！

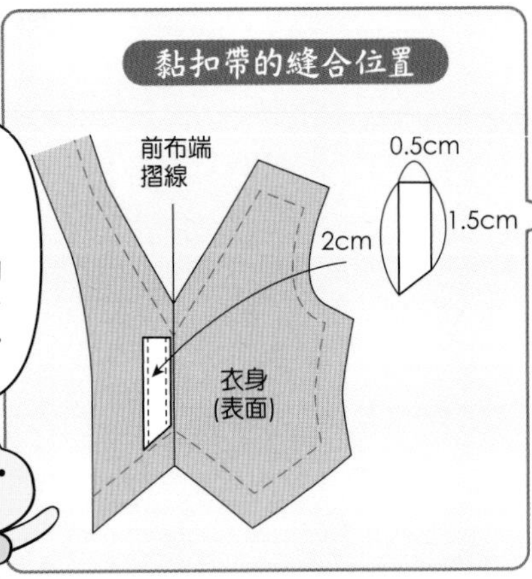
黏扣帶的縫合位置
前布端
摺線
0.5cm
1.5cm
2cm
衣身
(表面)
只有左側要先裝上黏扣帶。

6

前衣身
(表面)

將黏扣帶縫在左衣身的貼邊布部分。

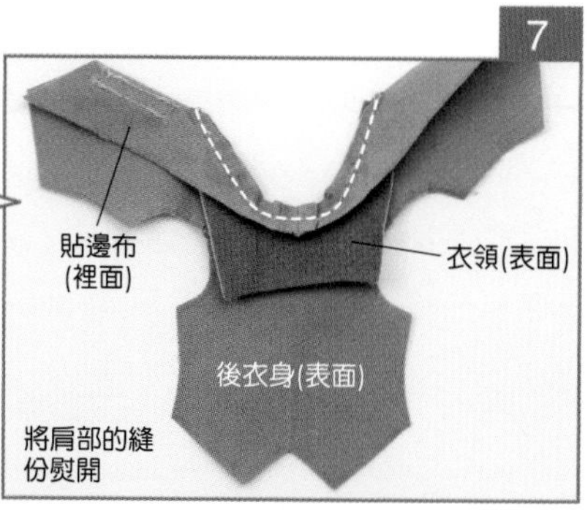

7
貼邊布
(裡面)
衣領(表面)
後衣身(表面)
將肩部的縫
份熨開

將衣領挾在衣身和貼邊布之間縫合。

西裝風格衣領的縫合位置

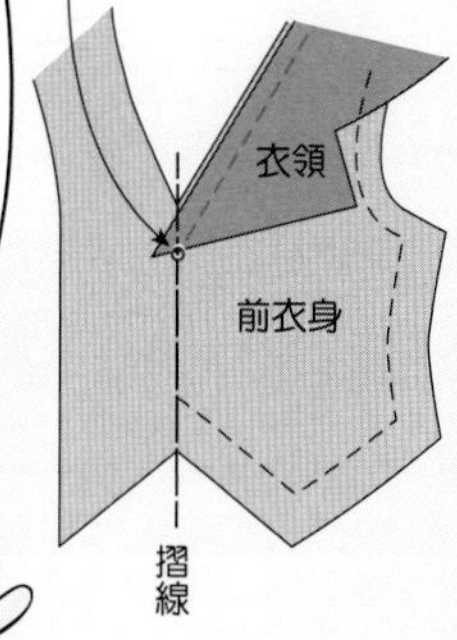

將前布端對齊衣領的縫線尾端
交叉位置後縫合(把超出的部分
裁切掉)
衣領
前衣身
摺線

水手領的縫合位置

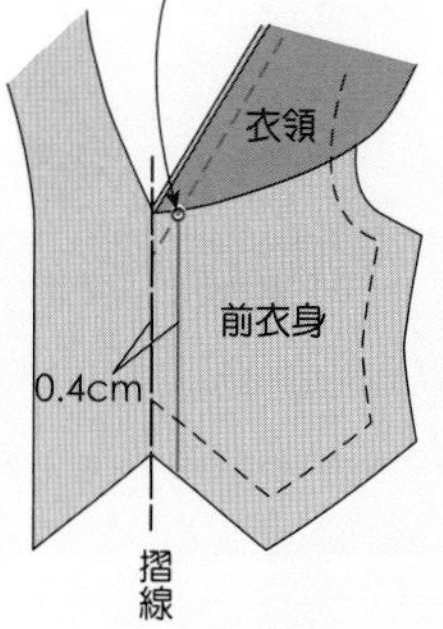

將前布端平行移動0.4cm的線，對齊
衣領縫線尾端的交叉位置後縫合(把超
出的部分裁切掉)
衣領
前衣身
0.4cm
摺線

使用可以消去的繪布筆在衣領和衣身上畫線標記，再對齊位置會比較方便作業。

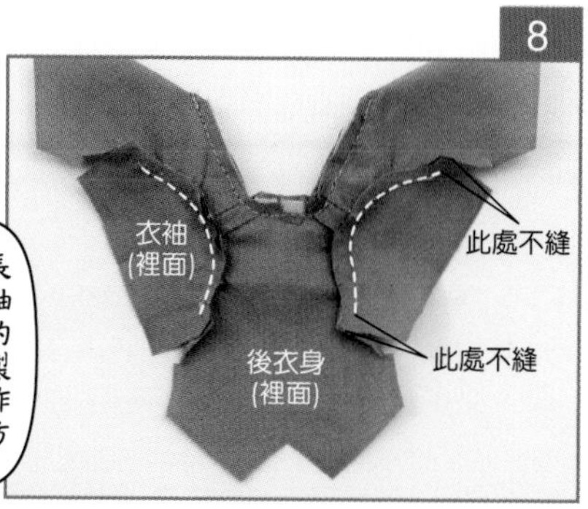

8
衣袖
(裡面)
此處不縫
後衣身
(裡面)
此處不縫

將衣袖縫合至衣身。兩側布端的縫份部分不要縫合。

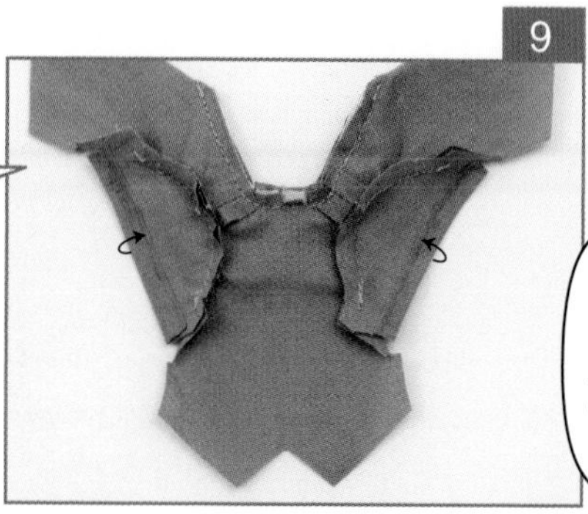

9

將袖口摺起，以接著劑或壓明線的方式固定。

長袖的製作方法也一樣哦！

如果不想要在袖口壓明線或是接著劑滲出到表面時

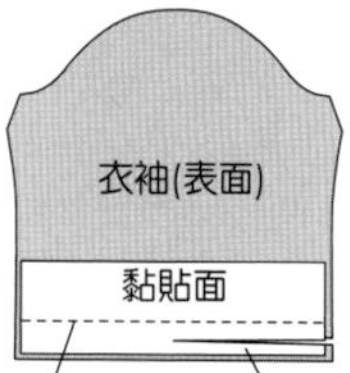

衣袖(表面)
黏貼面
在表面放上布襯
後縫合袖口
將縫份裁切
到0.3cm

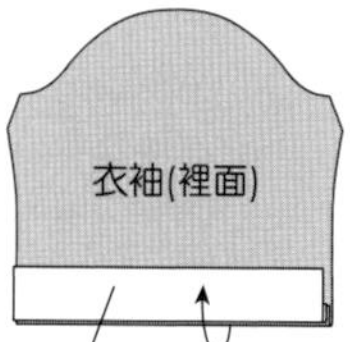

衣袖(裡面)
將布襯翻至裡側，
以熨斗接合固定

10
前衣身
(裡面)

將側邊的縫份熨開，並縫合袖下~側邊。再將側邊下方的縫份熨開。

沒有縫合的部分可以代替牙口的功用，讓縫線不容易起皺哦！

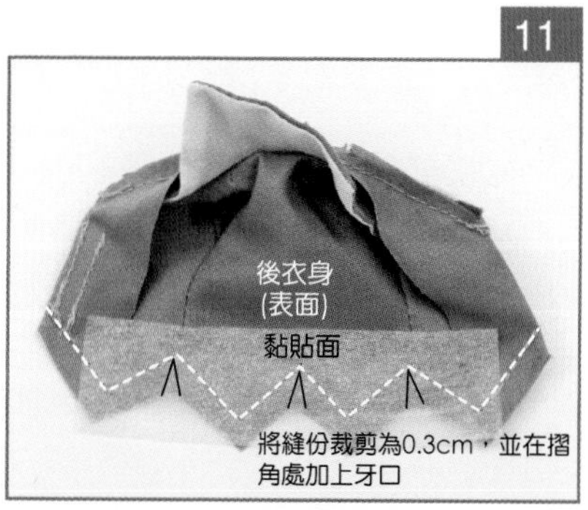

11
後衣身
(表面)
黏貼面
將縫份裁剪為0.3cm，並在摺
角處加上牙口

將布襯放置於下襬後縫合下襬。直線形狀的下襬也是同樣的縫法。※請參考立領、西裝外套領的章節。

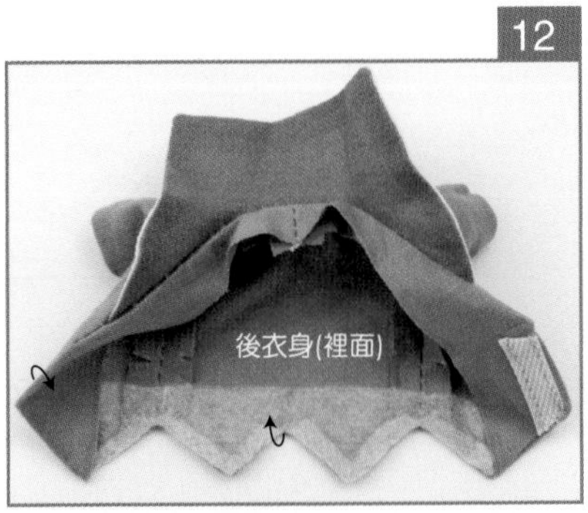
12
後衣身(裡面)

將下襬(布襯)與貼邊布翻至表面，以熨斗熱壓接合。如果將布襯位置稍微向內側錯開到由表面看不見布襯會更佳。

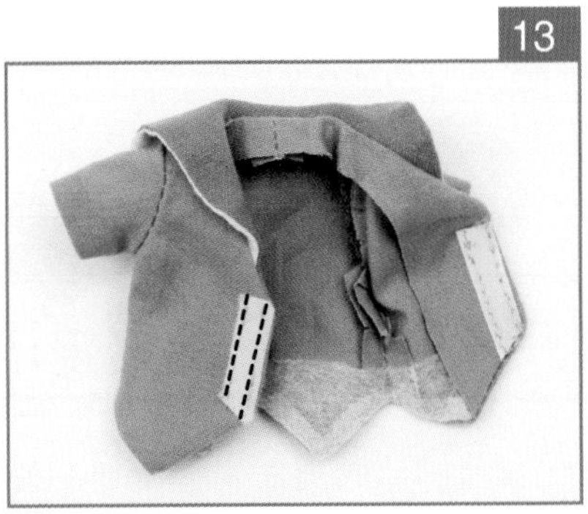
13

在右衣身裝上黏扣帶。

14

將鈕釦及熱壓飾釦裝在左衣身和衣袖上。範例使用的是 4 mm的熱壓飾釦。

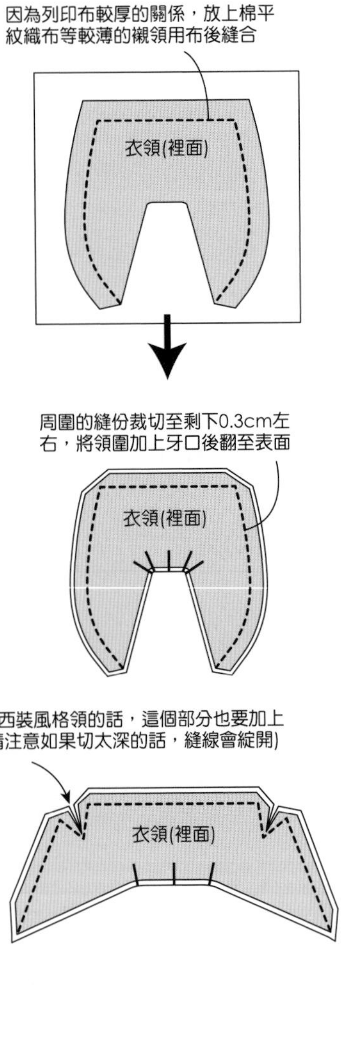
因為列印布較厚的關係，放上棉平紋織布等較薄的襯領用布後縫合
衣領(裡面)
周圍的縫份裁切至剩下0.3cm左右，將領圍加上牙口後翻至表面
衣領(裡面)
如果是西裝風格領的話，這個部分也要加上牙口(請注意如果切太深的話，縫線會綻開)
衣領(裡面)

這裏為各位準備帶有縫份的衣領紙型，可以直接複印至列印布使用。
(立領、西裝外套領分別刊載於各自的紙型頁面)

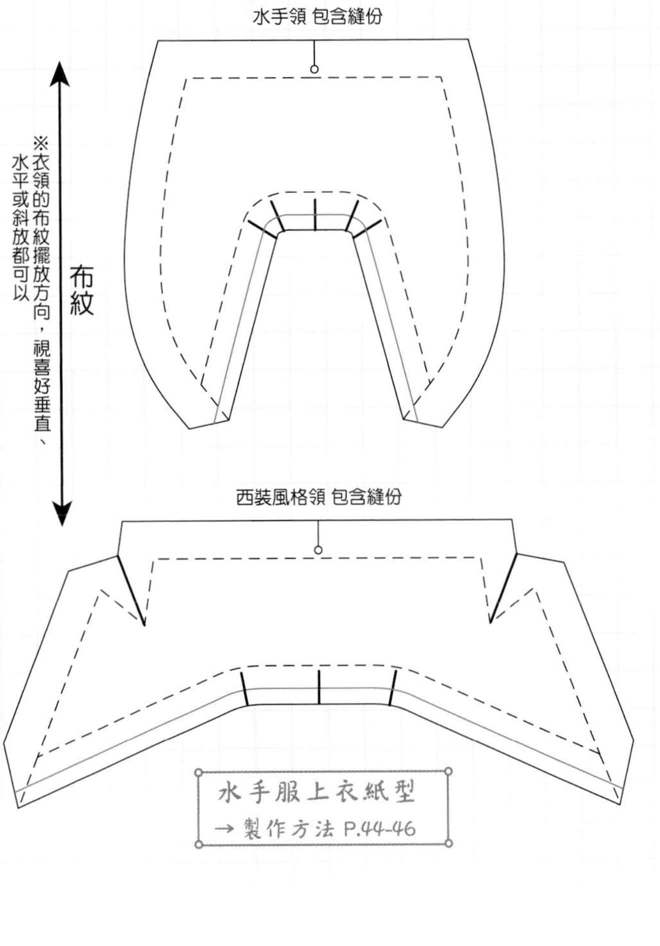
※衣領的布紋擺放方向，視喜好垂直、水平或斜放都可以
布紋
水手領 包含縫份
西裝風格領 包含縫份
水手服上衣紙型
→ 製作方法 P.44-46

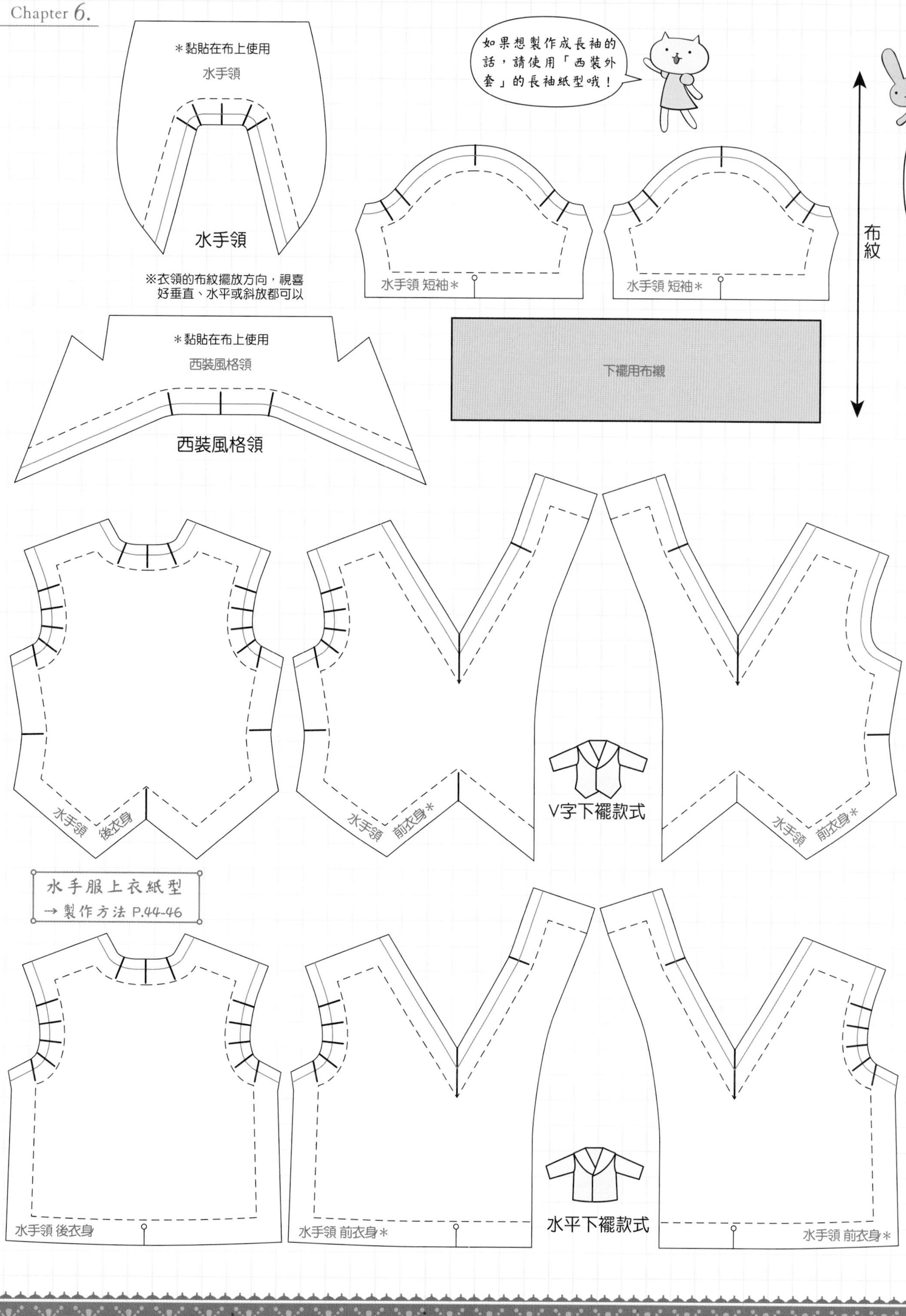
＊黏貼在布上使用
水手領
水手領
※衣領的布紋擺放方向，視喜好垂直、水平或斜放都可以
如果想製作成長袖的話，請使用「西裝外套」的長袖紙型哦！
水手領 短袖＊
水手領 短袖＊
＊黏貼在布上使用
西裝風格領
西裝風格領
下襬用布襯
布紋
水手領 後衣身
水手領 前衣身＊
V字下襬款式
水手領 前衣身＊
水手服上衣紙型
→製作方法 P.44-46
水手領 後衣身
水手領 前衣身＊
水平下襬款式
水手領 前衣身＊

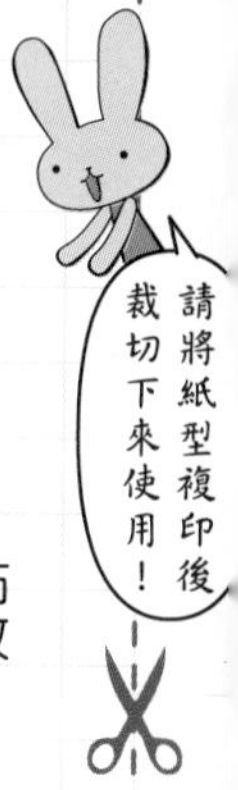
請將紙型複印後裁切下來使用！

※如果只是左右相同，或者是左右反轉的紙型，會加上＊記號。

Chapter 7.

運動服

— TRAINING SUITS —

原寸大

運動服

請熟練前開款式的製作方法吧！

→紙型 P.52

1

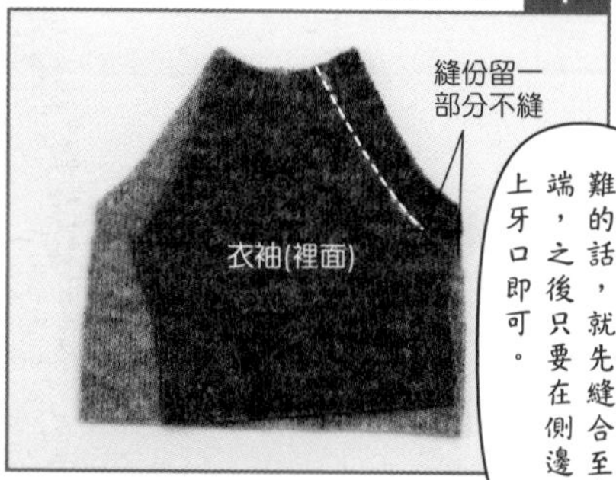
縫份留一部分不縫
衣袖(裡面)

將衣袖和衣身縫合起來。側邊的縫份留一部分不縫。

如果覺得這種方式太困難的話，就先縫合至布端，之後只要在側邊加上牙口即可。

2

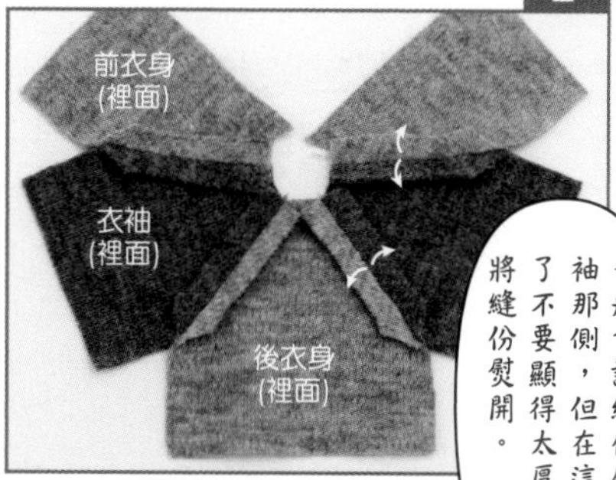
前衣身
(裡面)
衣袖
(裡面)
後衣身
(裡面)

將衣袖的縫份熨開。

一般會讓縫份倒向衣袖那側，但在這裡為了不要顯得太厚，要將縫份熨開。

3

(裡面)
袖口布片

將袖口布片對摺後，一邊稍微推開，一邊以待針固定後縫合。然後將縫份倒向衣袖側，邊緣以壓明線或接著劑黏貼的方式固定。

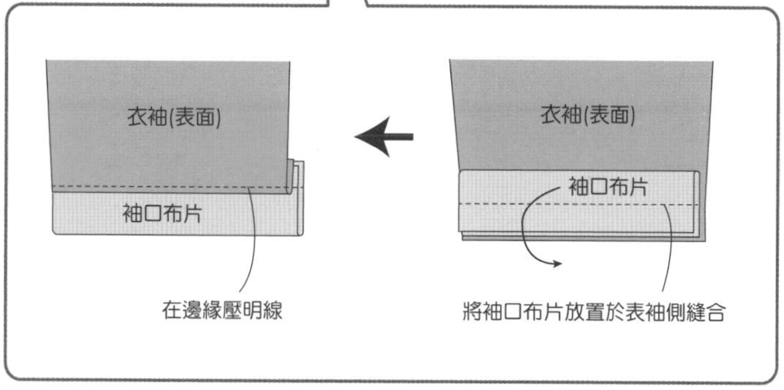
衣袖(表面)
袖口布片
將袖口布片放置於表袖側縫合
衣袖(表面)
袖口布片
在邊緣壓明線

4

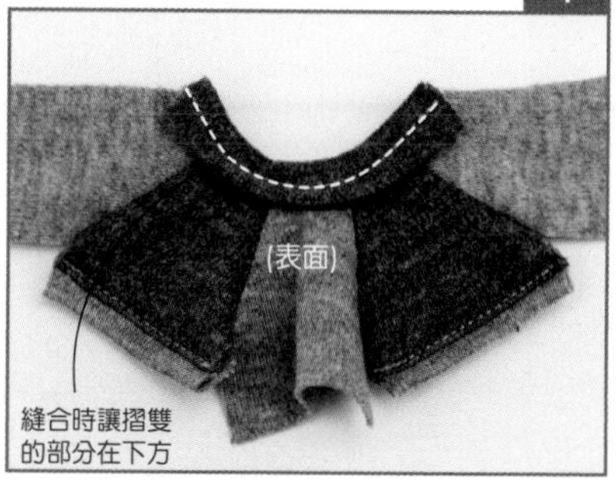
(表面)
縫合時讓摺雙的部分在下方

將對摺的衣領縫合在衣身上。

5

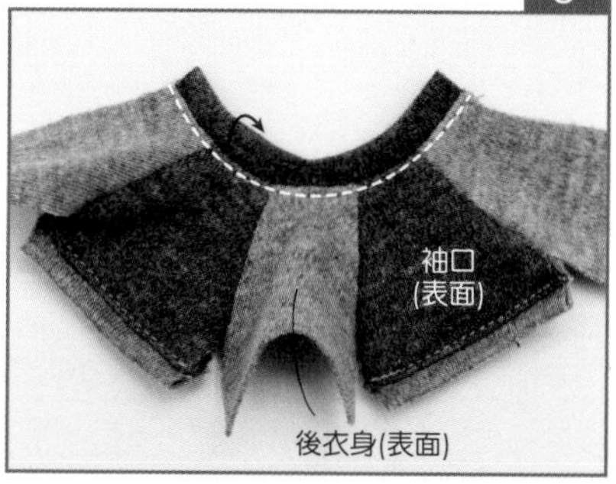
袖口
(表面)
後衣身(表面)

與衣袖相同，將縫份倒向衣身側，再以壓明線或接著劑固定。

6

前衣身
(裡面)

將衣身與衣袖表面相對，縫合衣袖~側邊。縫好後將側邊的縫份熨開。

沒有縫合的部分可以代替牙口的功用，讓縫線不容易起皺哦！

7

衣身(表面)
摺線(摺雙)側

將對摺的下襬布片對摺後，一邊稍微推開，一邊以待針固定後縫合。

記得衣身和下襬的中心要對齊哦！

8

衣身(表面)

將縫份倒向衣身側後，以壓明線或接著劑黏貼固定。

9

前衣身
(裡面)
布襯

確認左右前布端的長度是否相同。將裁切成5 mm寬，長度相同的布襯黏貼在裡面，用來調整左右的長度即可。

黏貼布襯可以調整左右長度，也可以防止布料延伸。

10

前衣身
(表面)

將帽子用的鬆緊帶在前布端以表面相對的方式縫合。

這裡是拿帽子用的鬆緊帶來代替拉鏈哦！

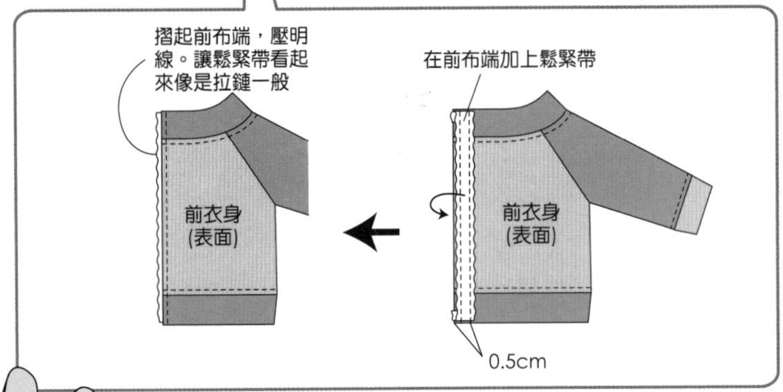
在前布端加上鬆緊帶
前衣身
(表面)
0.5cm
摺起前布端，壓明線。讓鬆緊帶看起來像是拉鏈一般
前衣身
(表面)

11

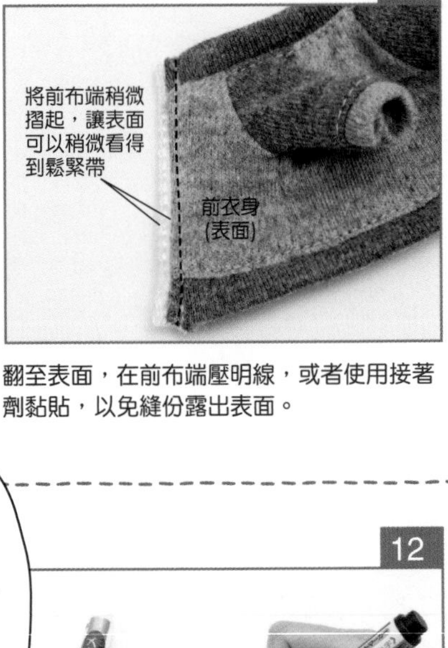
將前布端稍微摺起，讓表面可以稍微看得到鬆緊帶
前衣身
(表面)

翻至表面，在前布端壓明線，或者使用接著劑黏貼，以免縫份露出表面。

透過網路購買到的娃娃衣尺寸拉鏈和一般拉鏈的不同之處如下～

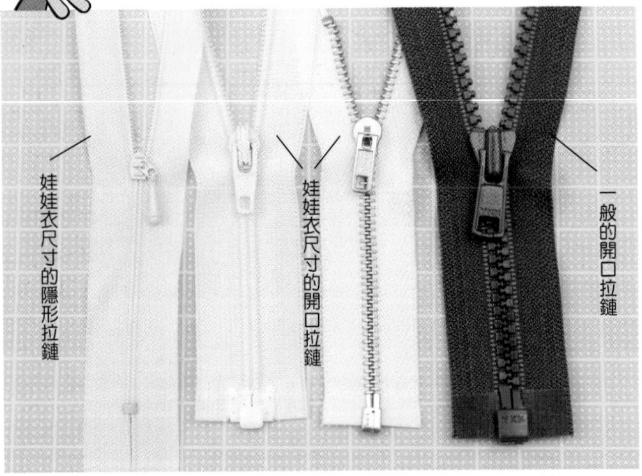
娃娃衣尺寸的隱形拉鏈
娃娃衣尺寸的開口拉鏈
一般的開口拉鏈

帽子用鬆緊帶是因為比拉鏈更柔軟好縫的關係，所以在這裡推薦給初學者使用。如果是已經熟練的人，以相同的方式縫上拉鏈也可以。

12

也可以將帽子用的鬆緊帶以繪布筆塗成自己喜歡的顏色。

娃娃衣尺寸的隱形拉鏈

一條娃娃衣尺寸的隱形拉鏈，大約可以製作 2 件衣服。

也可以只將隱形拉鏈的拉鏈齒縫在前布端。

娃娃衣尺寸的隱形拉鏈雖然大小可以拿來用在OBITSU11的尺寸，但是無法將前襟完全打開。

稍微改造黏扣帶

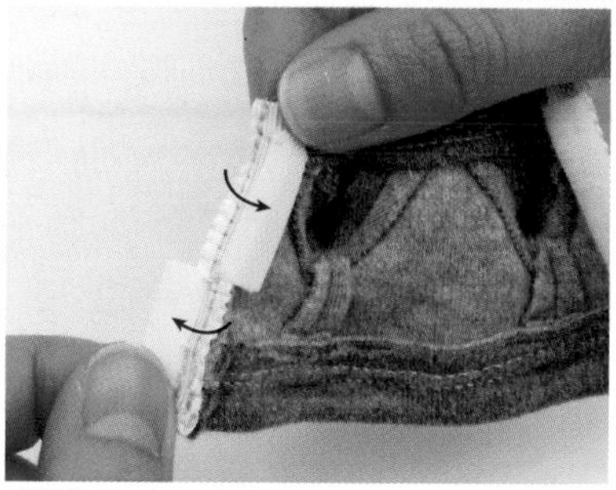

縫成像筆記本那樣可以翻開的狀態。並且要區分上、下兩段。

黏扣帶不要完全縫死，而是在 2～3 處位置以包邊線的方式固定

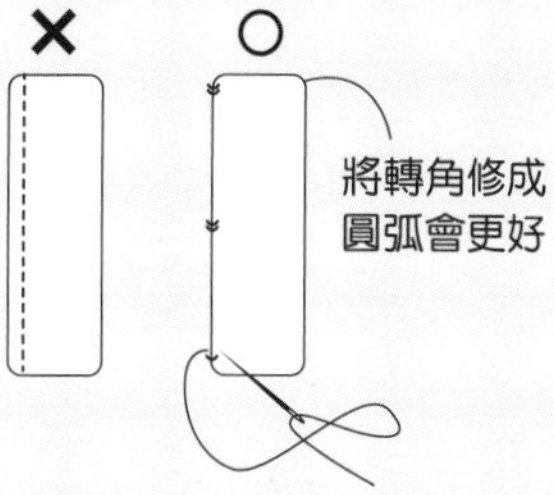
✕
○
將轉角修成圓弧會更好

將分段切割的黏扣帶以手縫的方式裝在右衣身側。(左衣身則按照一般的方式縫在內側)

也可以全部關閉。不過因為黏扣帶粗糙的那一面有時會勾住布料，所以有些素材無法使用。

請多加注意！

半開襟的狀態。

如果將拉鏈收在內側的話，就是全開襟。

運動服紙型

→ 製作方法 P.49-51

※如果只是左右相同，或者是左右反轉的紙型，會加上＊記號。

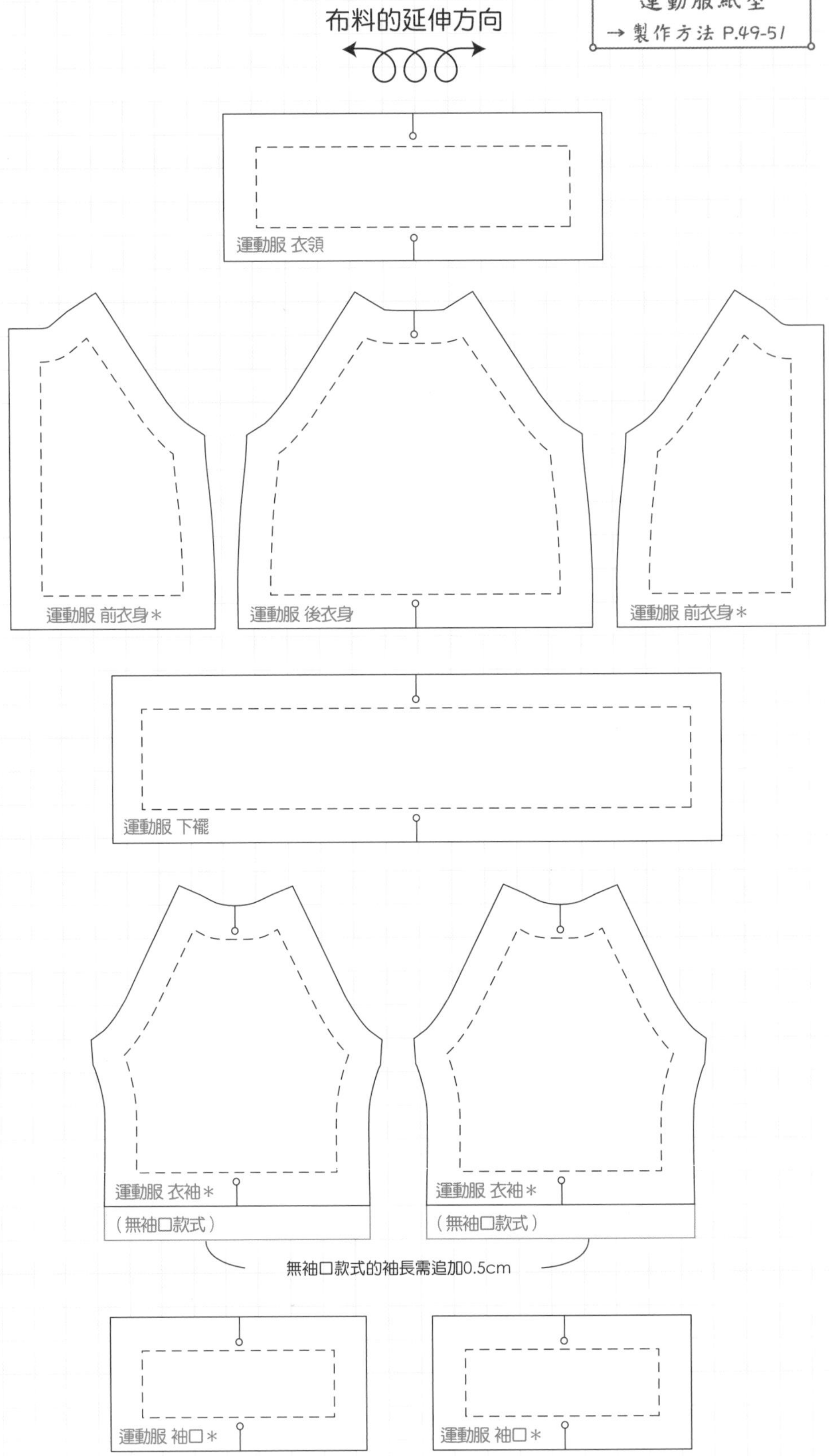
布料的延伸方向
運動服 衣領
運動服 前衣身＊
運動服 後衣身
運動服 前衣身＊
運動服 下襬
運動服 衣袖＊
（無袖口款式）
運動服 衣袖＊
（無袖口款式）
無袖口款式的袖長需追加0.5cm
運動服 袖口＊
運動服 袖口＊

請將紙型複印後裁切下來使用！

Chapter 8.

連帽衫

— HOODIE —

原寸大

連帽衫

後面有換衣服用的開口。連帽衫帽子一共有2種哦！

→紙型 P.56-57

1

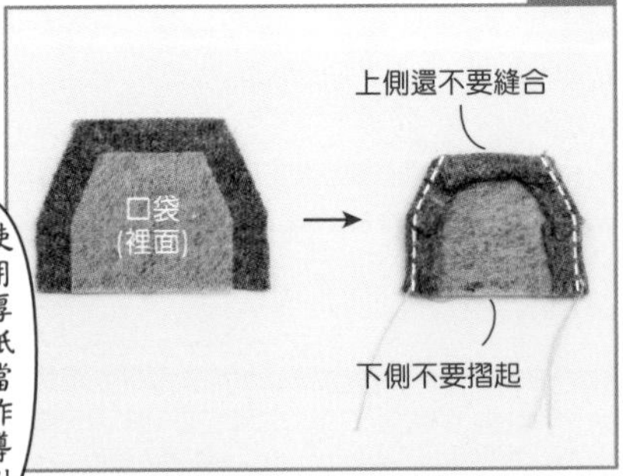
上側還不要縫合
口袋
(裡面)
下側不要摺起

將口袋摺起縫合。如果無法摺出漂亮的線條時，可以將裁切成細條的布襯貼在縫份上，然後再以其為導引摺起即可。

使用厚紙當作導引也可以。不好摺時就用這個方法！

2

前衣身(表面)
口袋

將口袋放置於前衣身的中心，只將上部縫合。

3

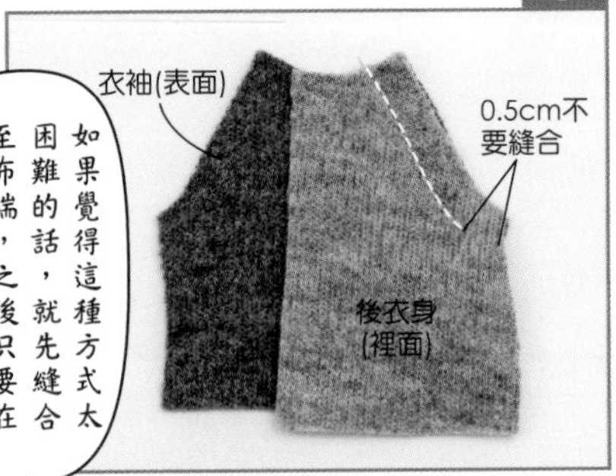
衣袖(表面)
0.5cm不要縫合
後衣身
(裡面)

將衣袖縫合至衣身。側邊的縫份部分不要縫合。

如果覺得這種方式太困難的話，就先縫合至布端，之後只要在側邊加上牙口即可。

4

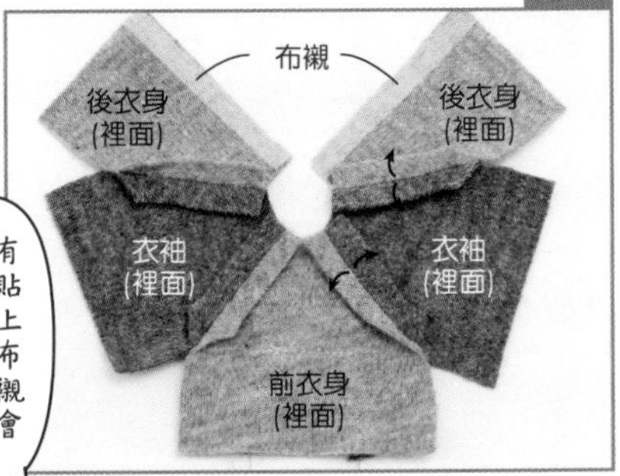
布襯
後衣身
(裡面)
後衣身
(裡面)
衣袖
(裡面)
衣袖
(裡面)
前衣身
(裡面)

將衣袖的縫份熨開。在後中心黏貼裁切成0.5cm寬的布襯。

有貼上布襯會比較美觀哦！

5

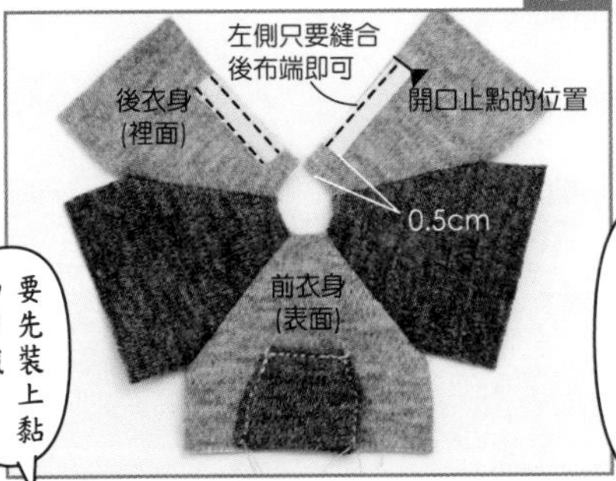
左側只要縫合
後布端即可
後衣身
(裡面)
開口止點的位置
0.5cm
前衣身
(表面)

在後布端縫上0.5cm寬×2.4cm的黏扣帶。

要先裝上黏扣帶哦！

6

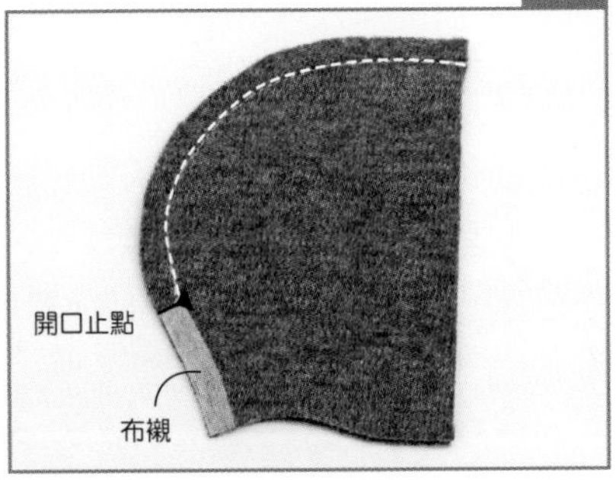
開口止點
布襯

將布襯黏貼至左連帽衫帽子的縫份（一直到開口止點為止），然後將連帽衫帽子上部~後面縫合至開口止點。

7

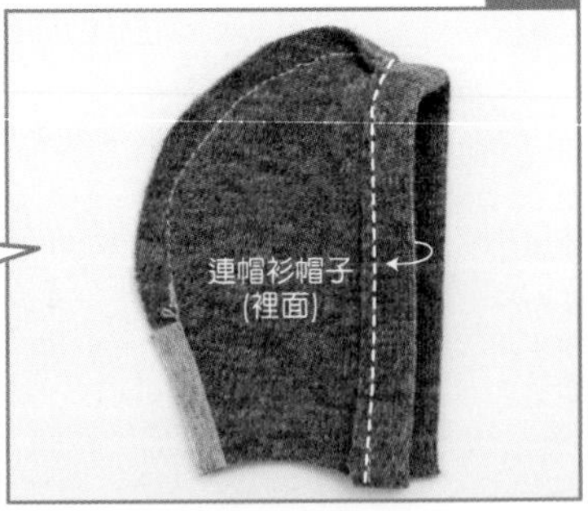
連帽衫帽子
(裡面)

將連帽衫帽子的蓋頭開口摺向內側後縫合。（上部的縫份要熨開）

有貼邊設計的連帽衫帽子

將蓋頭開口對摺後對齊表側縫合。將縫份倒向內側，並在邊緣壓明線或是以接著劑黏貼固定縫份。

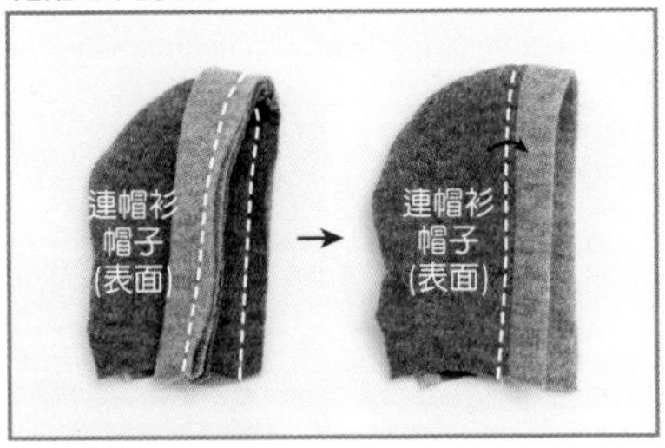
連帽衫
帽子
(表面)
連帽衫
帽子
(表面)

邊緣部分的布紋可以直擺橫放隨意改變。

8

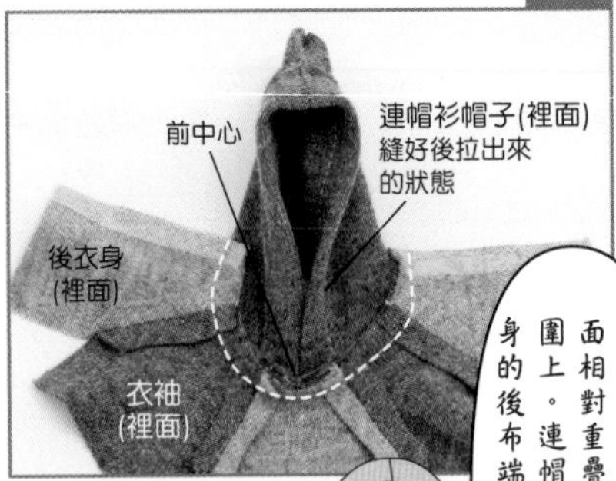
前中心
連帽衫帽子(裡面)
縫好後拉出來
的狀態
後衣身
(裡面)
衣袖
(裡面)

將連帽衫帽子與衣身表面相對重疊，縫合在領圍上。連帽衫帽子與衣身的後布端確實對齊。

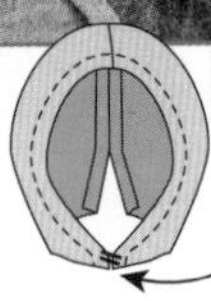

如果將連帽衫帽子的前中心稍微縫一下固定，會比較方便作業哦！

9

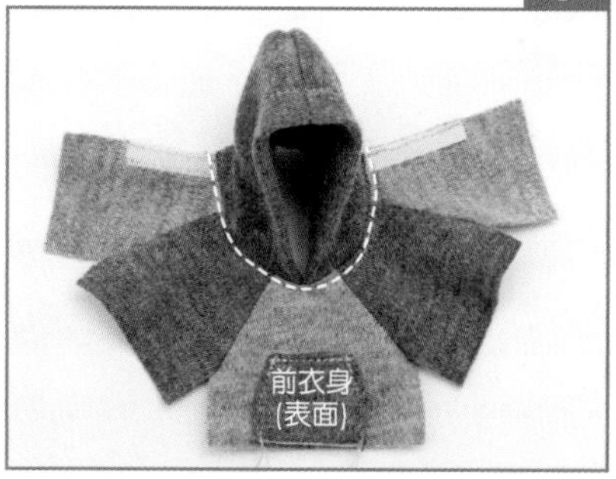
前衣身
(表面)

將縫份倒向衣身側，並在衣身的領圍邊緣以壓明線或接著劑黏貼固定。

10

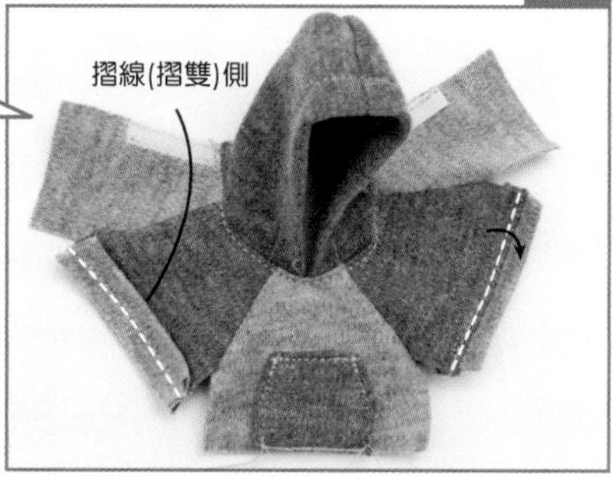
摺線(摺雙)側

將袖口布片對摺後，一邊稍微推開，一邊以待針固定後縫合。然後將縫份倒向衣袖側，邊緣以壓明線或接著劑黏貼的方式固定。

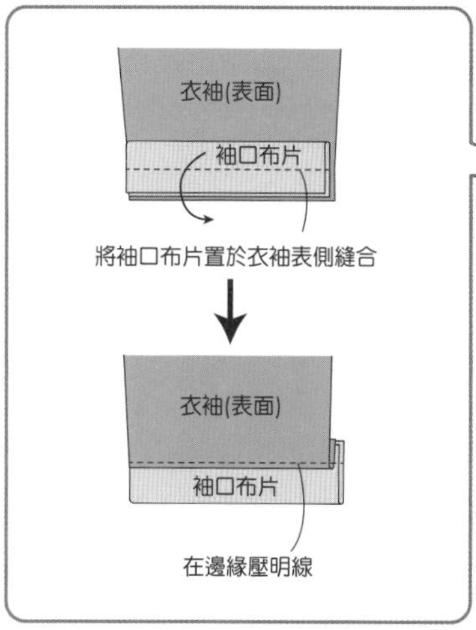
衣袖(表面)
袖口布片
將袖口布片置於衣袖表側縫合
衣袖(表面)
袖口布片
在邊緣壓明線

11

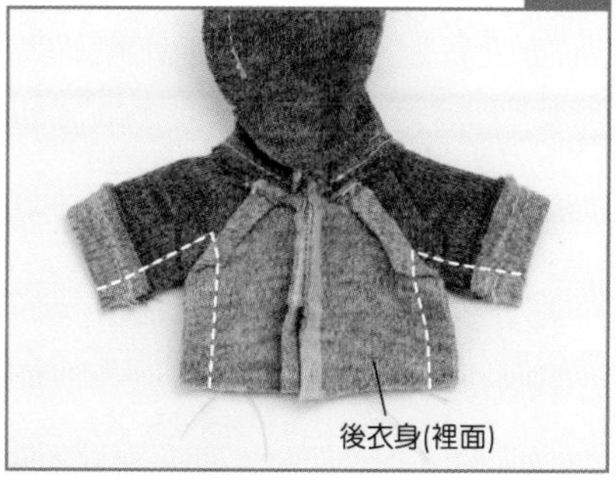
後衣身(裡面)

將袖下~側邊縫合。

12

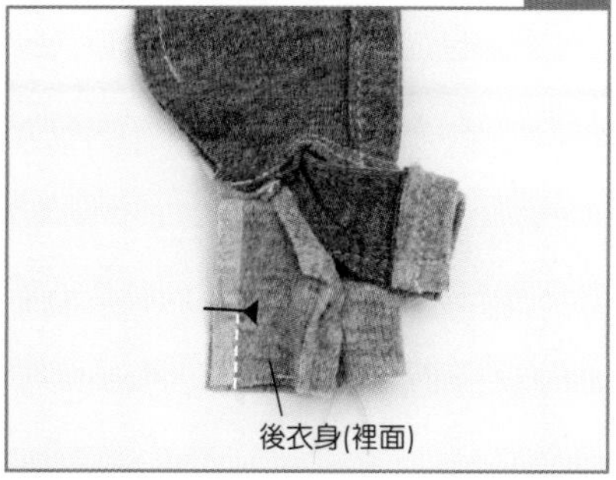
後衣身(裡面)

將後中心縫合至開口止點。

13

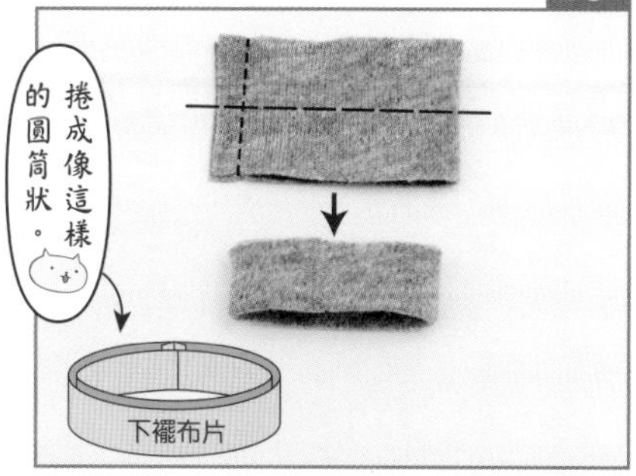
捲成像這樣的圓筒狀。
下襬布片

將下襬布片以表面相對的方式重疊，縫合布端，並將縫份熨開後對摺。如果先在前中心標記合印的話，會更方便作業。

14

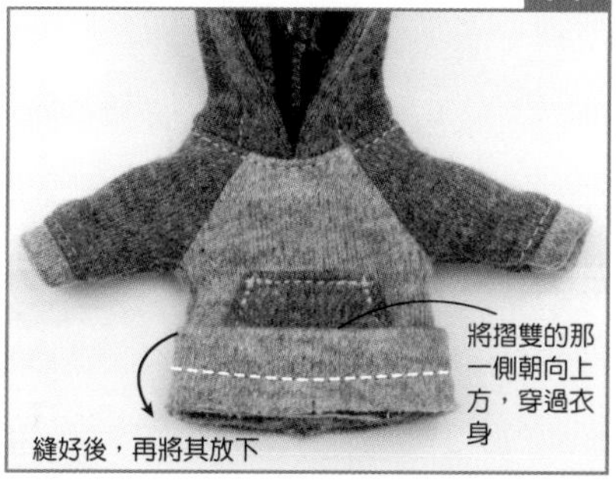
將摺雙的那一側朝向上方，穿過衣身
縫好後，再將其放下

一邊推開下襬布片，一邊對齊衣身的下襬部分縫合。

15

將下襬的縫份倒向衣身側，並壓上明線。

16

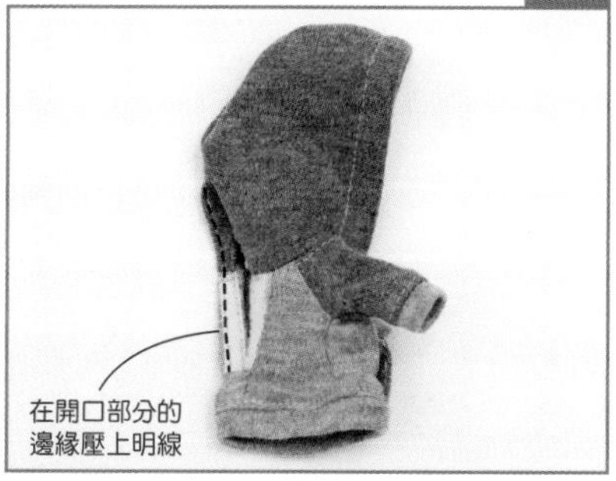
在開口部分的邊緣壓上明線

摺起右後中心，壓上明線。或者在領圍附近線縫固定。

※如果只是左右相同，或者是左右反轉的紙型，會加上＊記號。

連帽衫紙型

→製作方法 P.54-55

布料的延伸方向

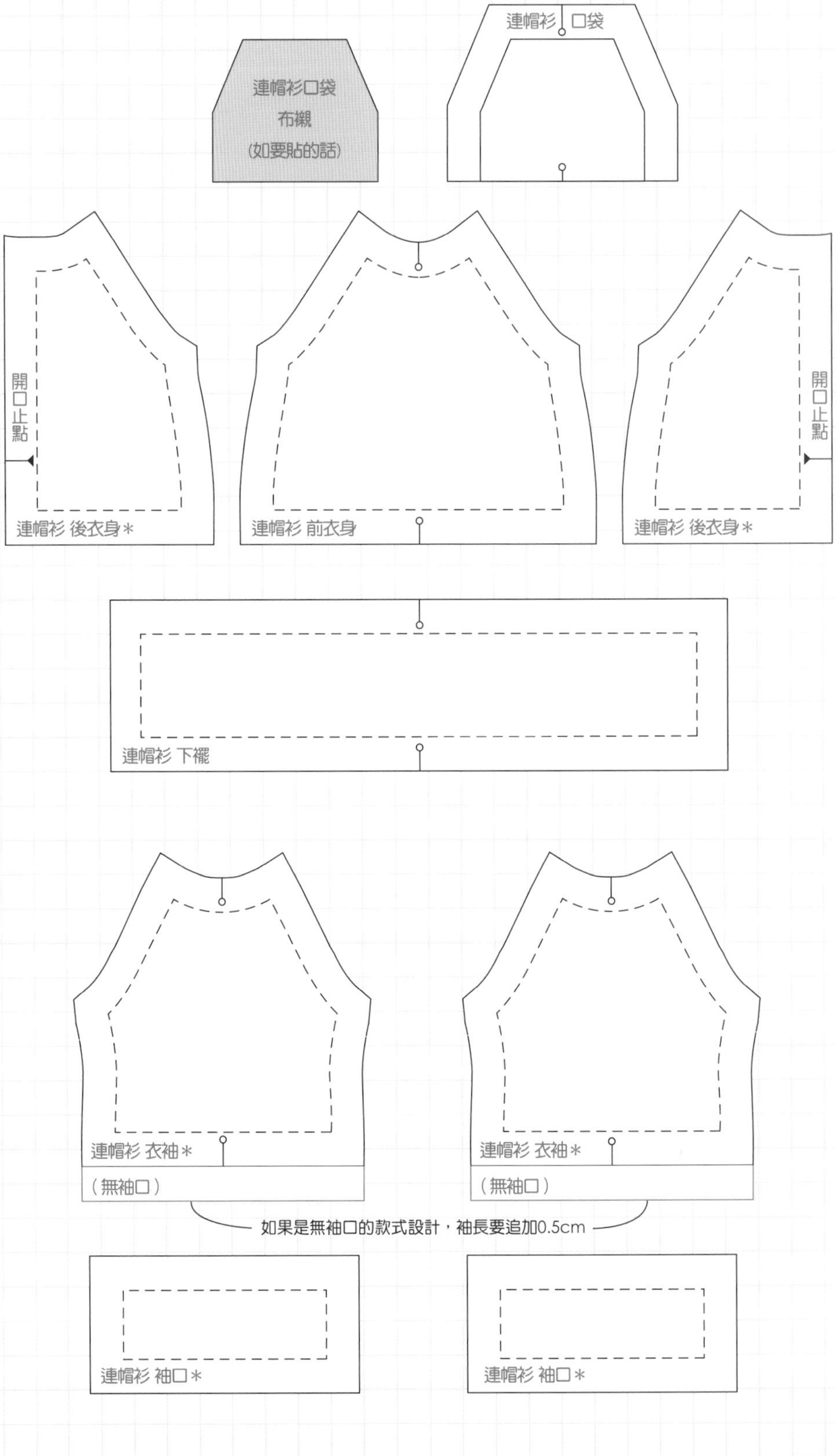
連帽衫 口袋
連帽衫口袋
布襯
(如要貼的話)
開口止點
連帽衫 後衣身＊
連帽衫 前衣身
連帽衫 後衣身＊
開口止點
連帽衫 下襬
連帽衫 衣袖＊
（無袖口）
連帽衫 衣袖＊
（無袖口）
如果是無袖口的款式設計，袖長要追加0.5cm
連帽衫 袖口＊
連帽衫 袖口＊

請將紙型複印後
裁切下來使用！

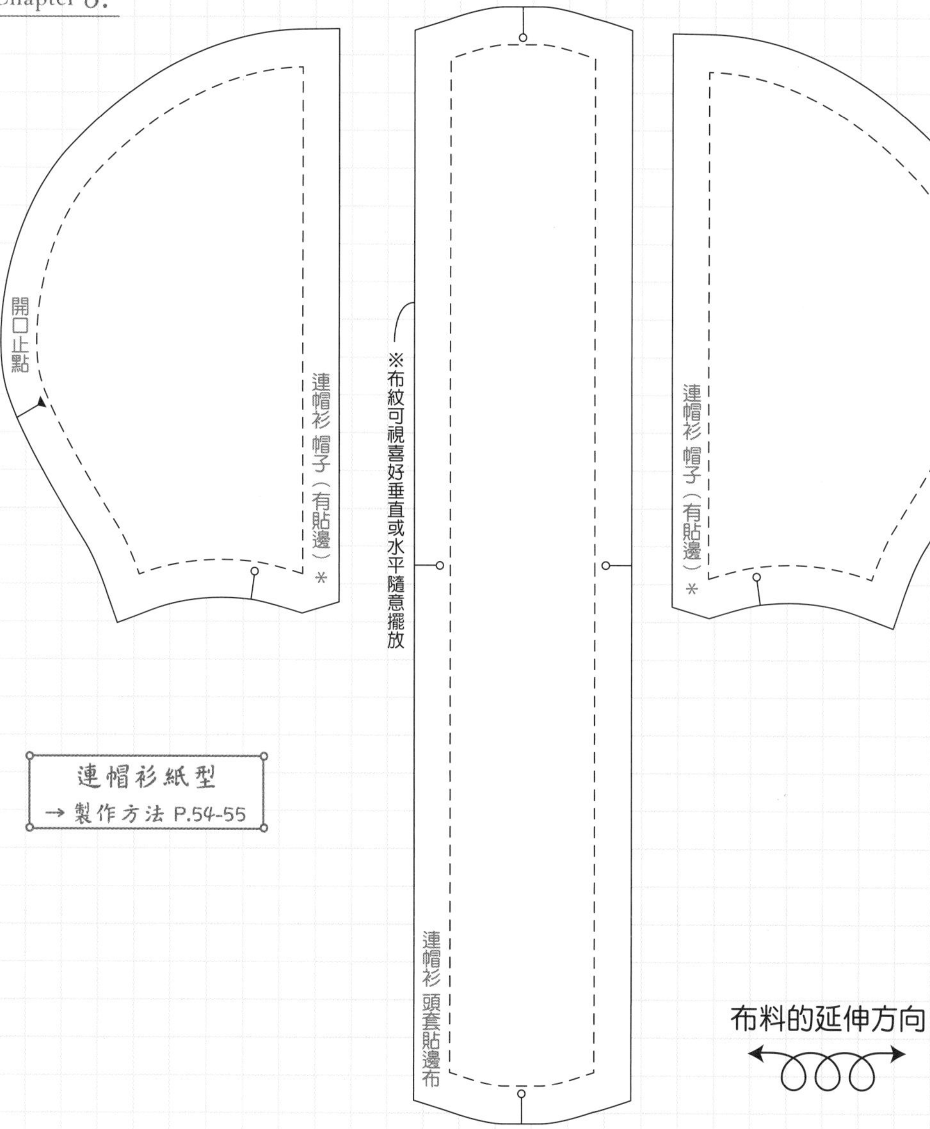
開口止點
連帽衫 帽子（有貼邊）＊
※布紋可視喜好垂直或水平隨意擺放
連帽衫 頭套貼邊布
連帽衫 帽子（有貼邊）＊
開口止點
布料的延伸方向

連帽衫紙型
→ 製作方法 P.54-55

有貼邊 連帽衫帽子

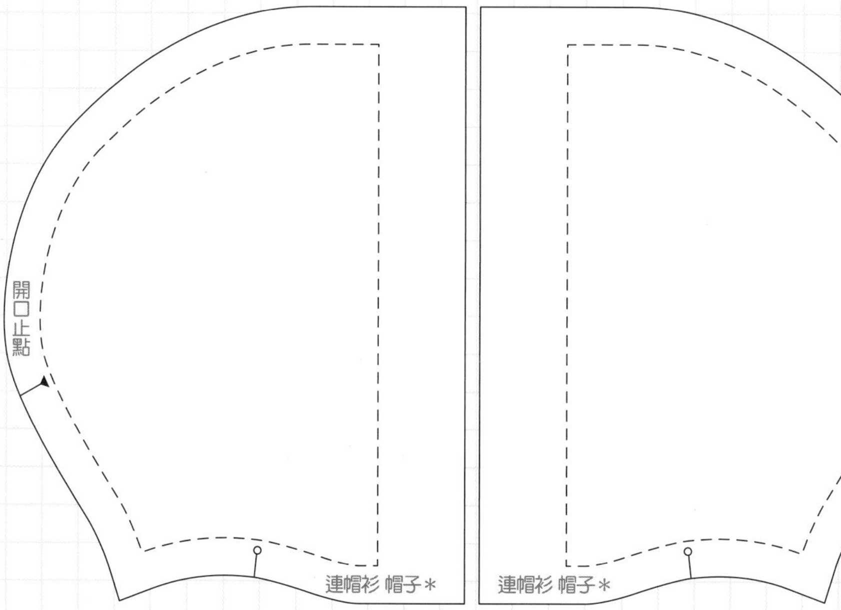
開口止點
連帽衫 帽子＊
連帽衫 帽子＊
開口止點

無貼邊 連帽衫帽子

請將紙型複印後裁切下來使用！

這裡是拿襪子調整設計試作的結果。

※如果只是左右相同，或者是左右反轉的紙型，會加上＊記號。

為各位準備有貼邊和無貼邊的 2 種頭套款式哦！

Chapter 9.

簡易款褲子

— PANTS I —

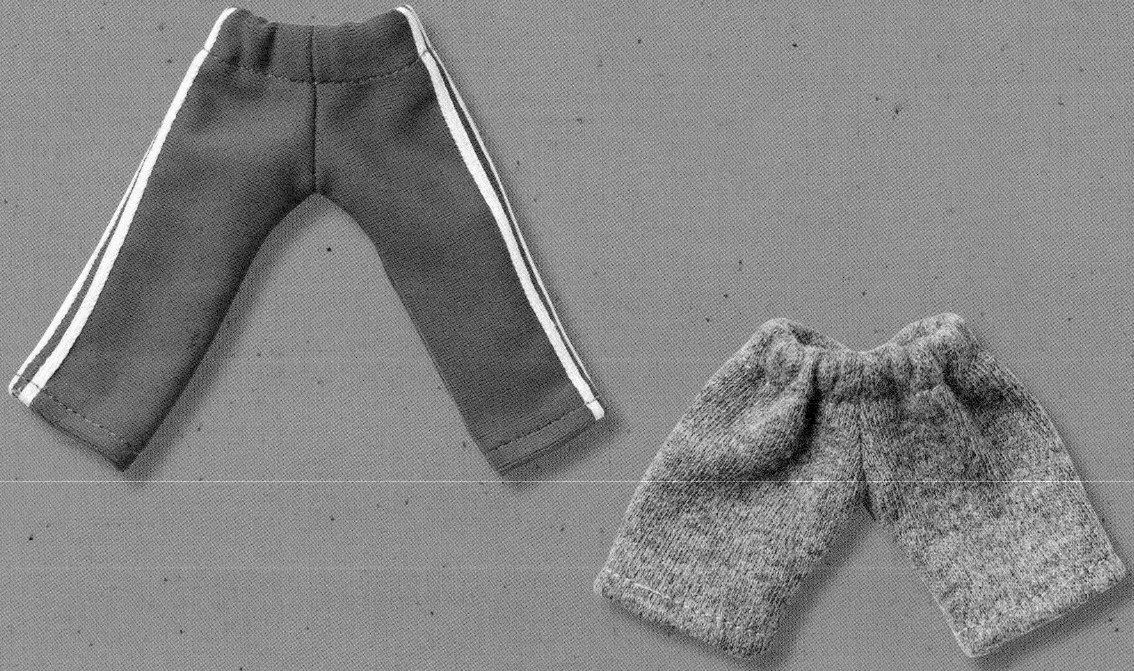

原寸大

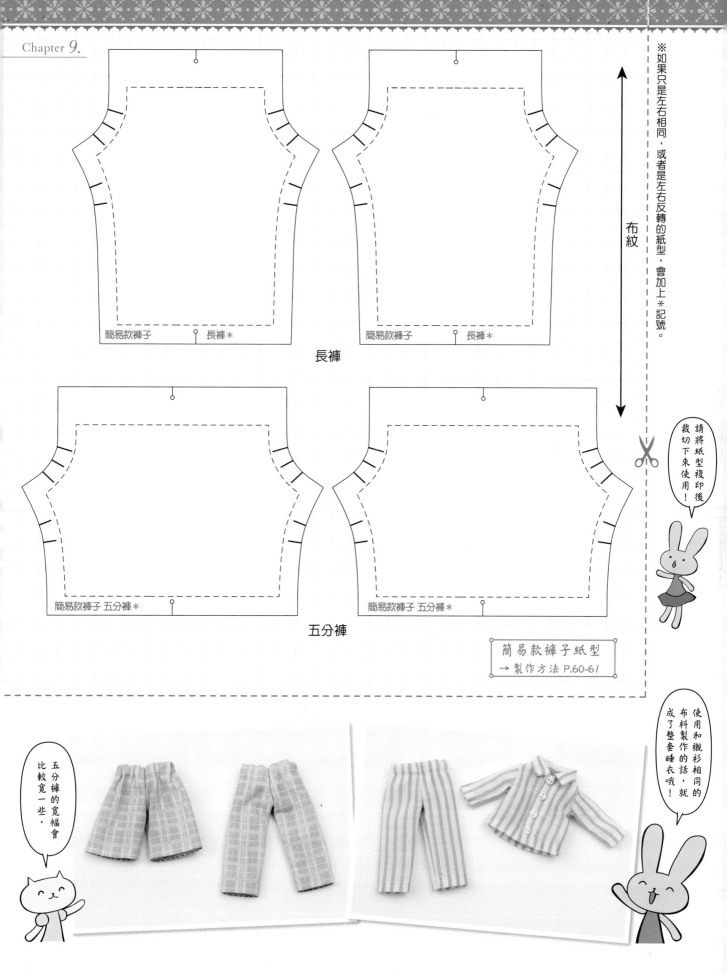

※如果只是左右相同，或者是左右反轉的紙型，會加上＊記號。

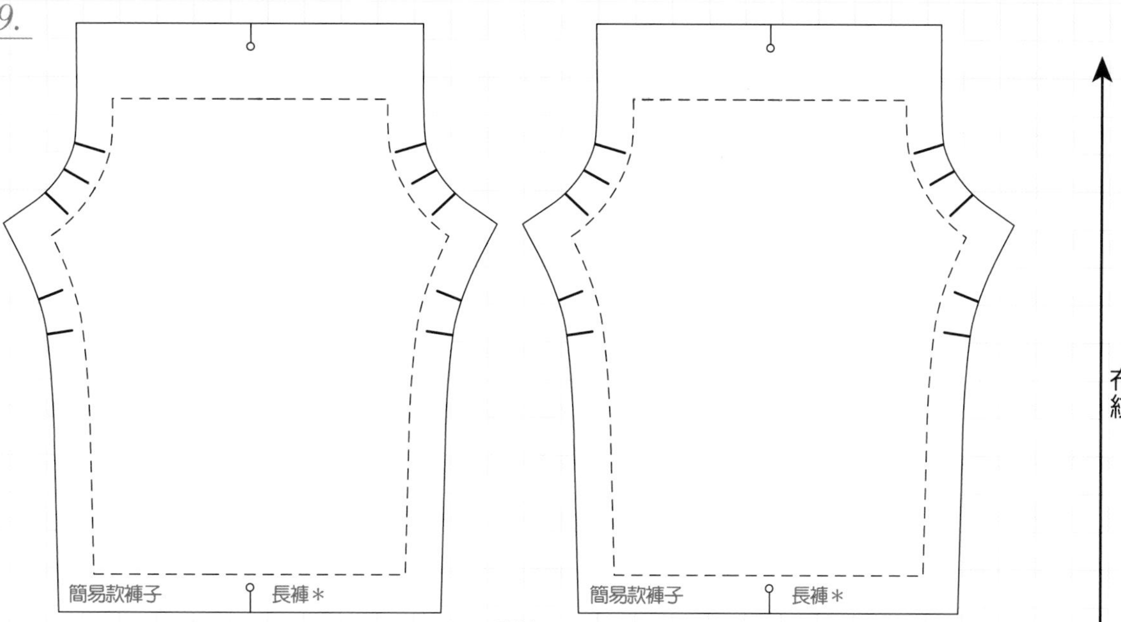
簡易款褲子
長褲＊
簡易款褲子
長褲＊
布紋

長褲

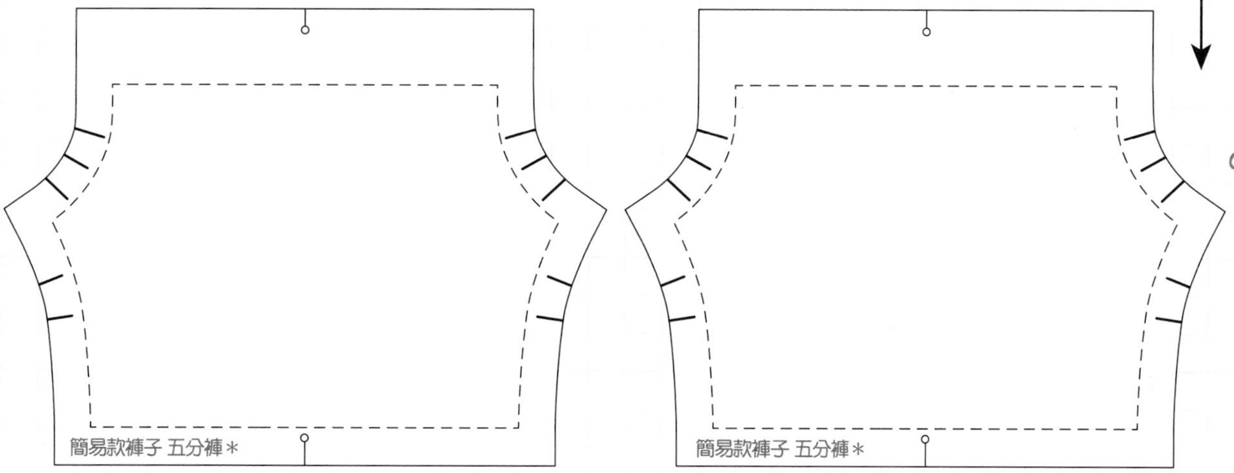
簡易款褲子 五分褲＊
簡易款褲子 五分褲＊

五分褲

請將紙型複印後裁切下來使用！

簡易款褲子紙型

→製作方法 P.60-61

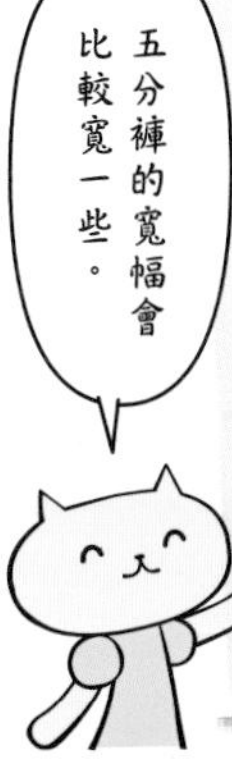
五分褲的寬幅會比較寬一些。

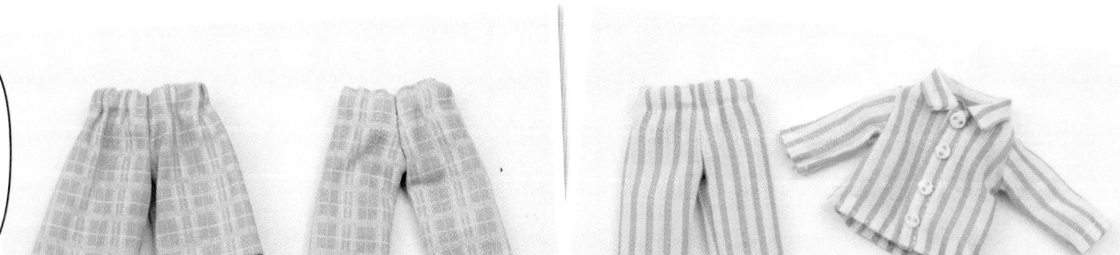

使用和襯衫相同的布料製作的話，就成了整套睡衣哦！

簡易款褲子

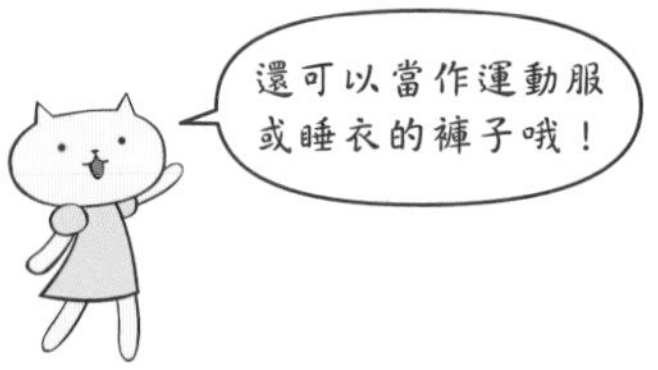
還可以當作運動服或睡衣的褲子哦！

1

→紙型 P.59

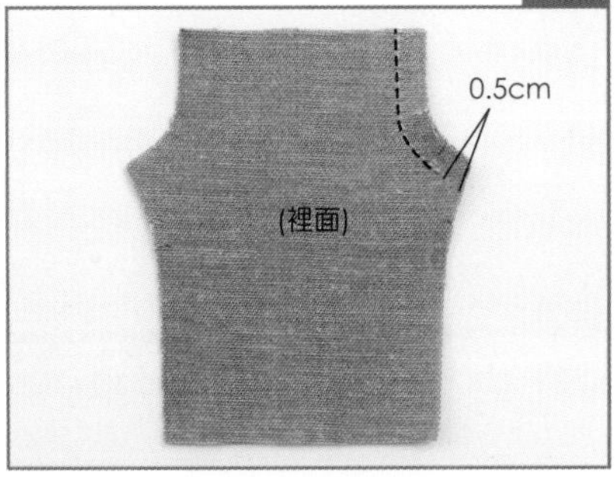
0.5cm
(裡面)

將2片褲子的布片以表面相對的方式重疊，只縫合單側的褲襠。距離下方0.5cm不縫。

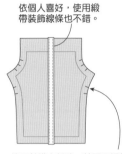

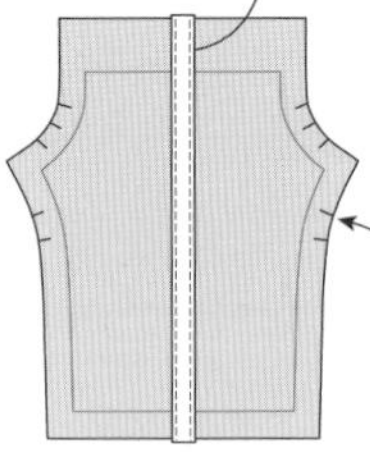
依個人喜好，使用緞帶裝飾線條也不錯。
使用針織布料時，若牙口切得太深，會造成布料綻開。牙口大約切至縫份的一半即可。

五分褲的製作方法也一樣。

2

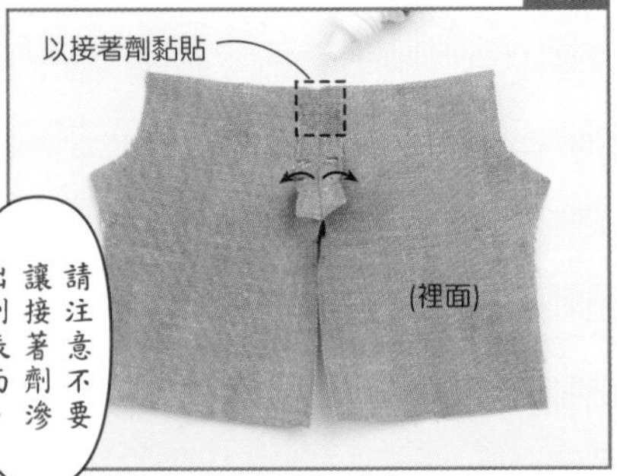
以接著劑黏貼
(裡面)

請注意不要讓接著劑滲出到表面。

將縫份熨開。為了方便穿過鬆緊帶，先將縫份的部分以接著劑黏貼固定比較好。

3

(裡面)

將腰圍部分摺1cm後縫合。

4

(裡面)

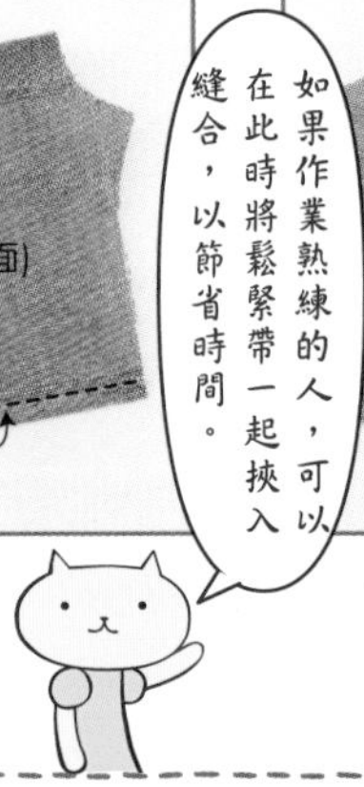
如果作業熟練的人，可以在此時將鬆緊帶一起挾入縫合，以節省時間。

將下襬摺0.5cm後縫合。或者以接著劑固定也可以。

5

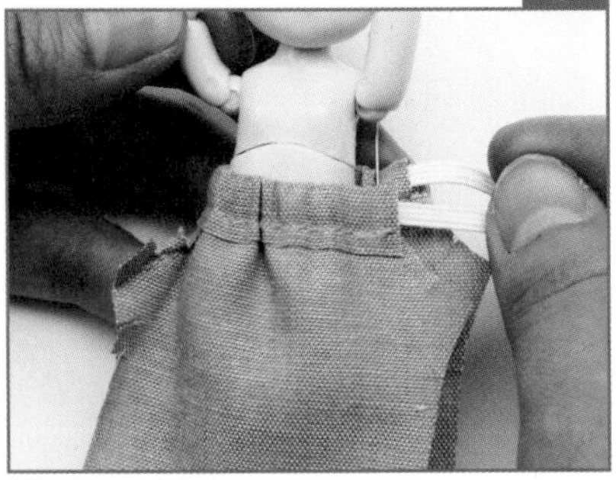

將鬆緊帶穿過腰圍，繞在娃娃身上，調整成剛好的腰圍長度。為了避免鬆緊帶脫落，可以先在一端稍微縫一下固定。

6

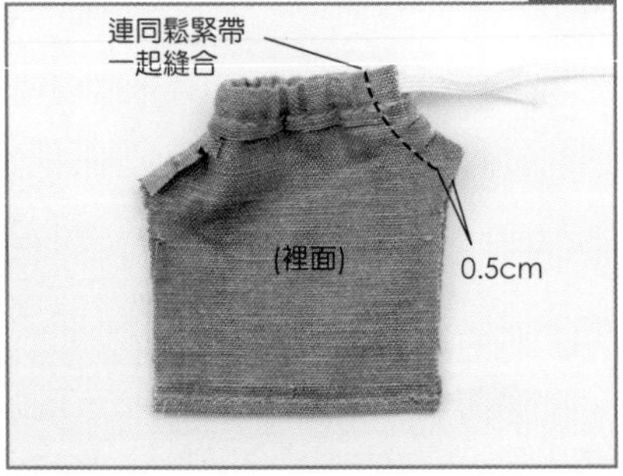
連同鬆緊帶一起縫合
(裡面)
0.5cm

將布片表面相對重疊後，縫合另一側的褲襠。距離下方0.5cm不縫。

7

將多出來的鬆緊帶剪掉。熨開縫份，縫合下襠。

8

(表面)

翻回表面，完成。

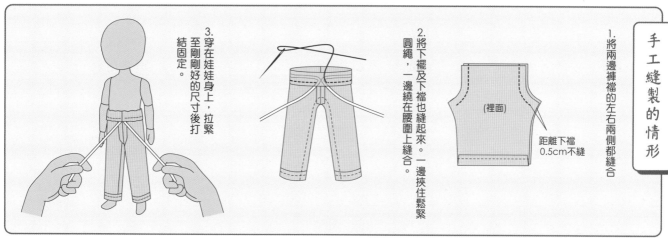

手工縫製的情形

1. 將兩邊褲襠的左右兩側都縫合

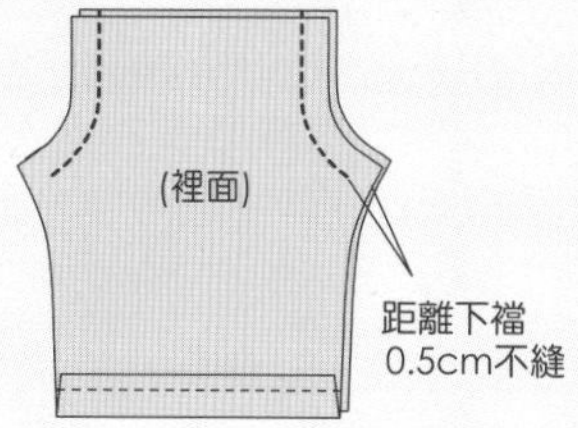
(裡面)
距離下襠
0.5cm不縫

2. 將下襬及下襠也縫起來。一邊挾住鬆緊圓繩，一邊繞在腰圍上縫合。

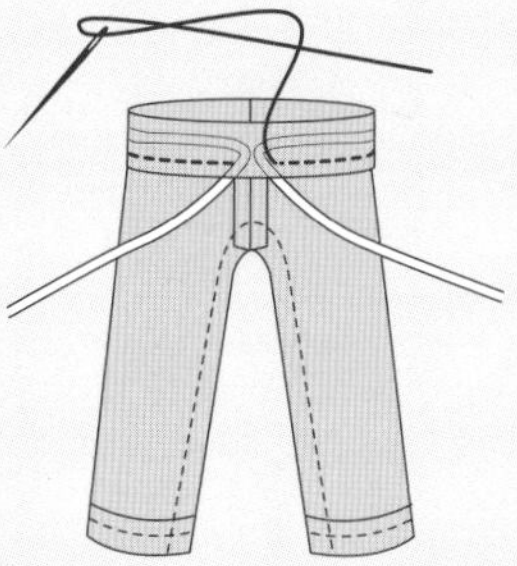

3. 穿在娃娃身上，拉緊至剛剛好的尺寸後打結固定。

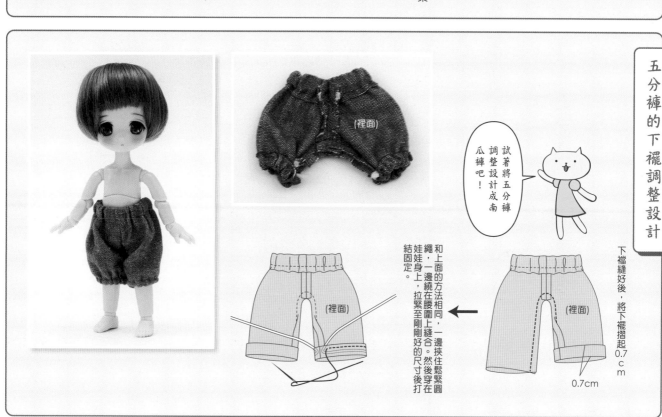

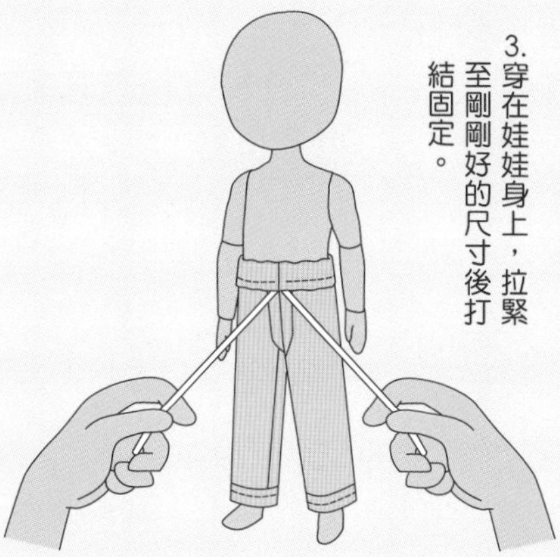

五分褲的下襬調整設計

(裡面)

試著將五分褲調整設計成南瓜褲吧！

下襠縫好後，將下襬摺起0.7cm

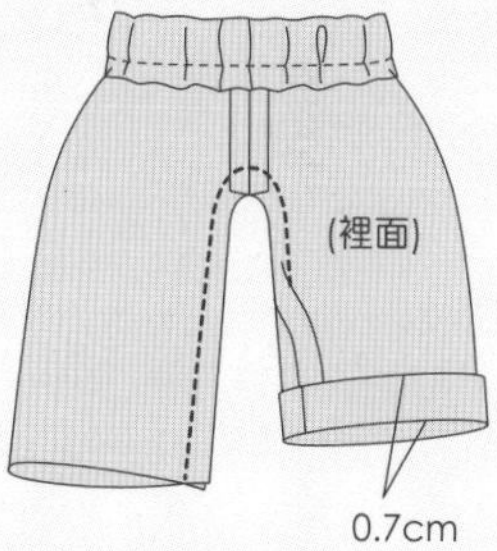
(裡面)
0.7cm

和上面的方法相同，一邊挾住鬆緊圓繩，一邊繞在腰圍上縫合。然後穿在娃娃身上，拉緊至剛剛好的尺寸後打結固定。

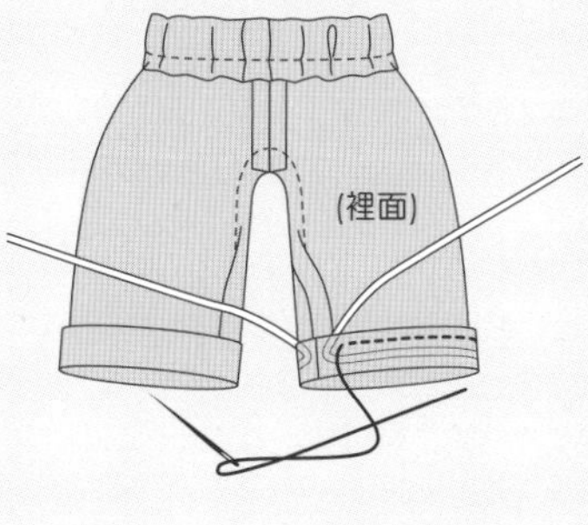
(裡面)

此處刊載的作品是將3條1.5mm寬的緞紋布緞帶用接著劑黏貼後，再以縫紉機車縫。

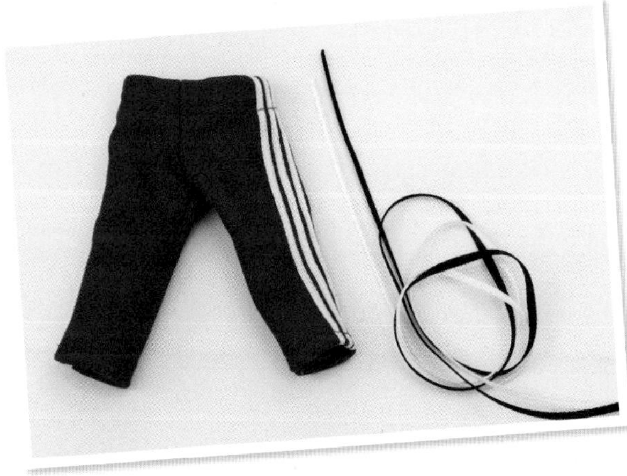

如果覺得要縫3條緞帶太困難的話，也可以縫上1條3mm寬的緞帶，這樣看起來也會很像運動服。
只使用接著劑固定也可以哦！

Chapter *10.*

基本款褲子

— PANTS II —

原寸大

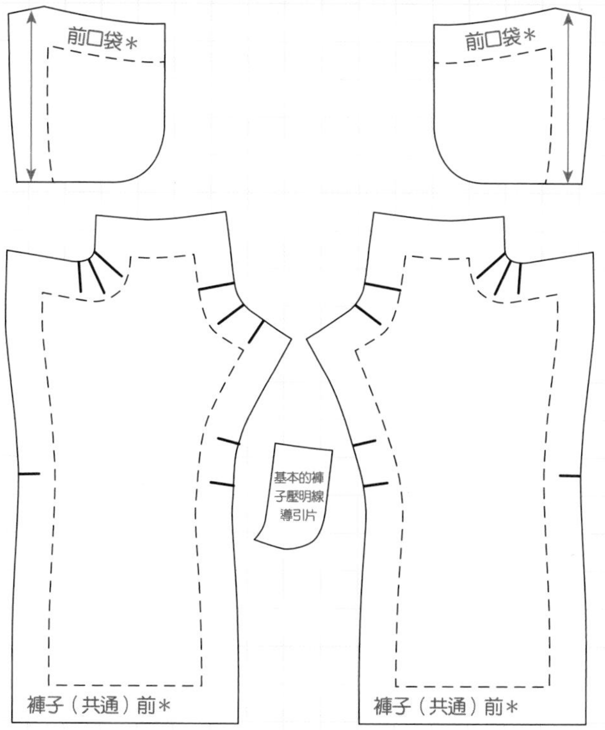

前口袋＊
前口袋＊
基本的褲子壓明線導引片
褲子（共通）前＊
褲子（共通）前＊

牛仔褲、休閒褲共通 褲子前片

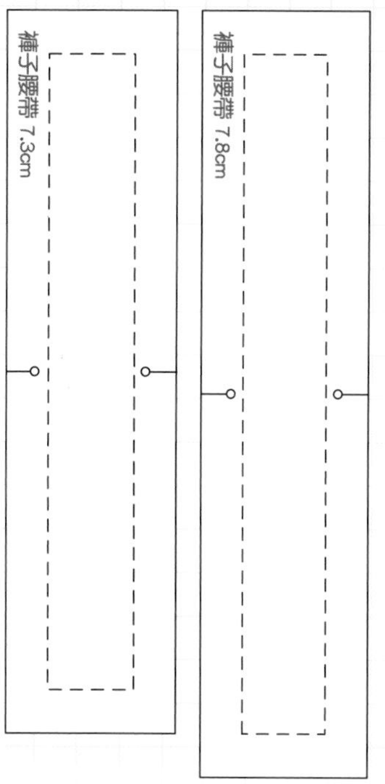

褲子腰帶 7.3cm
褲子腰帶 7.8cm

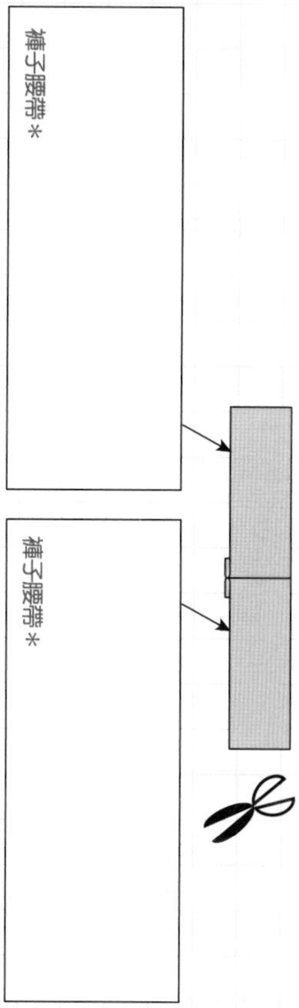

褲子腰帶＊
褲子腰帶＊

腰帶(7.3cm/7.8cm)

將2片「褲子腰帶＊」縫合之後，對齊這2種腰帶紙型其中一種的中心，裁切下來

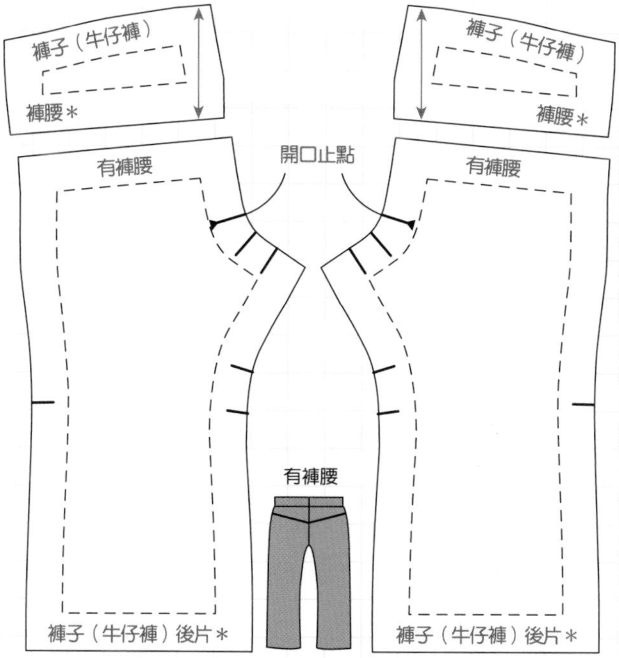

褲子（牛仔褲）褲腰＊
褲子（牛仔褲）褲腰＊
有褲腰
開口止點
有褲腰
有褲腰
褲子（牛仔褲）後片＊
褲子（牛仔褲）後片＊

牛仔褲、工作褲用 褲子後片

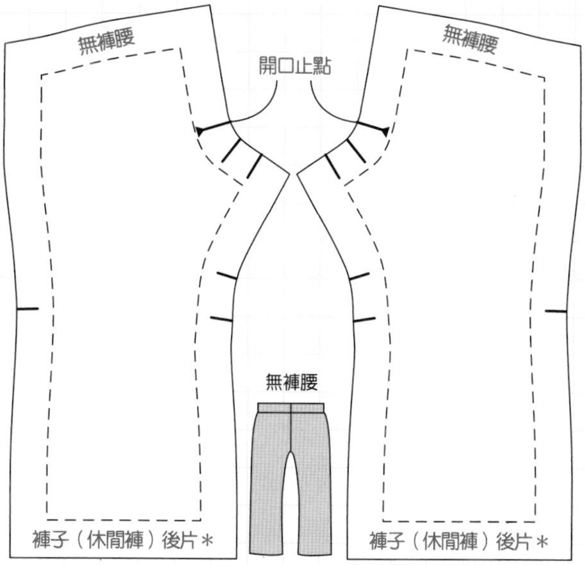

無褲腰
開口止點
無褲腰
無褲腰
褲子（休閒褲）後片＊
褲子（休閒褲）後片＊

休閒褲、制服褲用 褲子後片

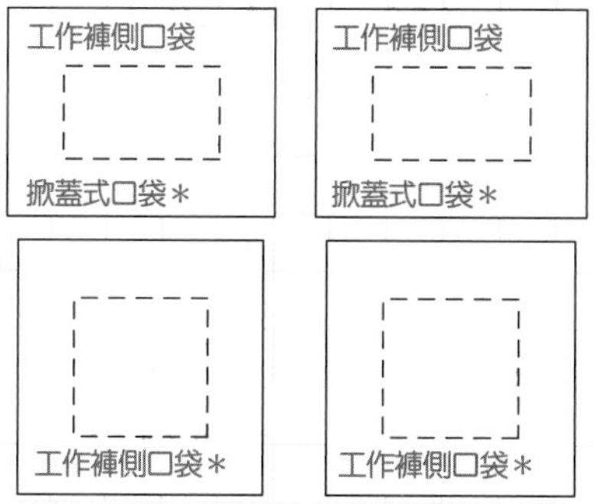

工作褲側口袋
掀蓋式口袋＊
工作褲側口袋
掀蓋式口袋＊
工作褲側口袋＊
工作褲側口袋＊

工作褲用 口袋

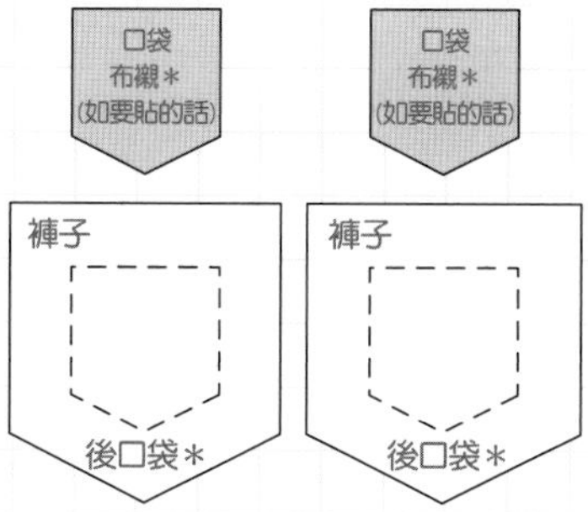

口袋布襯＊(如要貼的話)
口袋布襯＊(如要貼的話)
褲子
後口袋＊
褲子
後口袋＊

牛仔褲用 後口袋

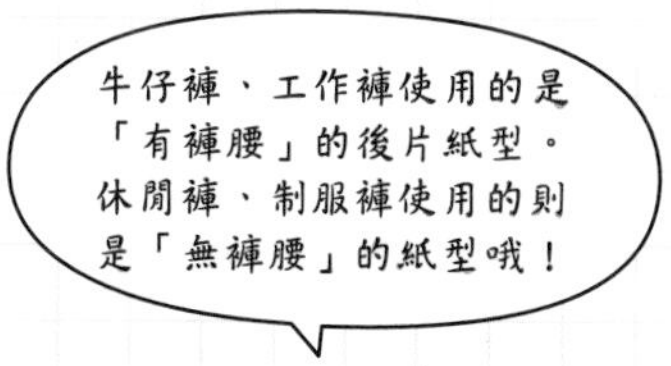

牛仔褲、工作褲使用的是「有褲腰」的後片紙型。休閒褲、制服褲使用的則是「無褲腰」的紙型哦！

基本款褲子紙型

→製作方法 第64-67頁

請將紙型複印後裁切下來使用！

※如果只是左右相同，或者是左右反轉的紙型，會加上＊記號。

基本款褲子

牛仔褲、工作褲、休閒褲

這是附有前口袋的基本款褲子。

明線裝飾，雖然使用顏色會消失的繪布筆描線後縫線也可以，但如果在裡面貼上以雙面膠帶加工成貼紙的紙型，可以將形狀縫得更加精確。

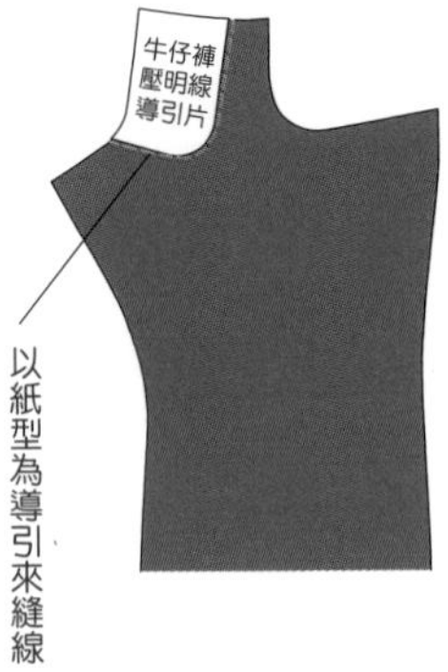
牛仔褲壓明線導引片
以紙型為導引來縫線

1

→紙型 P.63

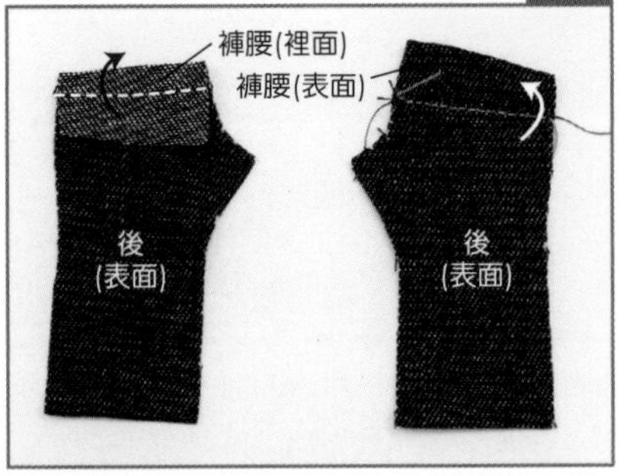
褲腰(裡面)
褲腰(表面)
後
(表面)
後
(表面)

在褲子後片加上褲腰，將縫份倒向下方後壓明線，或者是以接著劑固定。(僅限於有褲腰設計的款式)

2

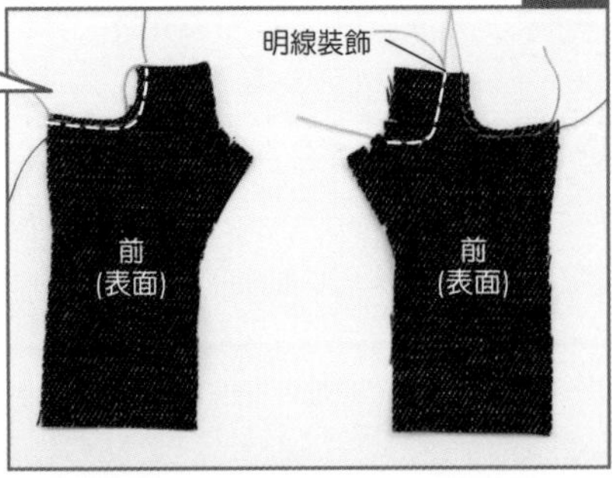
明線裝飾
前
(表面)
前
(表面)

將褲子前片的口袋部分以熨斗摺邊後壓明線，或是以接著劑固定。在左褲子的前中心加上明線裝飾。

3

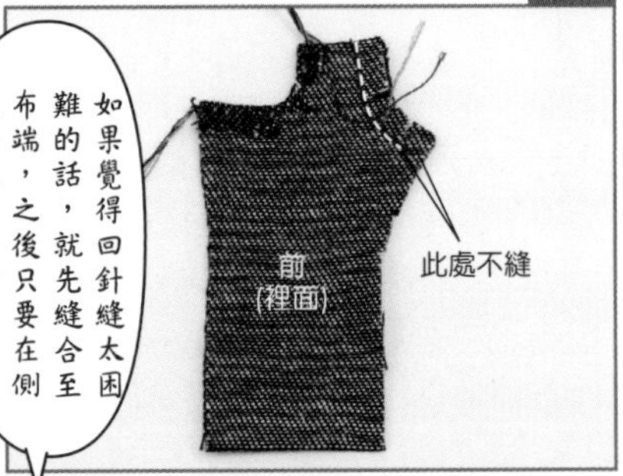
前
(裡面)
此處不縫

將褲子前片的褲襠縫合。(距離下襠0.5cm不縫)

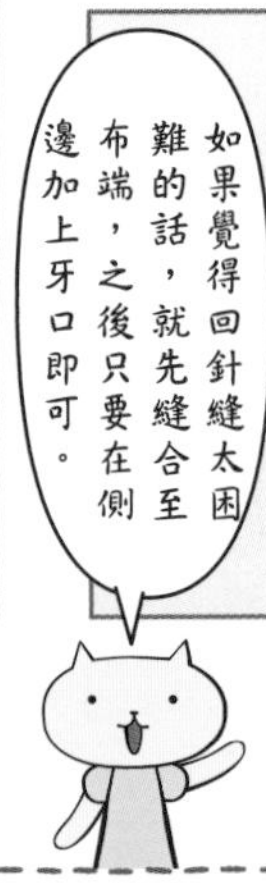
如果覺得回針縫太困難的話，就先縫合至布端，之後只要在側邊加上牙口即可。

4

前口袋
(裡面)
前
(裡面)

將褲子前片的縫份熨開，再將前後的側邊以表面相對的方式重疊，放上口袋的布片。

5

前(裡面)

縫合側邊，熨開縫份。

6

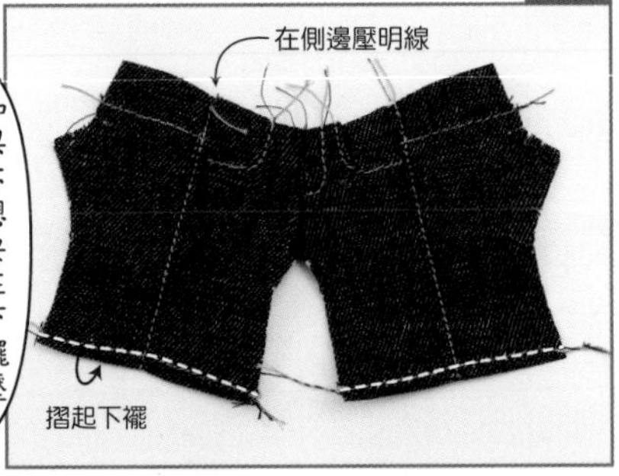
在側邊壓明線
摺起下襬

牛仔褲、工作褲要在後片的側邊壓明線。然後再將下襬摺起壓明線。

7

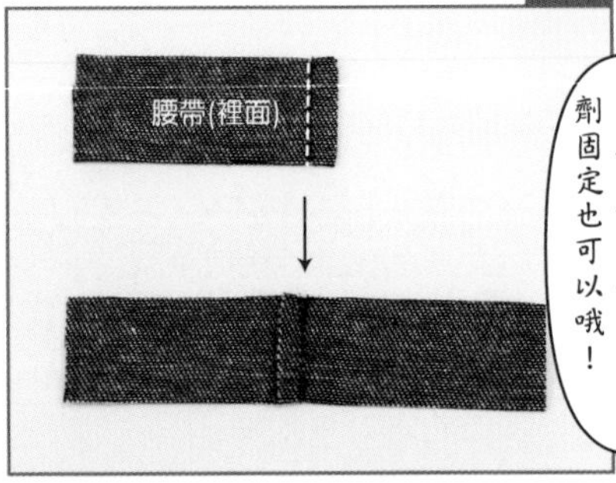
腰帶(裡面)

將腰帶以表面相對的方式重疊，縫合布邊，然後展開。

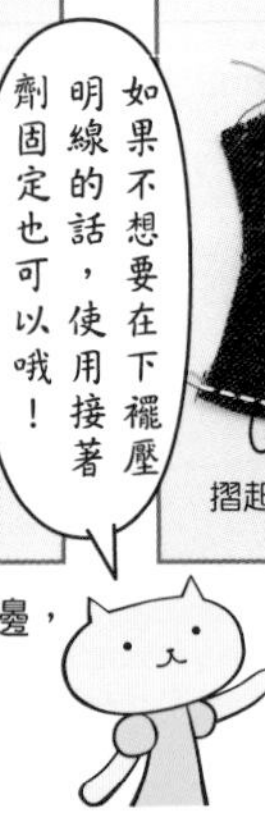
如果不想要在下襬壓明線的話，使用接著劑固定也可以哦！

8

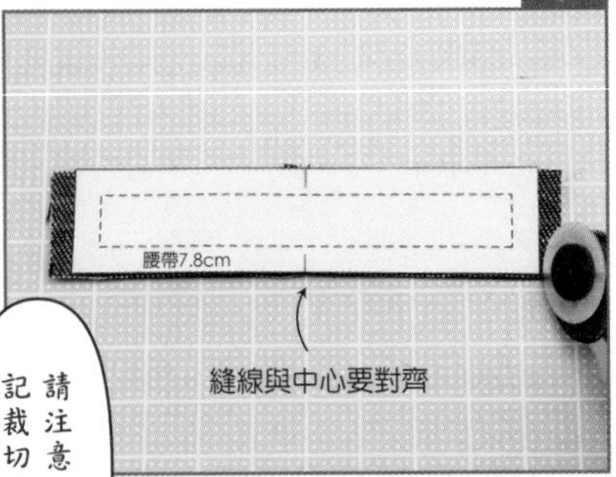
腰帶7.8cm
縫線與中心要對齊

將腰帶裁剪成喜好的長度。長度請參考腰帶比較表後決定。

請注意不要忘記裁切哦！

9

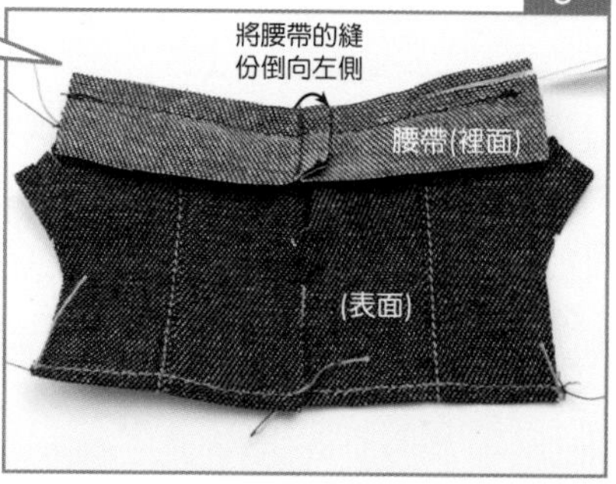
將腰帶的縫份倒向左側
腰帶(裡面)
(表面)

將腰帶及褲子的腰圍以表面相對的方式重疊。左褲子後中心的縫份要摺起。右褲子則不要摺，將布端對齊即可。縫合完成後，將縫份裁切成0.3~0.4cm寬。

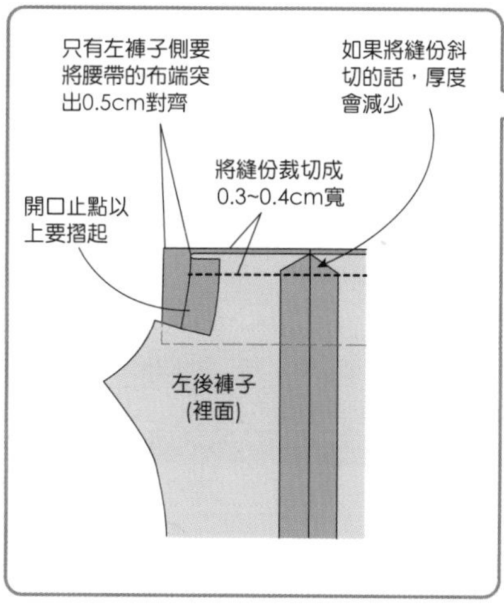
只有左褲子側要將腰帶的布端突出0.5cm對齊
如果將縫份斜切的話，厚度會減少
將縫份裁切成0.3~0.4cm寬
開口止點以上要摺起
左後褲子(裡面)

10

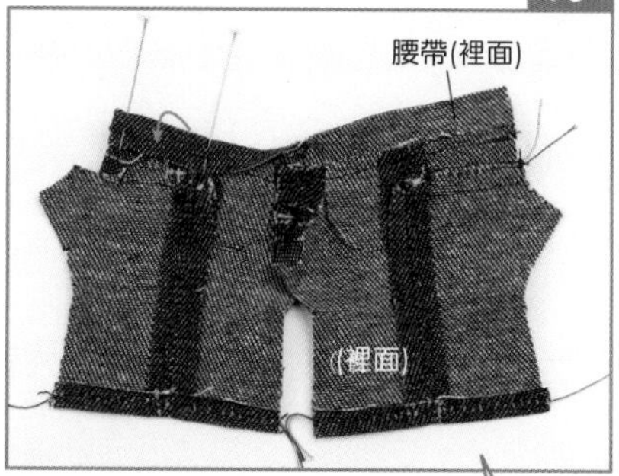
腰帶(裡面)
(裡面)

將腰帶以包住縫份的感覺摺起。

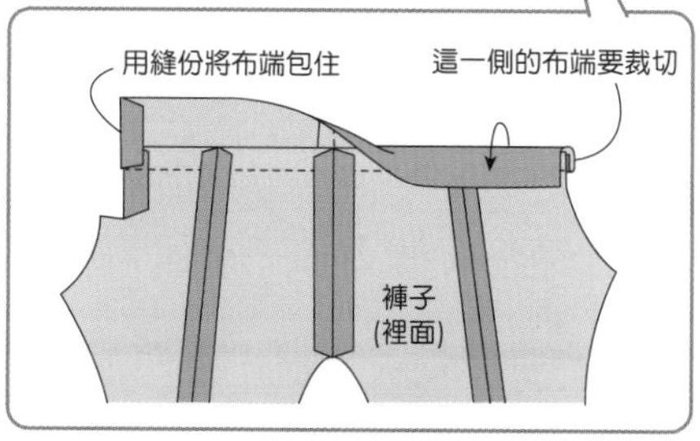
用縫份將布端包住
這一側的布端要裁切
褲子(裡面)

11

由表面將腰帶壓明線。如果不想要有明線的話，可以使用接著劑黏貼固定，或者是縫在縫接處。

12

(表面)
(裡面)

將黏扣帶縫至開口止點以上的縫份。

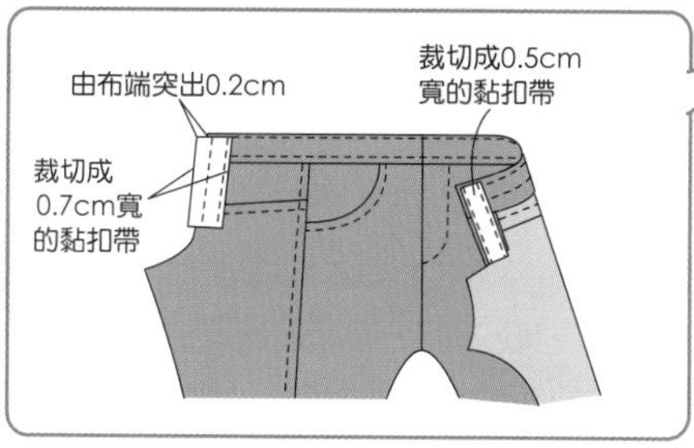
由布端突出0.2cm
裁切成0.5cm寬的黏扣帶
裁切成0.7cm寬的黏扣帶

請先縫上去哦！

工作褲的口袋

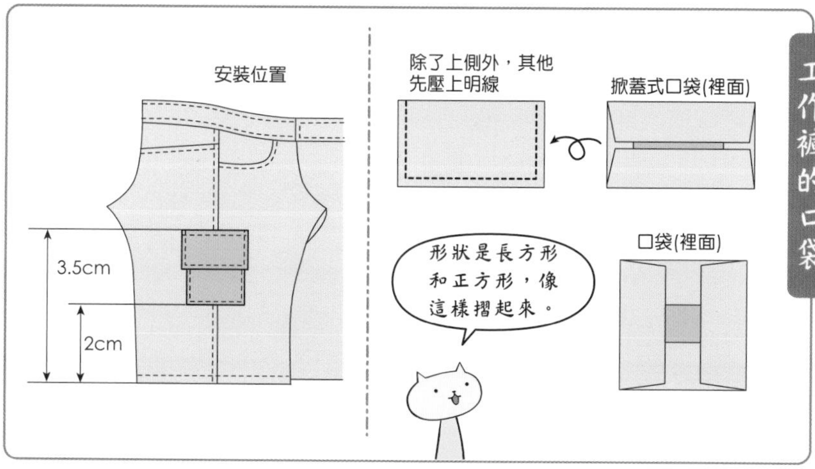
安裝位置
3.5cm
2cm
除了上側外，其他先壓上明線
掀蓋式口袋(裡面)
形狀是長方形和正方形，像這樣摺起來。
口袋(裡面)

13

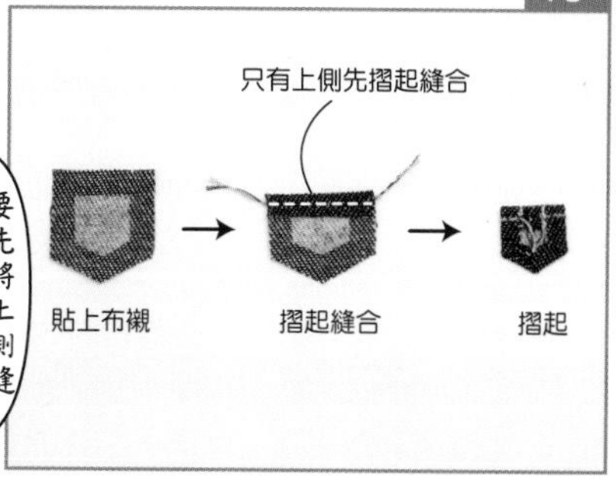
只有上側先摺起縫合
貼上布襯
摺起縫合
摺起

要先將上側縫合之後再摺起周圍哦！

製作口袋。如果不容易摺出漂亮的線條時，可以先黏貼布襯，再以其為導引摺邊，或者是用接著劑暫時固定也可以。

14

在褲子後面加上口袋。

15

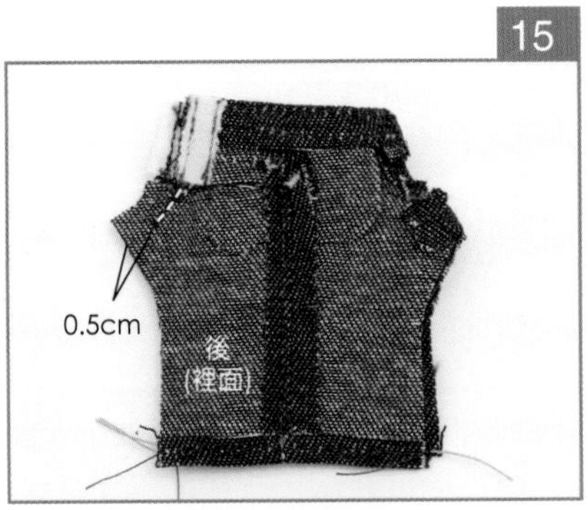
0.5cm
後
(裡面)

將後面的褲襠縫合至開口止點。(下方0.5cm不縫)

16

將褲襠的縫份熨開，縫合下襠。

17

翻至表面，裝上熱壓飾釦及鈕釦。刊載的範例作品使用的是 2 mm及 4 mm的熱壓飾釦。

關於壓明線

如果是裝飾用的明線，可以將線寬調整成比平常稍微更寬一些，這樣看起來更有真實感。

30號線
60號線

製作牛仔褲時，壓明線時改為較粗的30號線，會讓明線的部分更明顯。

關於開口部分

如果裡面穿著T恤之類的衣服時，黏扣帶容易鬆脫的話，可以改裝為服飾鉤扣。

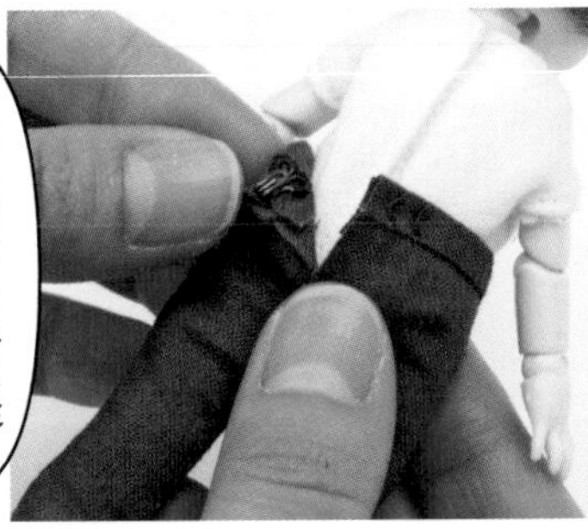

線圈。

在2個不同位置縫上線圈，這樣會比較方便調整尺寸。

雖然也有為了不增加厚度而將黏扣帶當作持出布使用的方法，但這麼一來會很容易鬆開，因此本書是以將縫份重疊的方式製作。

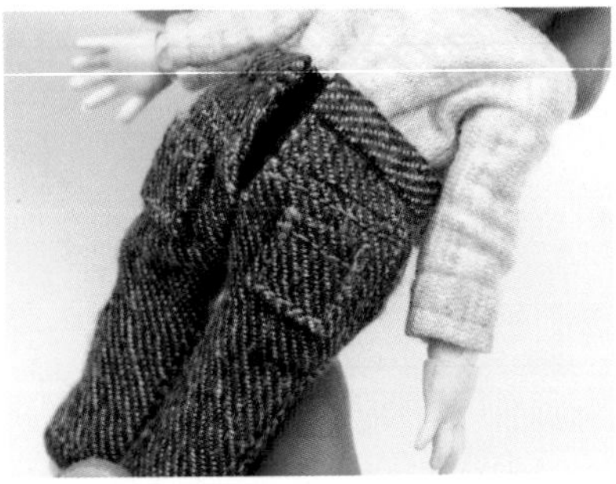

娃娃的坐姿很容易看見黏扣帶。

腰帶尺寸比較表

這裡準備較薄布料用的7.3cm，以及丹寧布、斜紋布這種較厚布料用的7.8cm兩種不同腰帶。請參考照片，挑選自己喜歡的款式吧！

寬幅棉布/腰帶7.3cm

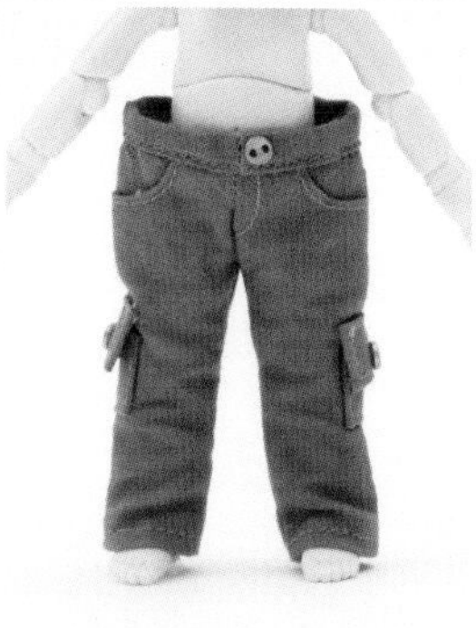
寬幅棉布/腰帶7.8cm

7盎司丹寧布/腰帶7.8cm

寬幅棉布/腰帶7.3cm
搭配T恤

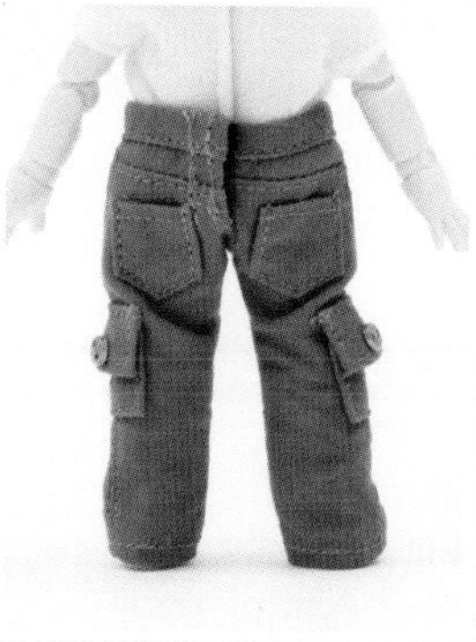
寬幅棉布/腰帶7.8cm
搭配T恤

7盎司丹寧布/腰帶7.8cm
搭配T恤

如果是吊帶工作服這種後續還要追加胸片的款式，建議既使是薄布料也要製作成7.8cm腰帶比較好。

對於布厚感到迷惘時

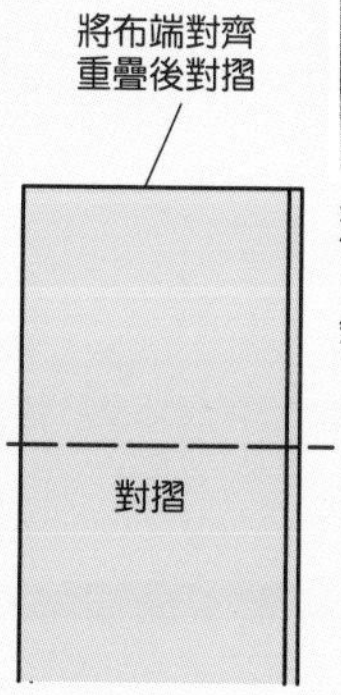
將布端對齊
重疊後對摺
對摺

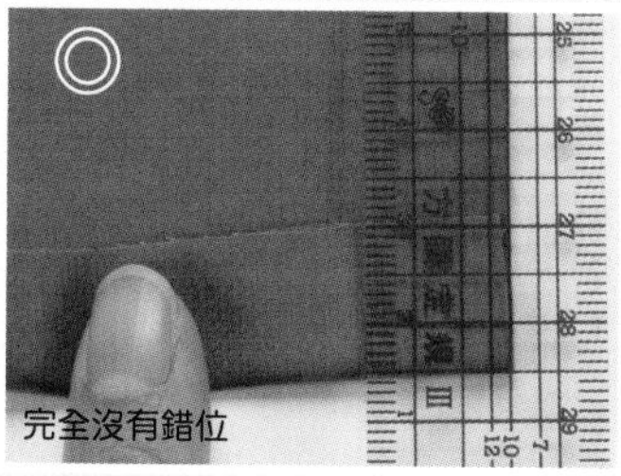
◎
完全沒有錯位
薄布素材
(棉平紋織布、寬幅棉布、細平綿布等)

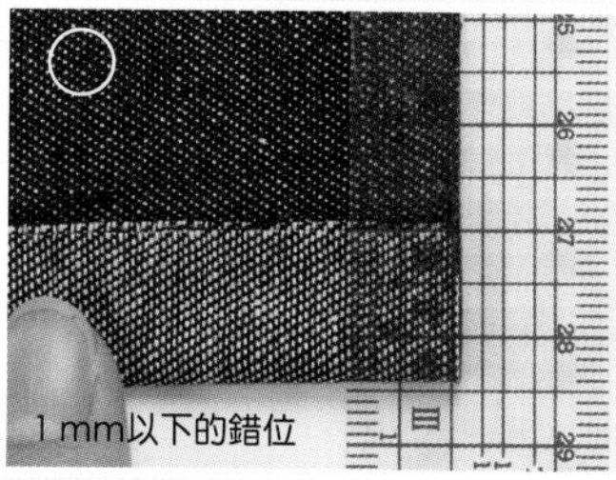
○
1mm以下的錯位
7盎司丹寧布。

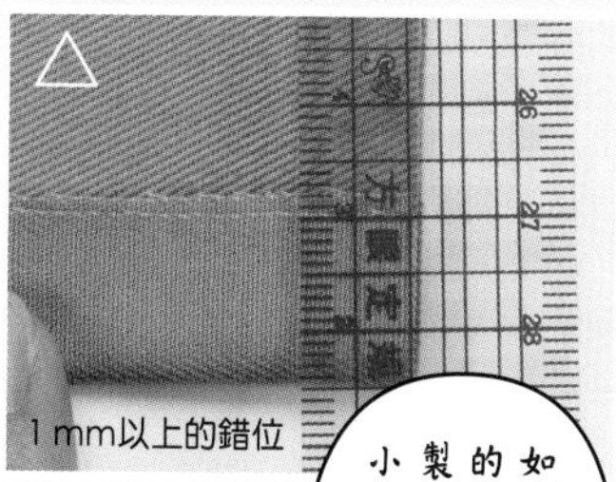
△
1mm以上的錯位
中厚的布。

2塊布的布端對齊重疊後對摺，必須完全沒有錯位，或者是錯位在1mm以下的布料，比較適合使用於製作OBITSU11的衣服。

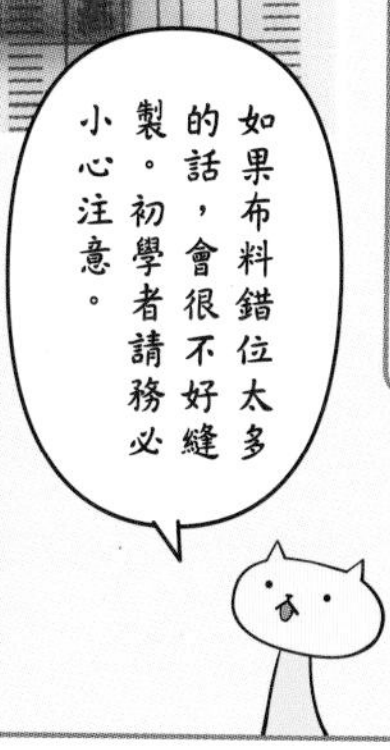
如果布料錯位太多的話，會很不好縫製。初學者請務必小心注意。

※帽子及使用毛氈布製作的小物品除外

Chapter *11.*

南瓜褲

— BLOOMERS —

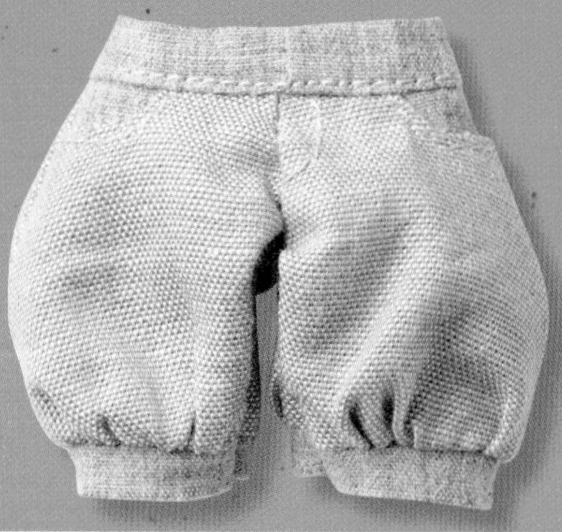

原寸大

南瓜褲紙型

→ 製作方法 P.70-71

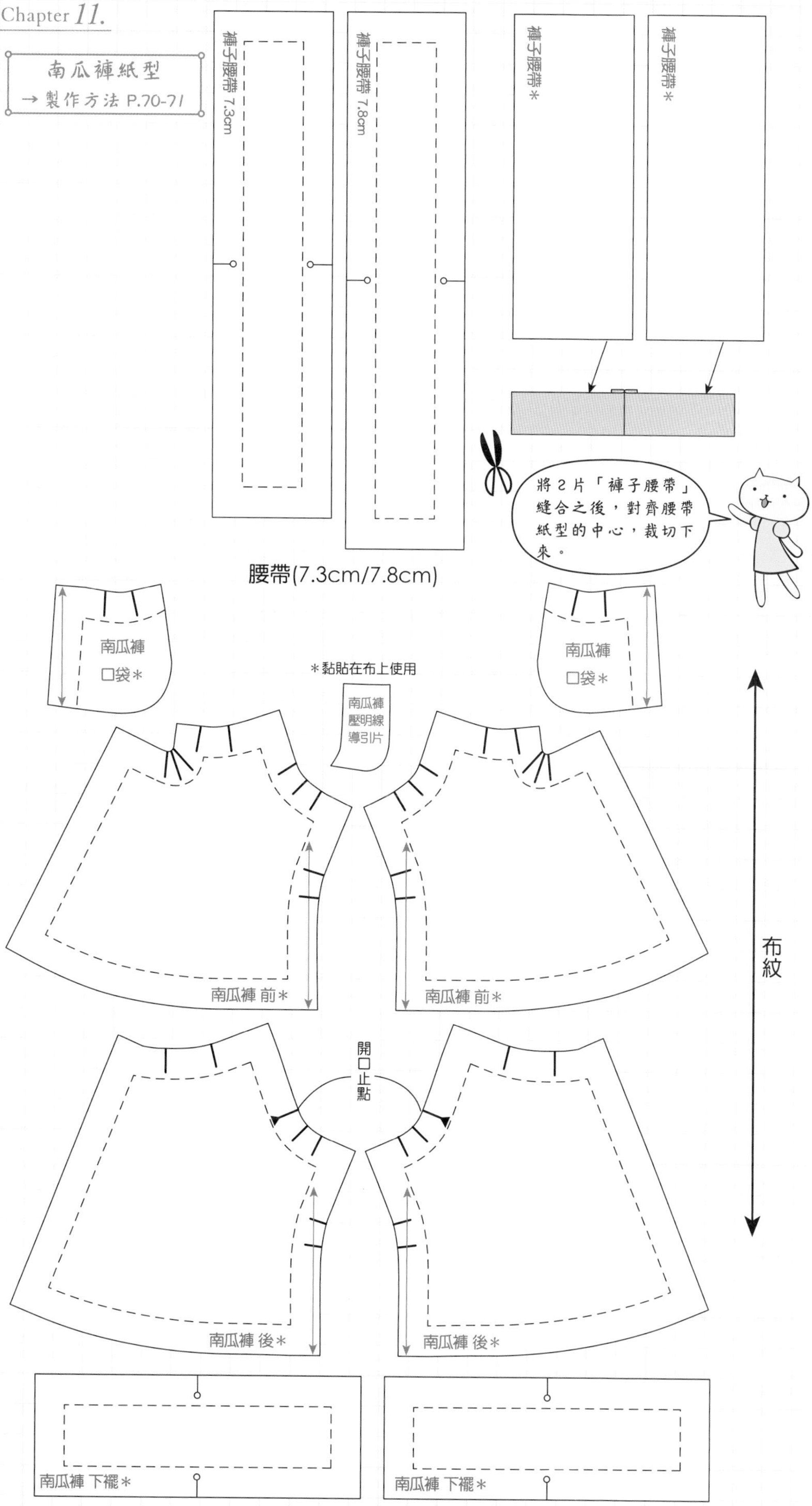

褲子腰帶 7.3cm
褲子腰帶 7.8cm
褲子腰帶＊
褲子腰帶＊
將2片「褲子腰帶」縫合之後，對齊腰帶紙型的中心，裁切下來。
腰帶(7.3cm/7.8cm)
南瓜褲 口袋＊
南瓜褲 口袋＊
＊黏貼在布上使用
南瓜褲 壓明線 導引片
南瓜褲 前＊
南瓜褲 前＊
布紋
開口止點
南瓜褲 後＊
南瓜褲 後＊
南瓜褲 下襬＊
南瓜褲 下襬＊

※下襬的布紋方向，視喜好垂直或水平擺放都可以

※如果只是左右相同，或者是左右反轉的紙型，會加上＊記號。

請將紙型複印後裁切下來使用！

南瓜褲

也可以自行調整設計改變長度哦！

→紙型 P.69

1

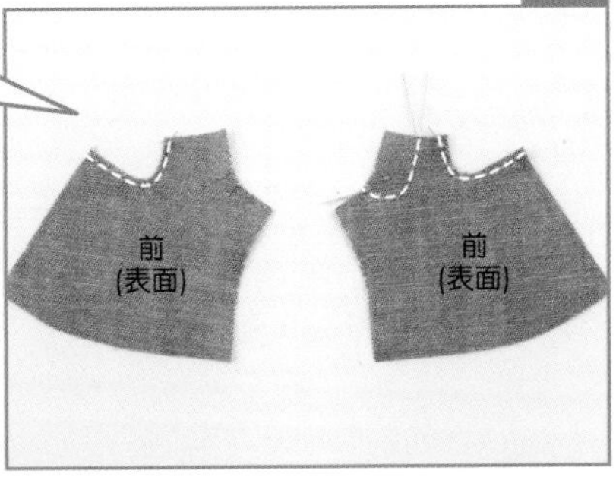
前
(表面)
前
(表面)

將褲子前片的口袋部分以熨斗摺邊後壓明線，或是以接著劑固定。在左褲子的前中心加上明線裝飾。

南瓜褲
壓明線
導引片

明線裝飾雖然使用顏色會消失的繪布筆描線後縫線也可以，但如果在裡面貼上以雙面膠帶加工成貼紙的紙型，可以將形狀縫得更加精確。

2

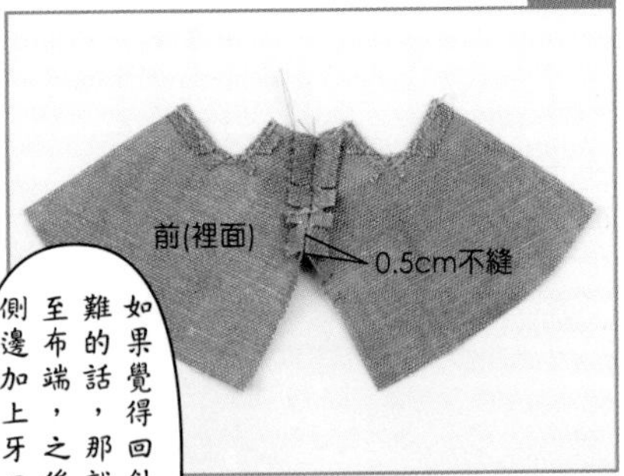
前(裡面)
0.5cm不縫

將褲子前片的褲襠縫合。(距離下襠0.5cm不縫)。熨開縫份。

如果覺得回針縫太困難的話，那就先縫合至布端，之後只要在側邊加上牙口即可。

3

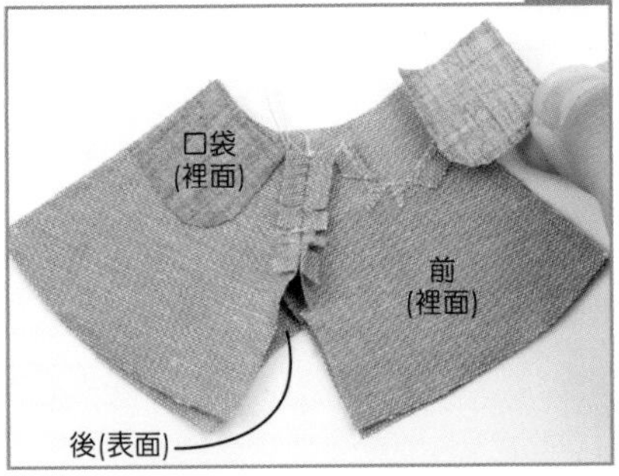
口袋
(裡面)
前
(裡面)
後(表面)

將前、後片的側邊以表面相對的方式重疊，放上口袋的布片。

4

前(裡面)

縫合側邊，熨開縫份。

5

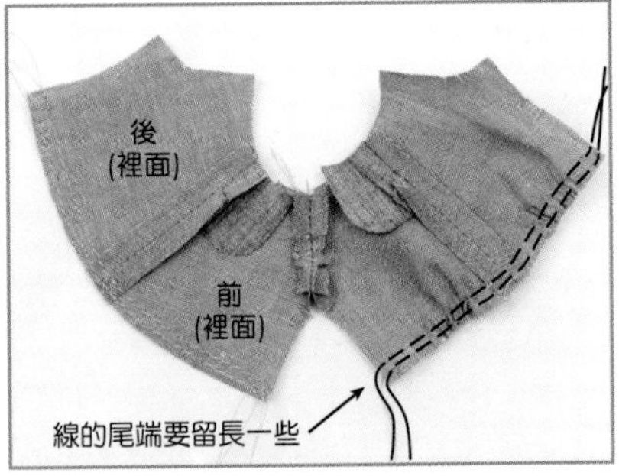
後
(裡面)
前
(裡面)
線的尾端要留長一些

在下襬車縫抽褶用的縮縫※。縫上２條線，抽出來的褶子比較穩定。(以手工縫製亦可)

6

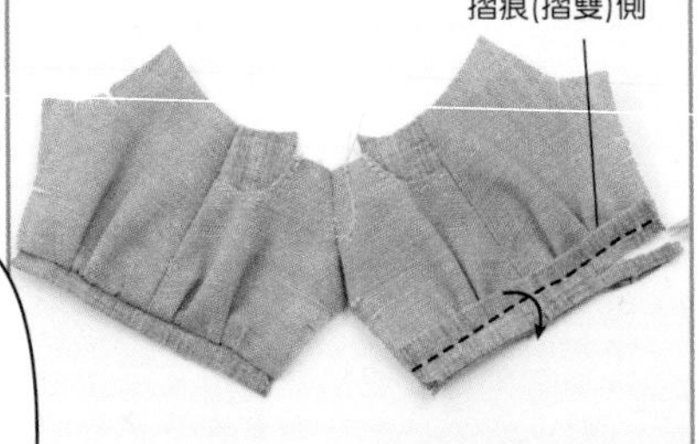
摺痕(摺雙)側

縫上對摺後的下襬布片。將縫份裁切成３mm，塗上防綻液後，翻回表面。

先將下襬布片與下襬的兩布端、中心以待針固定後，再穿線抽褶比較好作業。

7

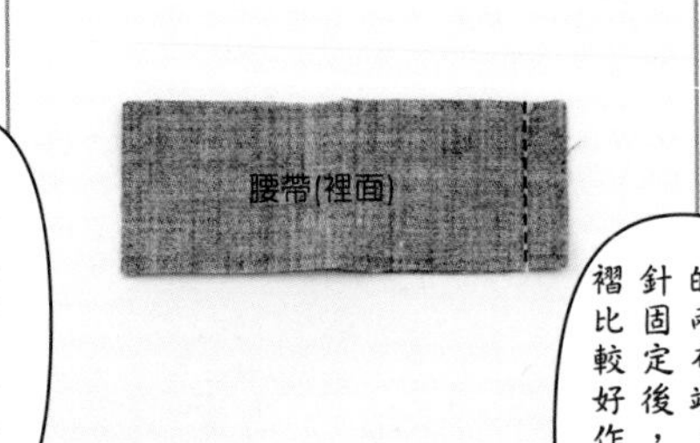
腰帶(裡面)

將腰帶以表面相對的方式重疊後，縫合布端。

8

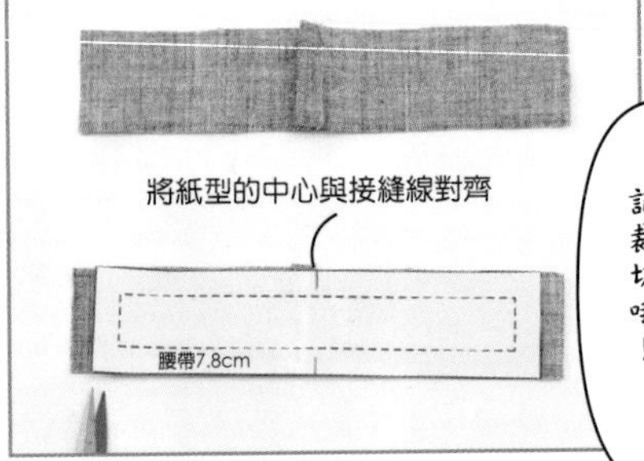
將紙型的中心與接縫線對齊
腰帶7.8cm

將腰帶裁剪成喜好的長度。長度請參考腰帶比較表後決定。

請注意不要忘記裁切哦！

※褶子的製作方法：將針腳設定得較寬一些(２~３mm)，縫上２條平行的縫線。接著自兩側拉緊這２條縫線，布料就會收縮形成平均等分的褶子。

9

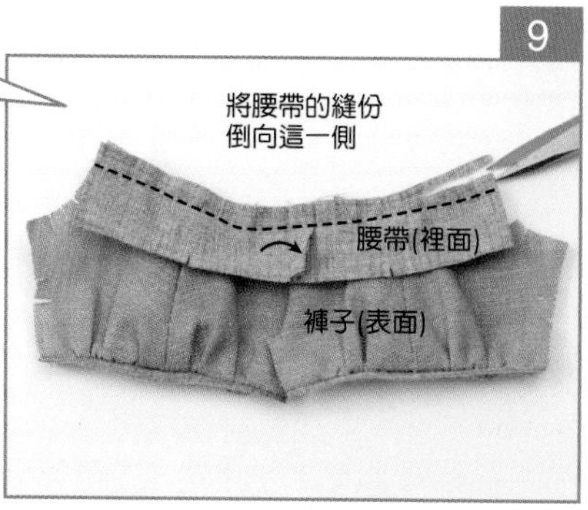
將腰帶的縫份
倒向這一側
腰帶(裡面)
褲子(表面)

左褲子後中心的縫份要摺起。將腰帶縫合至腰圍，縫份裁切成0.3~0.4cm寬。

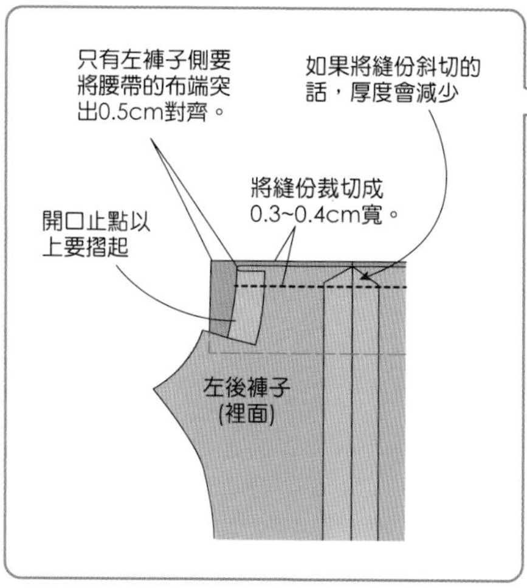
只有左褲子側要
將腰帶的布端突
出0.5cm對齊。
如果將縫份斜切的
話，厚度會減少
將縫份裁切成
0.3~0.4cm寬。
開口止點以
上要摺起
左後褲子
(裡面)

10

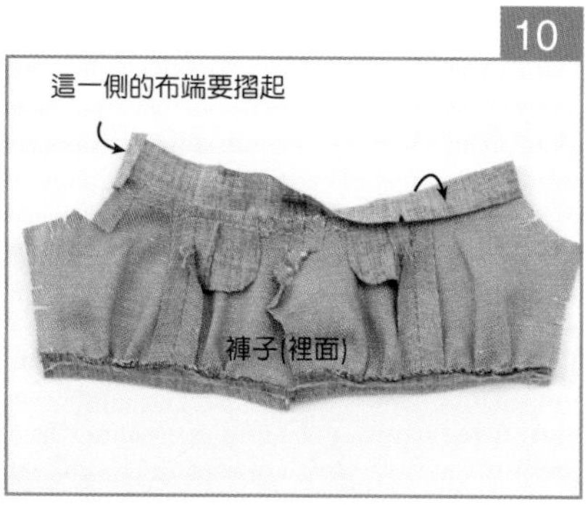
這一側的布端要摺起
褲子(裡面)

將腰帶以包住縫份的感覺摺起。

11

(表面)

將表面的腰帶壓明線。如果不想要有明線的話，可以使用接著劑黏貼固定，或者是縫在縫接處。

12

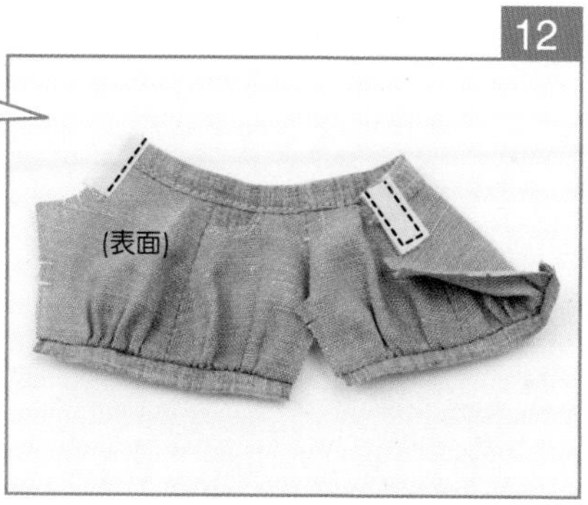
(表面)

將黏扣帶縫至開口止點以上的縫份。

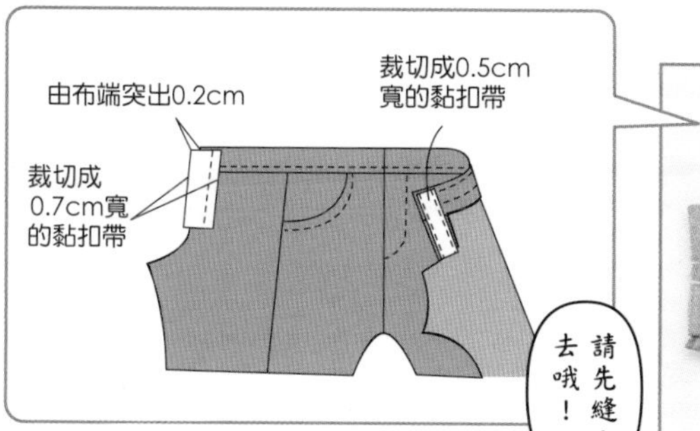
由布端突出0.2cm
裁切成0.5cm
寬的黏扣帶
裁切成
0.7cm寬
的黏扣帶

請先縫上去哦！

13

0.5cm
後(裡面)

將後面的褲襠縫合至開口止點。(下方0.5cm不縫)

14

(裡面)

將褲襠的縫份熨開，縫合下襠。

翻至表面，南瓜褲就大功告成囉！

Chapter 12.

緊身衣

— SKIN SUITS —

原寸大

布料的延伸方向

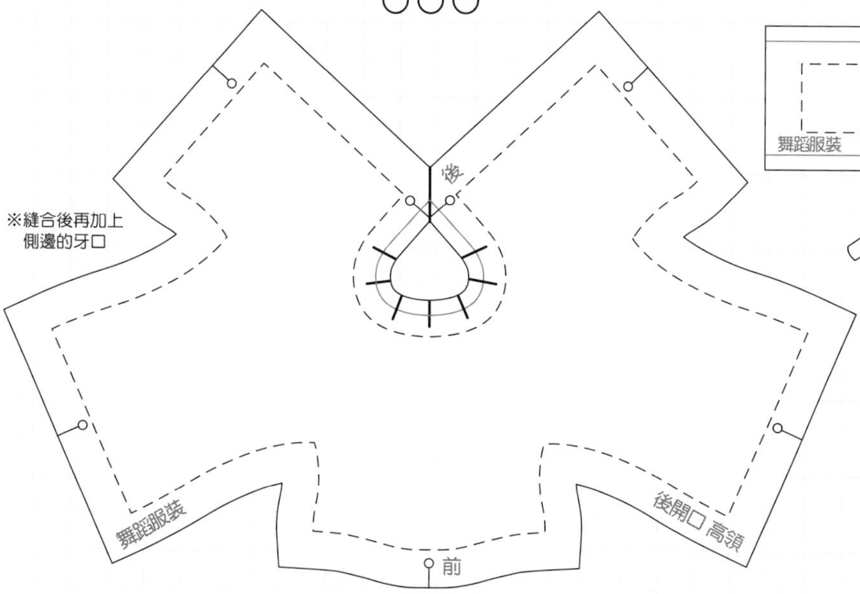
※縫合後再加上側邊的牙口
後
前
舞蹈服裝
後開口 高領

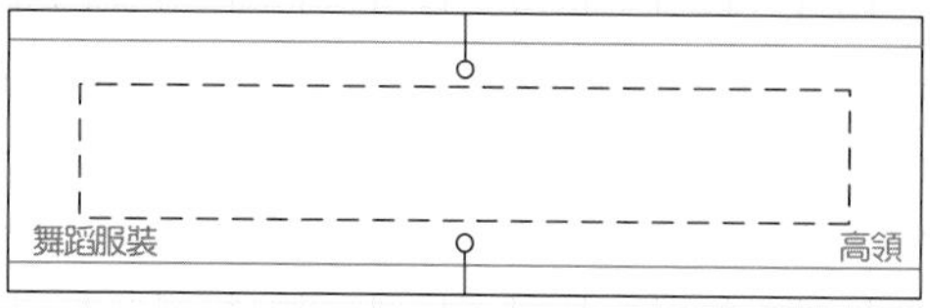
舞蹈服裝
高領

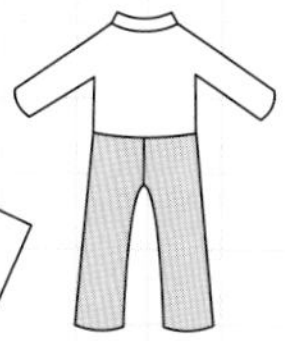

後開口

上衣請自由挑選「後開口・高領」或者是「前開口・襯衫領」其中之一使用哦！

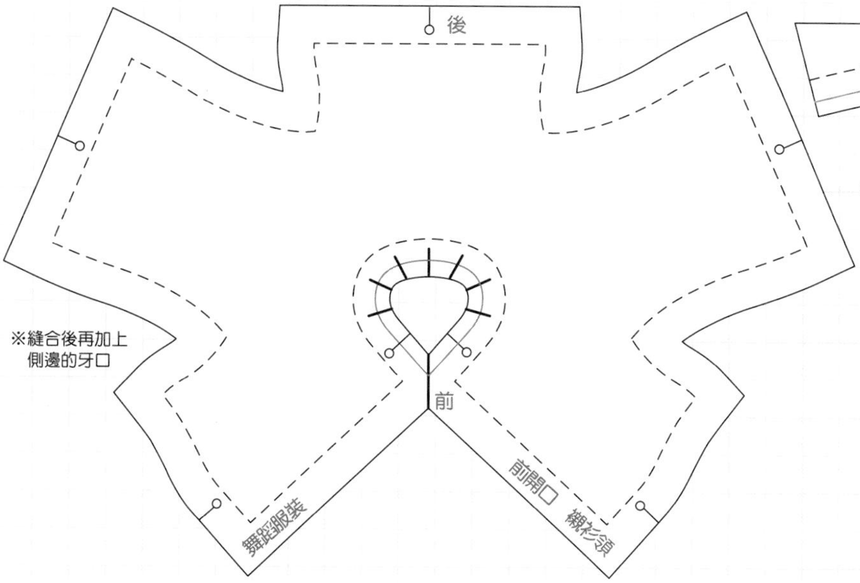
後
※縫合後再加上側邊的牙口
前
舞蹈服裝
前開口 襯衫領

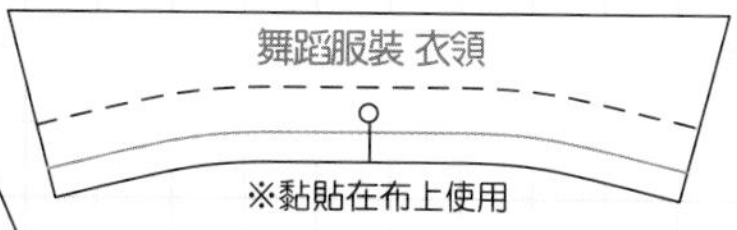
舞蹈服裝 衣領
※黏貼在布上使用

前開口

舞蹈服裝紙型
→製作方法 P.74-75

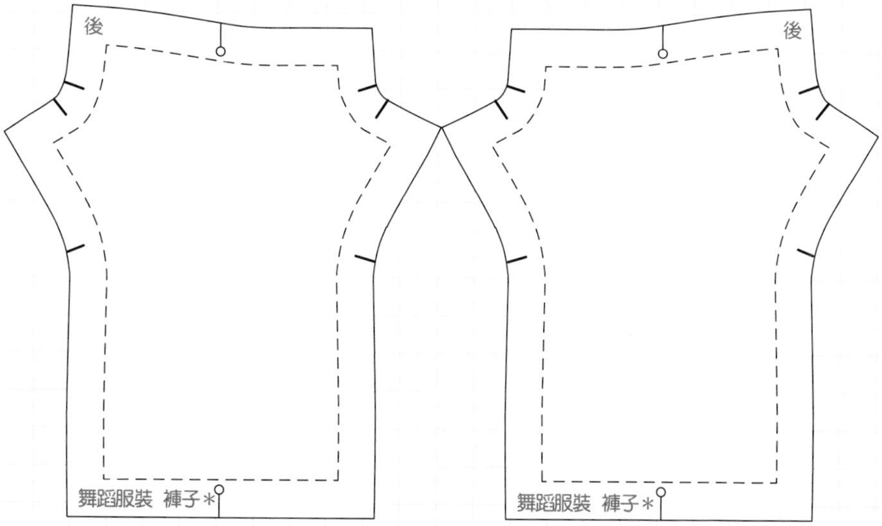
後
舞蹈服裝 褲子*
後
舞蹈服裝 褲子*

布紋

※如果只是左右相同，或者是左右反轉的紙型，會加上*記號。

請將紙型複印後裁切下來使用！

可以靈活運用在騎士防摔衣或是自行車衣等各種設計！本書也附有後開式高領的紙型。
縫紉線建議使用針織布用的Resilon針織紗。

舞蹈服裝

※這個章節所解說的領圍及袖籠製作方法的縫份全部都是0.3cm寬

→紙型 P.73

1

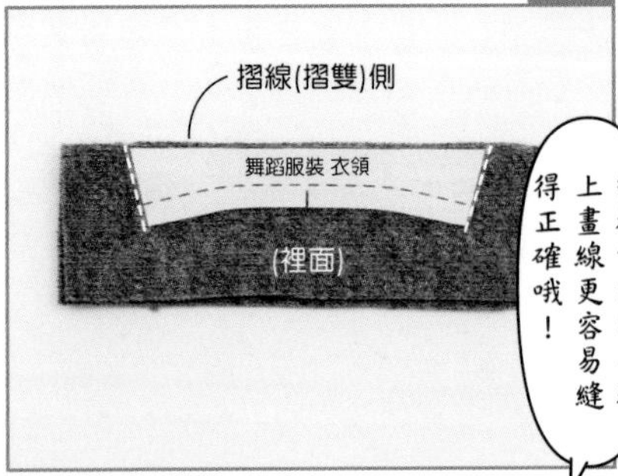

摺線(摺雙)側
舞蹈服裝 衣領
(裡面)

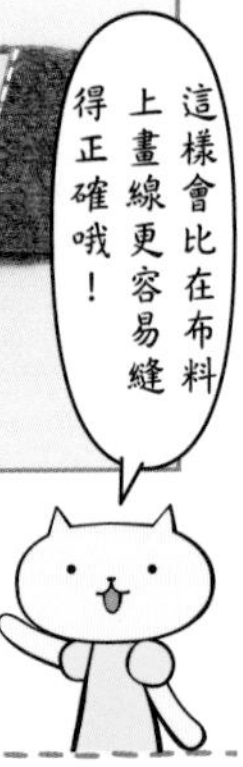

這樣會比在布料上畫線更容易縫得正確哦！

製作衣領。將背面貼有雙面膠帶的紙型黏貼在布料上，以此為導引縫合。

2

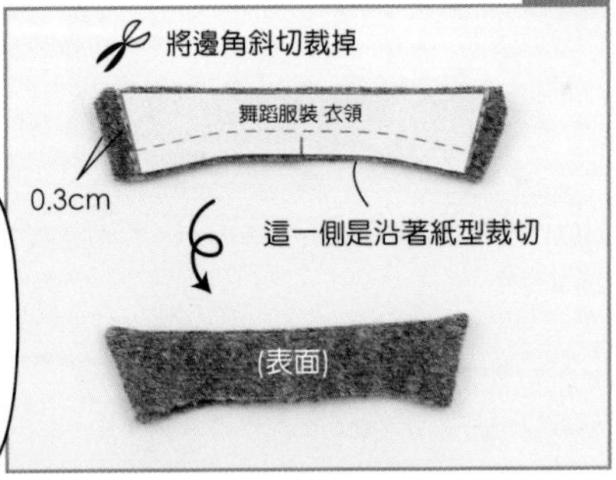

將邊角斜切裁掉
舞蹈服裝 衣領
0.3cm
這一側是沿著紙型裁切
(表面)

兩布端保留0.3cm左右的縫份後裁切，領圍則是沿著紙型裁切後翻回表面。

3

(裡面)

預先貼上布襯，看起來會更加美觀。

在開口部分的縫份貼上裁切成0.5cm寬的布襯。

4

(表面)

將衣領的布端對齊合印縫合。

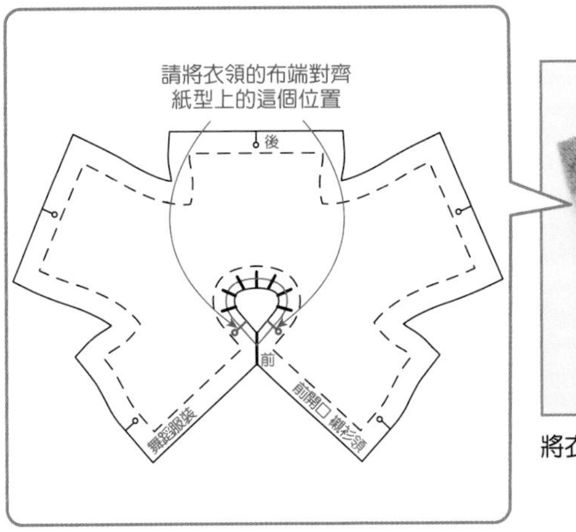

請將衣領的布端對齊紙型上的這個位置
後
前
舞蹈服裝
前開口 襯衫領

5

(裡面)

將側邊的縫份熨開，下襬以接著劑或是車縫固定。

6

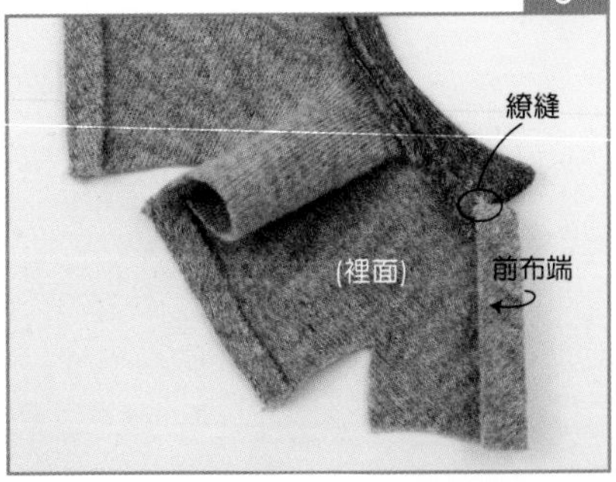

線縫
(裡面)
前布端

摺起前布端，將貼邊部分線縫在領圍的縫份。

7

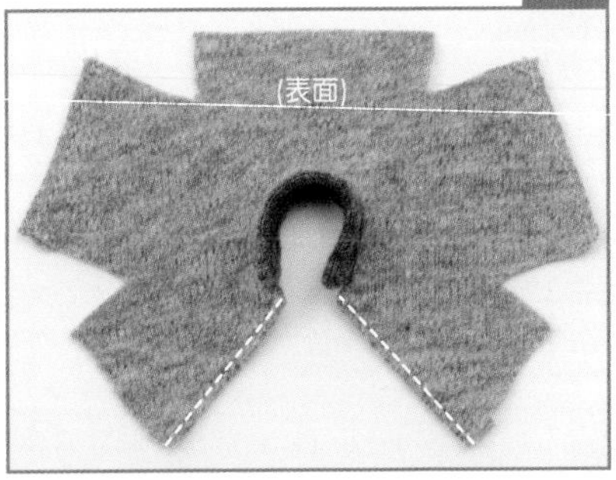

(表面)

在前布端壓明線或是以接著劑黏貼。

8

(表面)
重疊時請將這一側放在上面

將前衣身重疊0.5cm，確認下襬沒有錯位，以縫線固定。

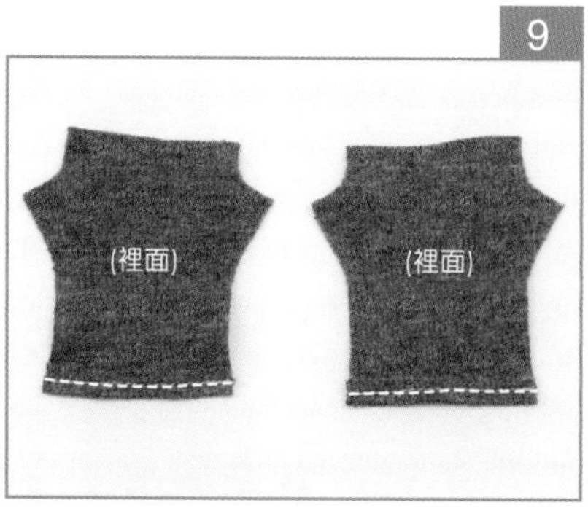
9
(裡面)
(裡面)

將褲子的下襬摺起縫合。

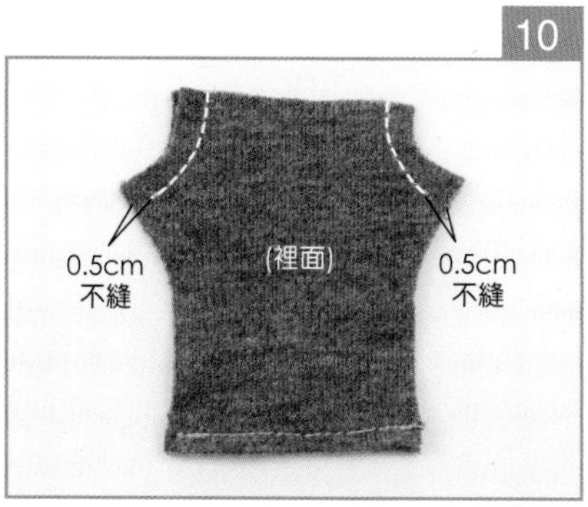
10
0.5cm
不縫
(裡面)
0.5cm
不縫

將左右褲片以表面相對的方式重疊，縫合褲襠。

11
(裡面)

將縫份熨開，縫合下檔。

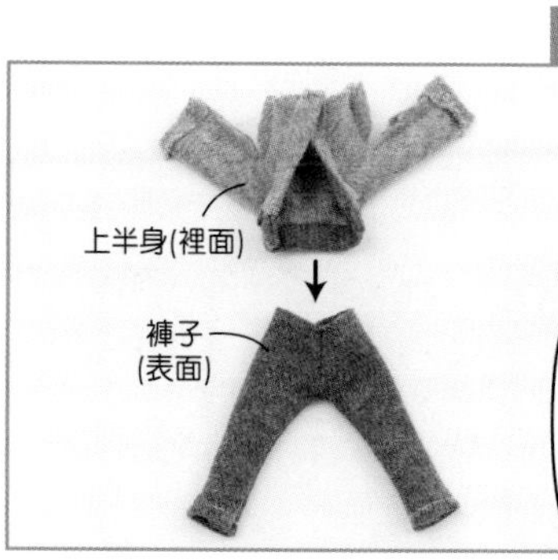
12
上半身(裡面)
褲子
(表面)

將衣身翻至裡側與褲子重疊。

請注意前、後不要弄錯了！

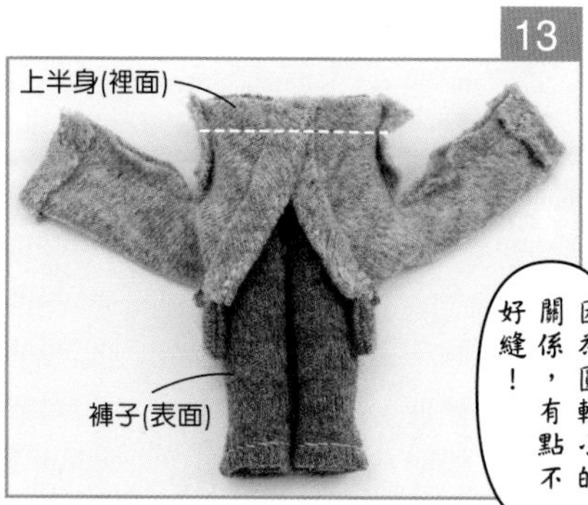
13
上半身(裡面)
褲子(表面)

繞著腰圍縫上一圈。如果用縫紉機車縫不好作業的話，可以改用手工回針縫。

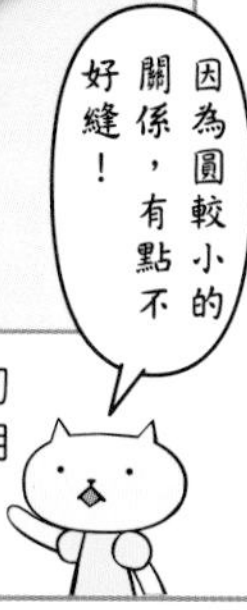
因為圓較小的關係，有點不好縫！

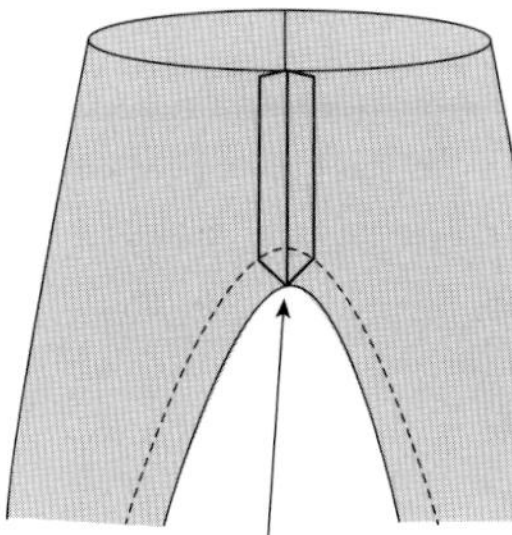

如果先將下檔的縫份裁切成三角形會比較方便作業

高領款式的情形

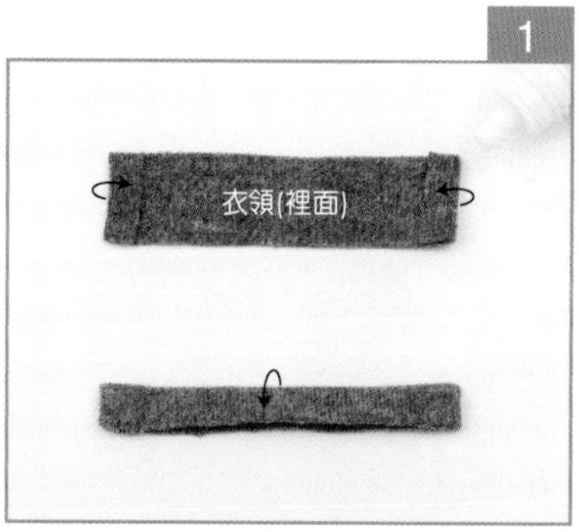
1
衣領(裡面)

將衣領的兩端摺起。然後再對摺，兩布端以接著劑固定。※如果整個衣領都塗上接著劑的話，布料會變硬，所以只塗在縫份即可。

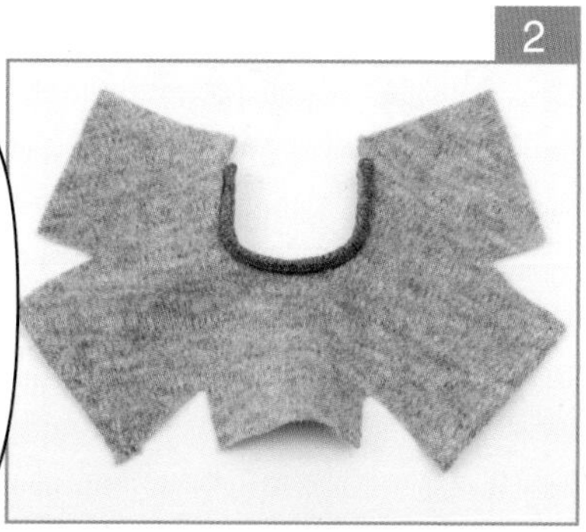
2

將衣領的布端對齊領圍的合印縫合。如果用縫紉機車縫不好作業的話，可以改用手工回針縫。

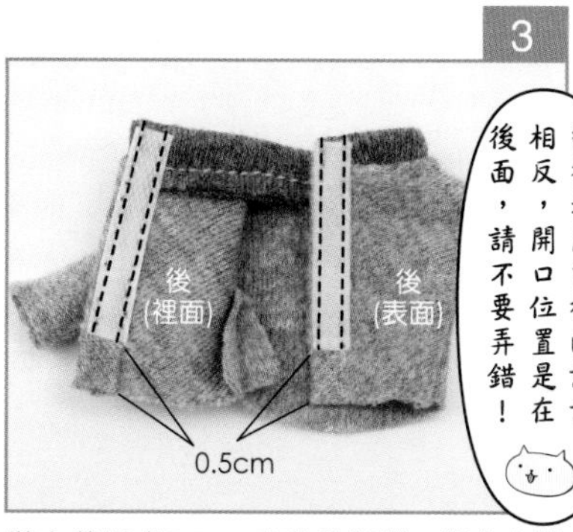
3
後
(裡面)
後
(表面)
0.5cm
這裡和開前襟的設計相反，開口位置是在後面，請不要弄錯！

裝上裁切成0.5cm寬的黏扣帶。將後布端以左衣身在上的方式重疊1cm，縫合在褲子上。(縫完後再將黏扣帶的邊角修圓即可)

連身長褲

可以靈活運用在英雄角色的裝扮，或是滑冰選手的服裝等各種設計！

縫紉線建議使用針織布用的Resilon針織紗。

1

→紙型 P.77

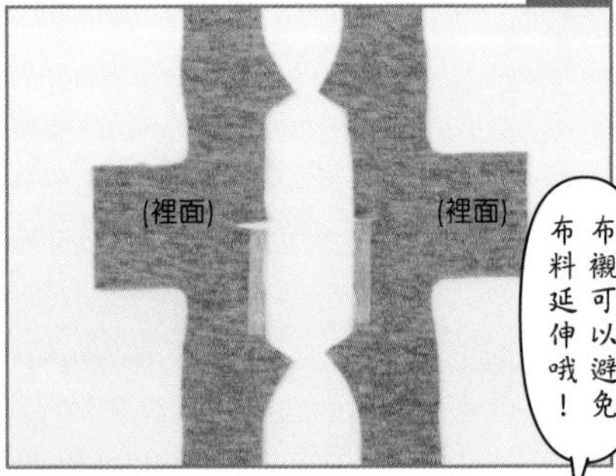

(裡面)
(裡面)

在後面開口部分的縫份貼上裁切成0.5cm寬的布襯。

布襯可以避免布料延伸哦！

2

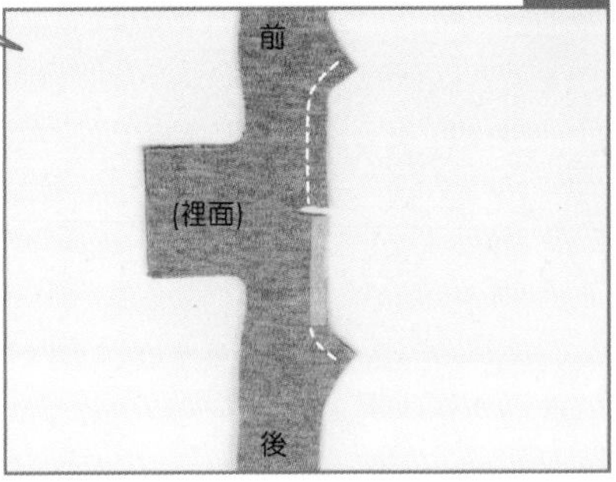

前
(裡面)
後

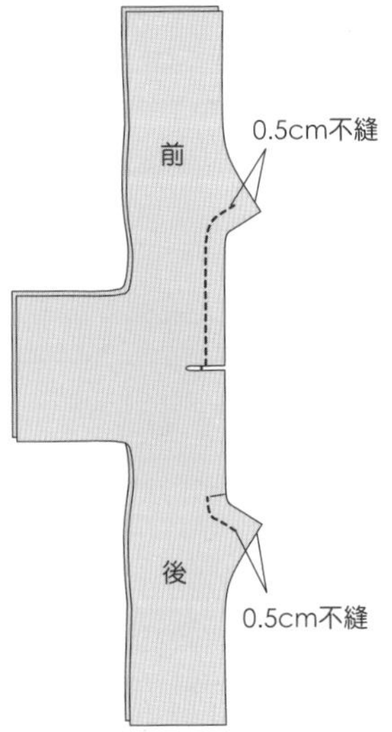

前
0.5cm不縫
後
0.5cm不縫

縫合前中心。後中心只要縫合開口止點以下的部分。下襠0.5cm不縫。

3

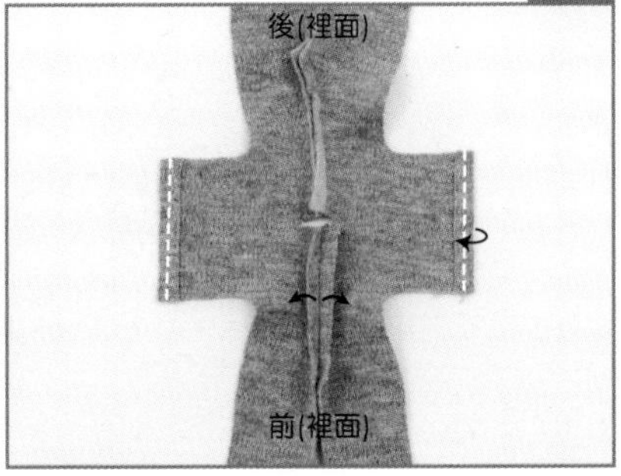

後(裡面)
前(裡面)

將袖口摺起縫合或是以接著劑固定。將前後中心的縫份熨開。

4

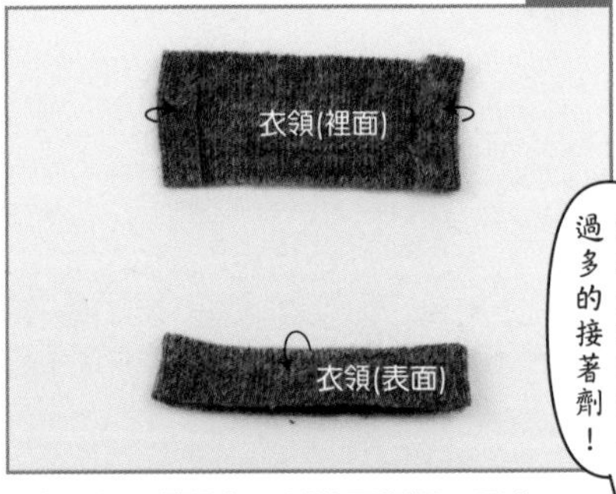

衣領(裡面)
衣領(表面)

將衣領的兩端摺起，然後再對摺，兩布端以接著劑固定。※如果整個衣領都塗上接著劑的話，布料會變硬，所以只塗在縫份即可。

請注意不要塗上過多的接著劑！

5

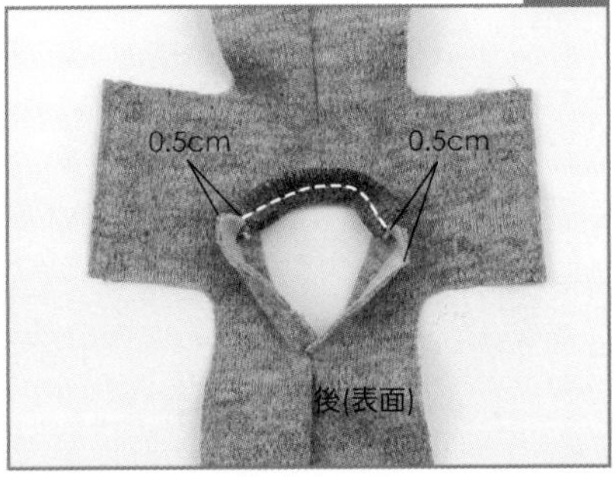

0.5cm
0.5cm
後(表面)

將衣領的布端對齊距離衣身布端0.5cm內側的位置縫合。(縫份為0.3cm)如果用縫紉機車縫不好作業的話，可以改用手工回針縫。

6

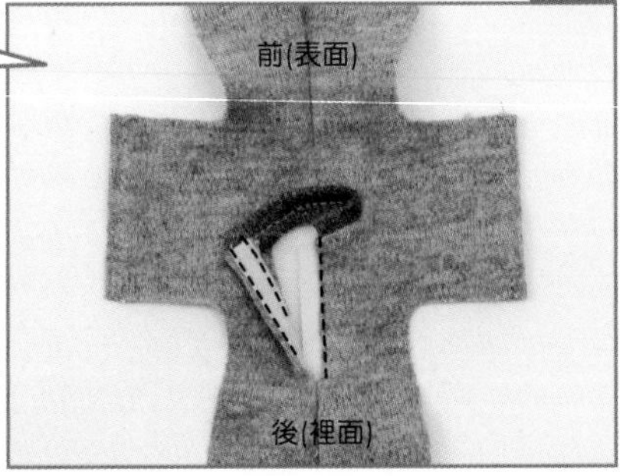

前(表面)
後(裡面)

將後布端的縫份摺起，裝上黏扣帶。

黏扣帶的安裝位置

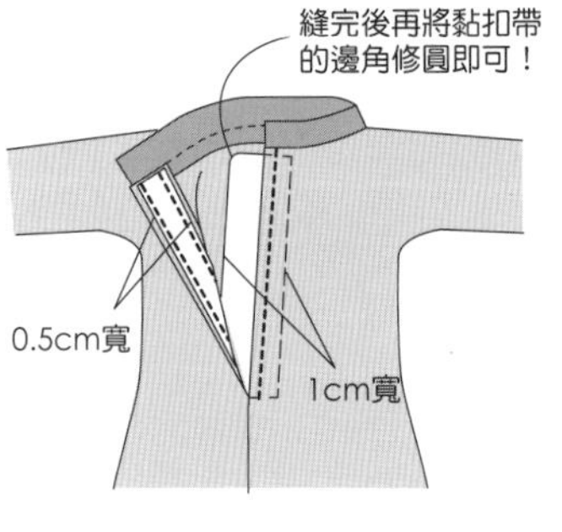

縫完後再將黏扣帶的邊角修圓即可！
0.5cm寬
1cm寬

7

(裡面)

將表面相對重疊，縫合袖下~側邊。縫好後，在側邊的位置加上數個牙口。

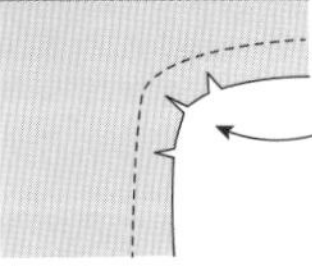

牙口只要切至縫份的一半即可。

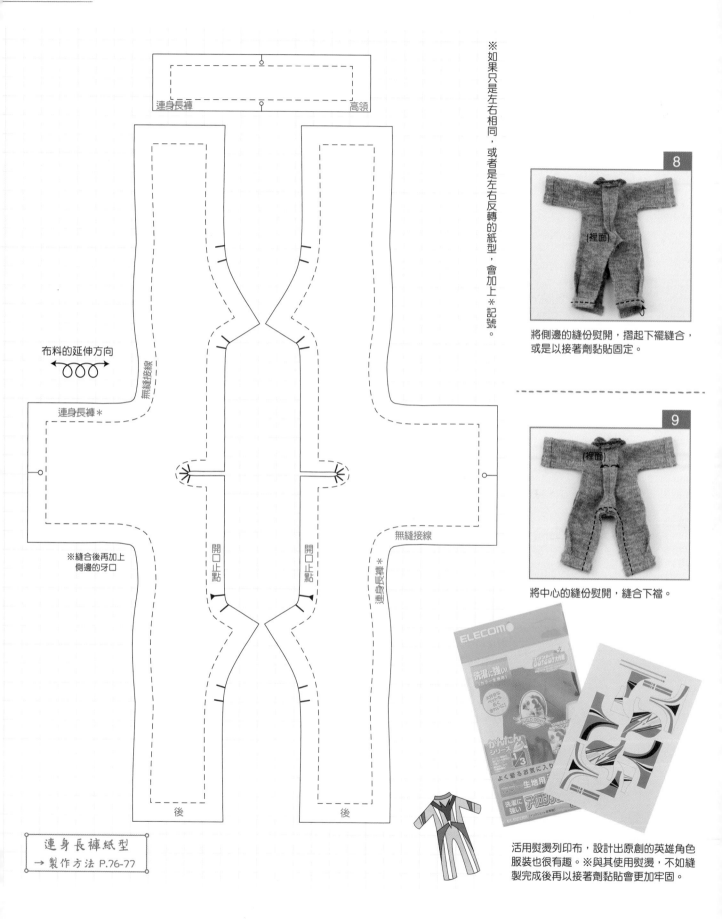

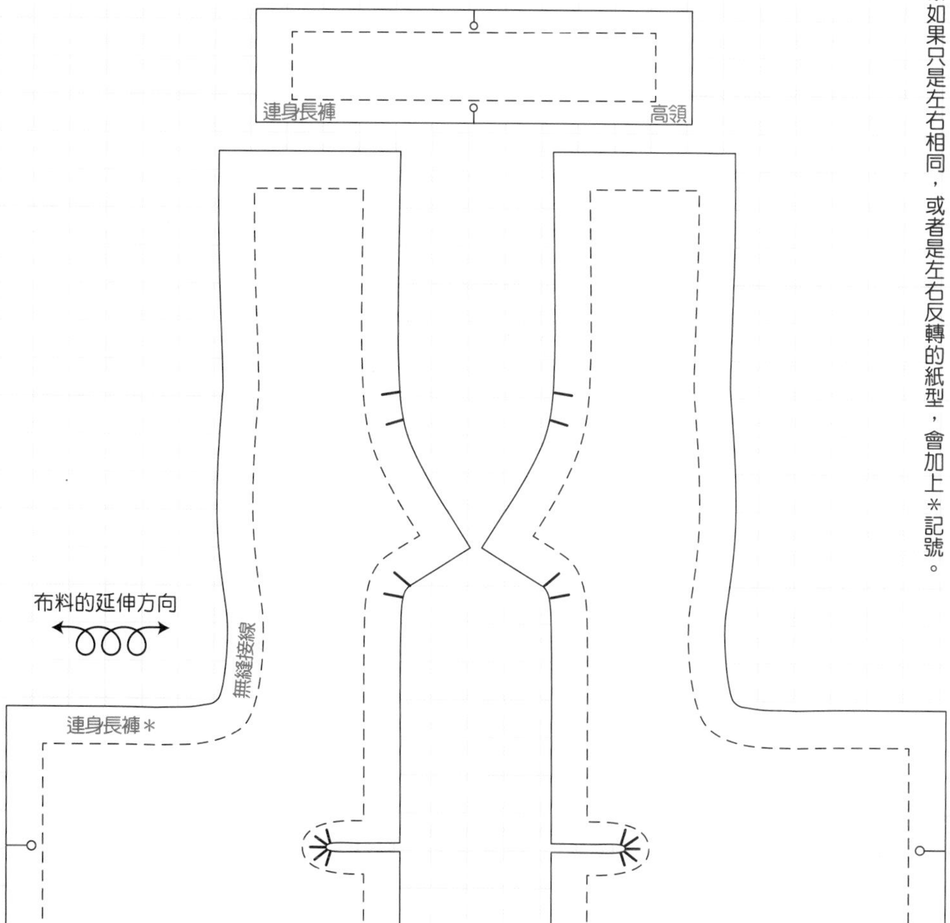
連身長褲
高領
布料的延伸方向
無縫接線
連身長褲＊
※縫合後再加上
側邊的牙口
開口止點
開口止點
無縫接線
連身長褲＊
後
後

連身長褲紙型

→ 製作方法 P.76-77

※如果只是左右相同，或者是左右反轉的紙型，會加上＊記號。

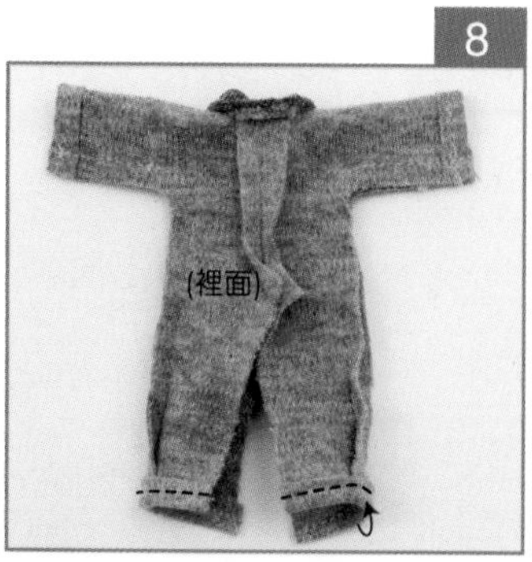
8
(裡面)

將側邊的縫份熨開，摺起下襬縫合，或是以接著劑黏貼固定。

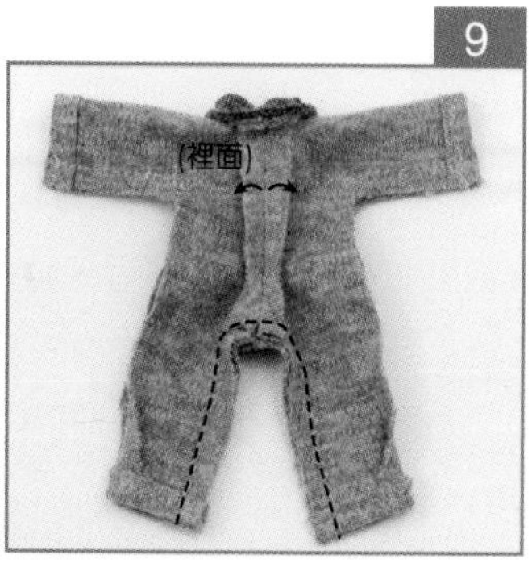
9
(裡面)

將中心的縫份熨開，縫合下檔。

ELECOM
洗濯に強い!
かんたん
シリーズ
よく着るお気に入り
カラー生地用
洗濯に強い

活用熨燙列印布，設計出原創的英雄角色服裝也很有趣。※與其使用熨燙，不如縫製完成後再以接著劑黏貼會更加牢固。

Chapter 13.

粗呢大衣

— DUFFLE COAT —

＊原寸大＊

這是可以直接放在20cm＊20cm毛氈布的紙型。因為毛氈布沒有布紋的關係，所以擺放任何方向都沒有關係。

粗呢大衣紙型

→製作方法 P.80-81

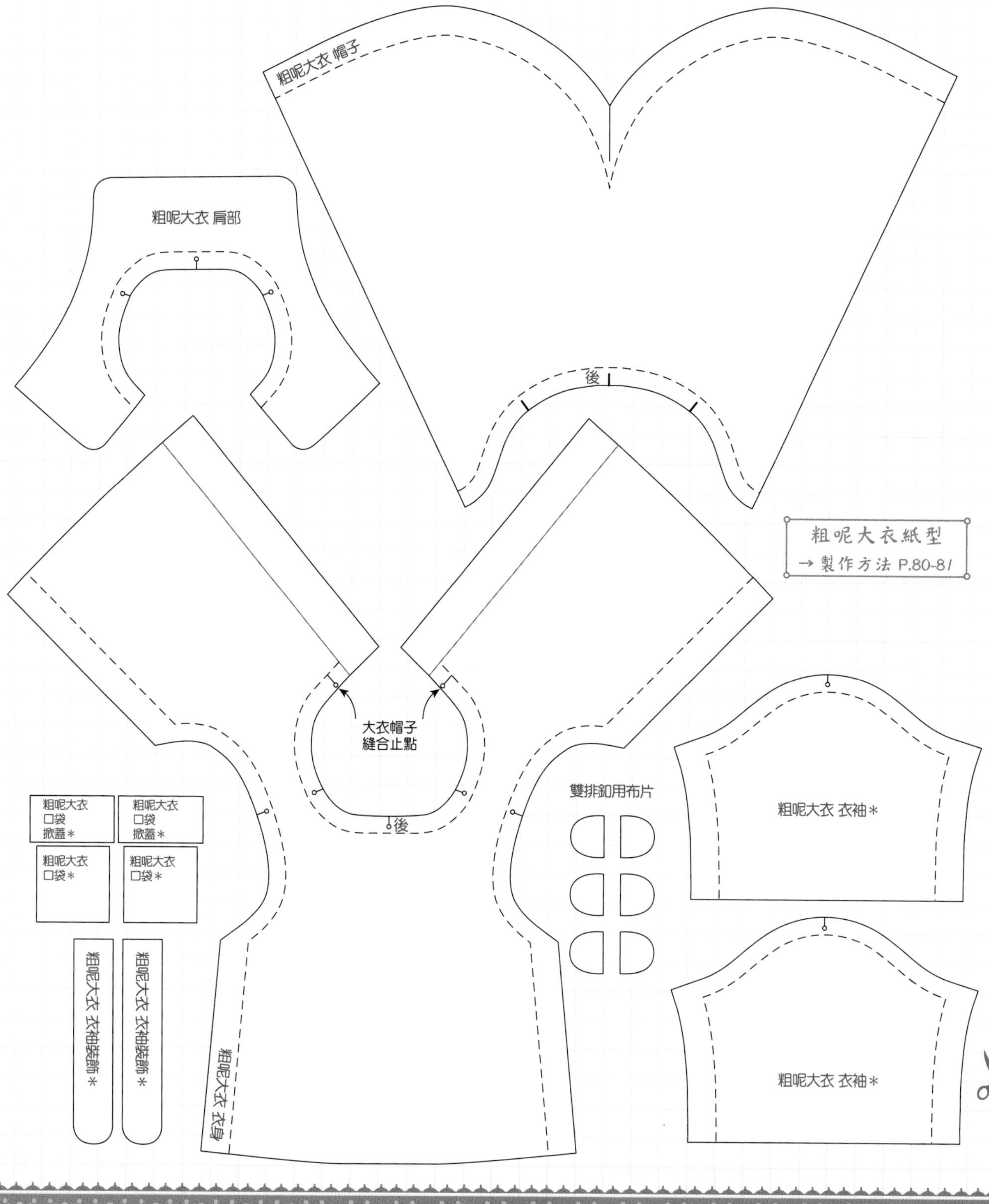

粗呢大衣 帽子
後
粗呢大衣 肩部
大衣帽子
縫合止點
後
粗呢大衣 衣身
雙排釦用布片
粗呢大衣 衣袖＊
粗呢大衣 衣袖＊
粗呢大衣 口袋 掀蓋＊
粗呢大衣 口袋 掀蓋＊
粗呢大衣 口袋＊
粗呢大衣 口袋＊
粗呢大衣 衣袖裝飾＊
粗呢大衣 衣袖裝飾＊

※如果只是左右相同，或者是左右反轉的紙型，會加上＊記號。

請將紙型複印後裁切下來使用！

粗呢大衣

使用2塊毛氈布製作。

→紙型 P.79

1

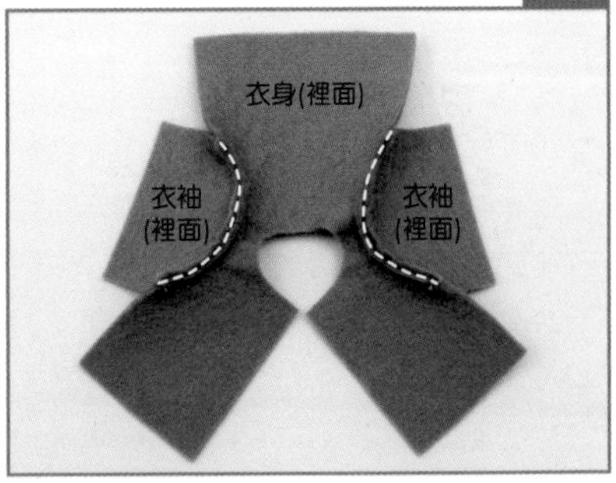
衣身(裡面)
衣袖
(裡面)
衣袖
(裡面)

將衣袖縫至衣身。

2

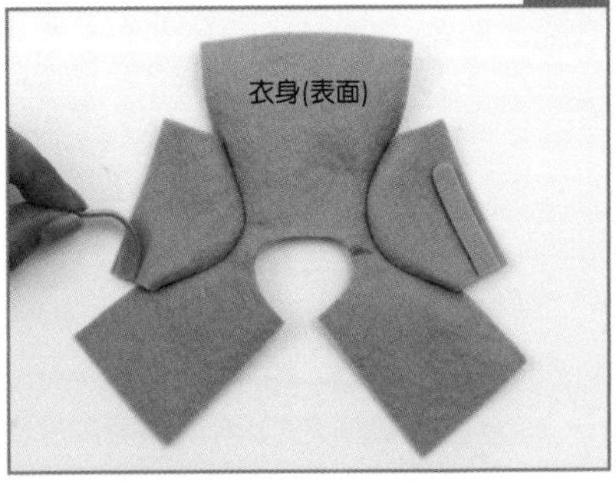
衣身(表面)

使用接著劑將裝飾暫時固定在衣袖上。

3

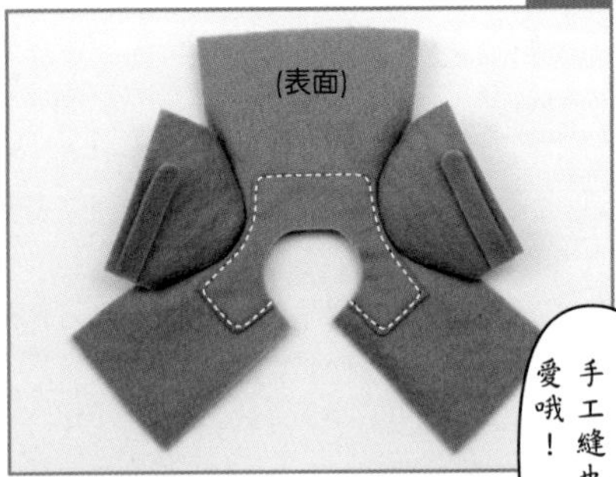
(表面)

裝上肩襠。

不用車縫，用手工縫也很可愛哦！

4

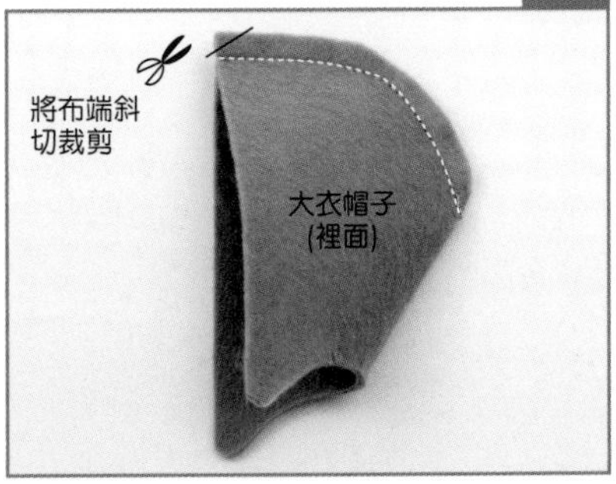
將布端斜
切裁剪
大衣帽子
(裡面)

將大衣帽子的上部縫合。

5

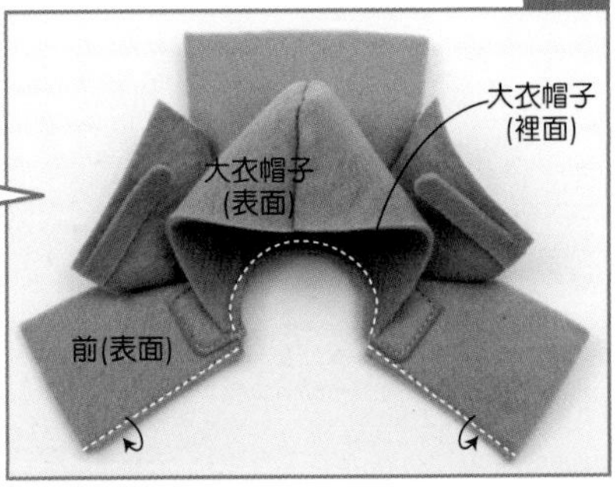
大衣帽子
(裡面)
大衣帽子
(表面)
前(表面)

將大衣帽子縫至領圍，前布端向內側摺起，壓明線。

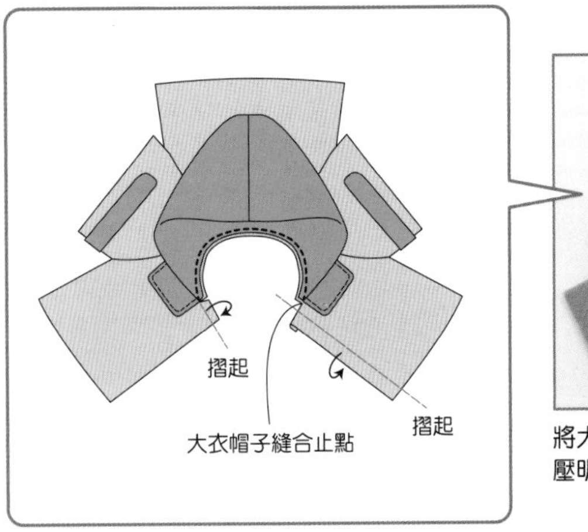
摺起
摺起
大衣帽子縫合止點

6

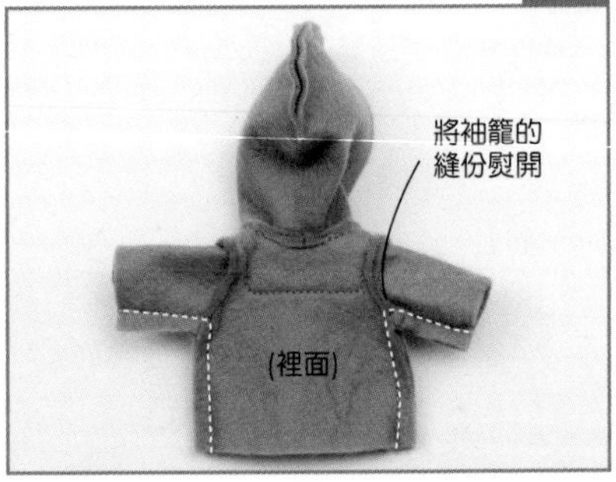
將袖籠的
縫份熨開
(裡面)

以表面相對的方式重疊，縫合衣袖~側邊下方。

7

配合雙排釦的布片紙型，裁切合成皮。將繩子穿過鈕釦，與合成皮組裝後以接著劑黏貼在衣身上。這個刊載範例使用的是15mm的娃娃服尺寸雙排釦。

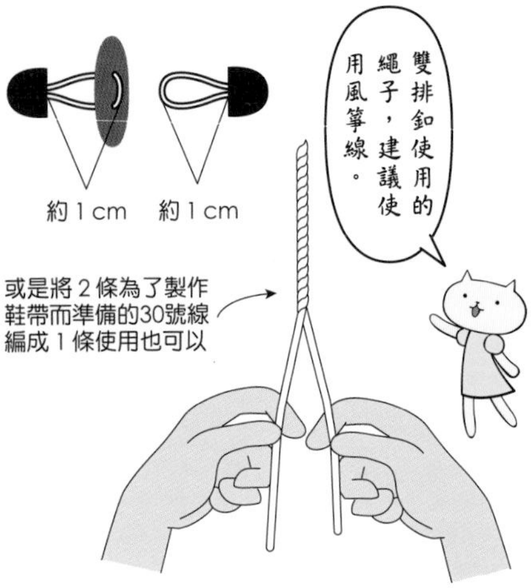
約1cm
約1cm
雙排釦使用的繩子，建議使用風箏線。
或是將2條為了製作
鞋帶而準備的30號線
編成1條使用也可以

8

在口袋的掀蓋壓明線。掀蓋的上部還不要縫。

9

在雙排釦與側邊之間，選一個比例平衡較佳的位置縫上口袋。

10

裝上口袋掀蓋。

11

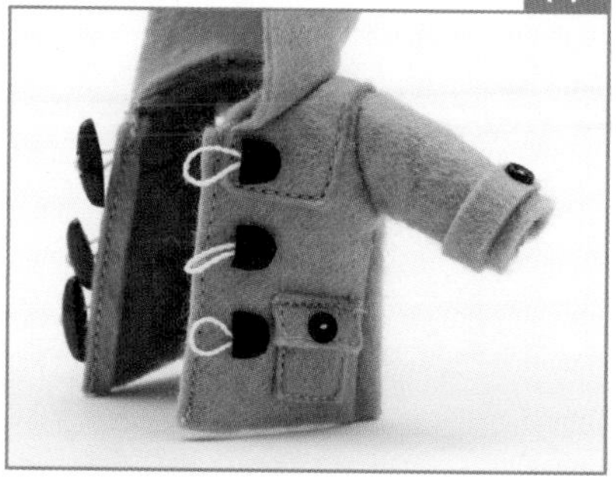

鈕釦縫在袖口、口袋。

12

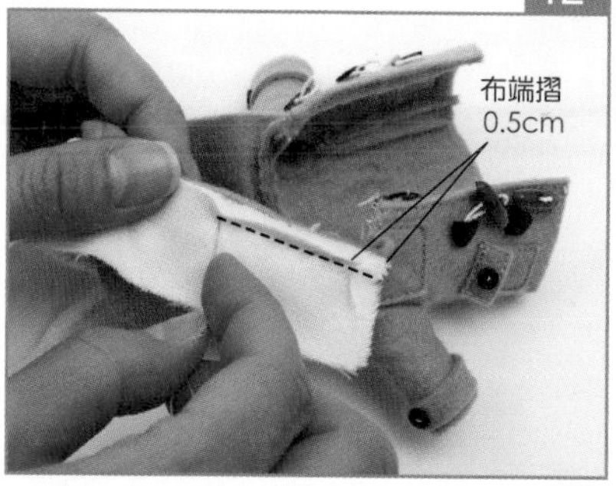
布端摺
0.5cm

將絨毛布以表面相對的方式，縫在大衣帽子的布端(表面)。

雖然會因為絨毛的長度有些調整，但基本上要將絨毛布裁切成這樣的尺寸

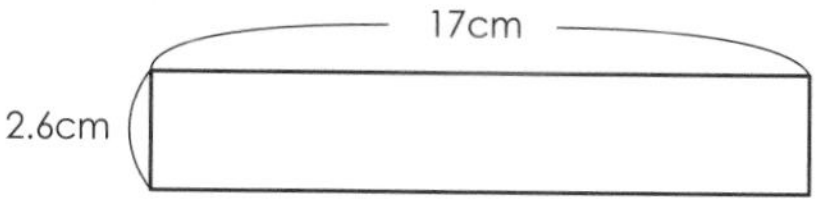
17cm
2.6cm

如果太長的話，可以
再剪短一點哦！

13

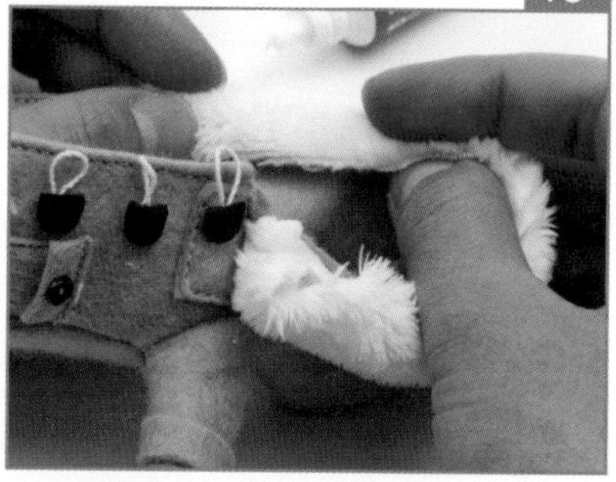

將大衣帽子上的絨毛布開口處捲起來，以接著劑或縫線固定。

14

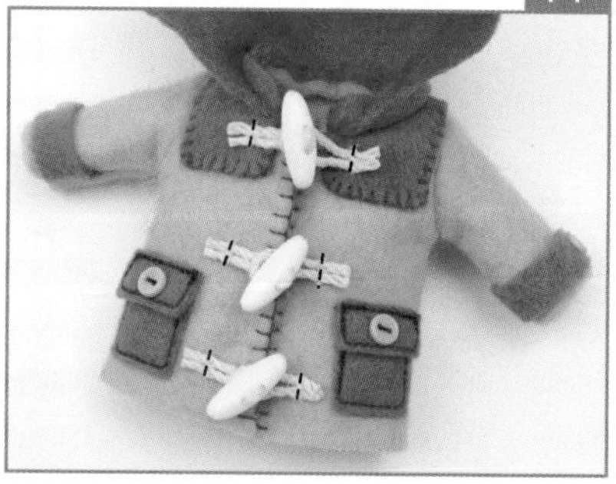

雙排釦的繩子也可以像照片這樣用縫的方式固定。

有使用過絨毛布？
印象完全不同呢！

Chapter *14.*

披風

— CAPE —

原寸大

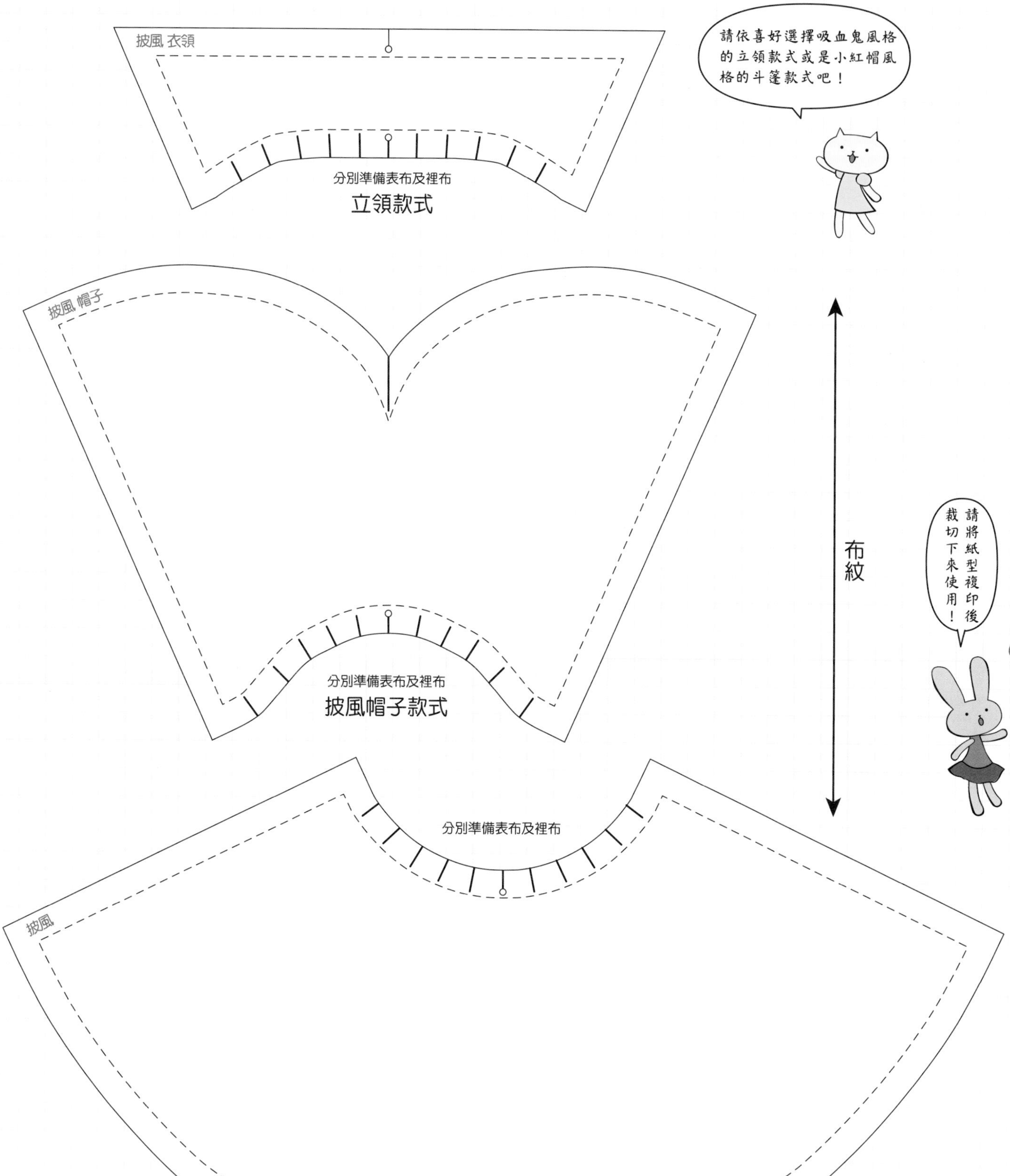
披風 衣領
分別準備表布及裡布
立領款式
披風 帽子
分別準備表布及裡布
披風帽子款式
布紋
分別準備表布及裡布
披風
請依喜好選擇吸血鬼風格的立領款式或是小紅帽風格的斗篷款式吧！
請將紙型複印後裁切下來使用！

※如果只是左右相同，或者是左右反轉的紙型，會加上※記號。

披風紙型

→製作方法 P.84-85

立領披風

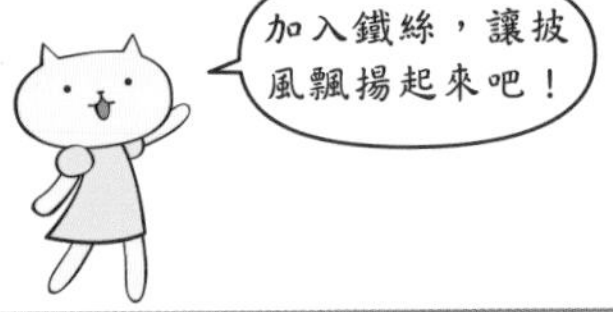
加入鐵絲，讓披風飄揚起來吧！

使用相同顏色布料製作衣領時

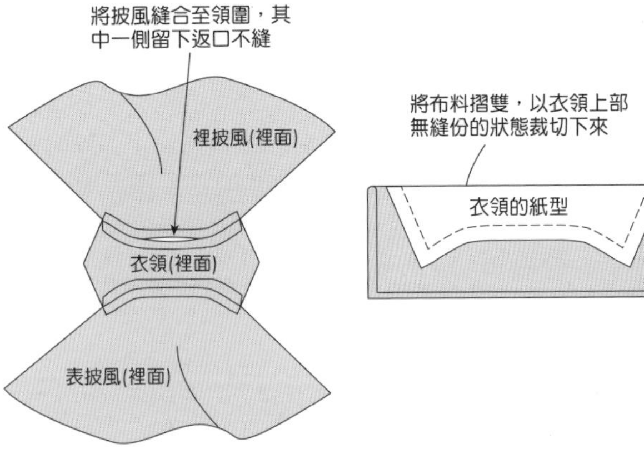
將披風縫合至領圍，其中一側留下返口不縫
裡披風(裡面)
衣領(裡面)
表披風(裡面)
將布料摺雙，以衣領上部無縫份的狀態裁切下來
衣領的紙型

1

→紙型 P.83

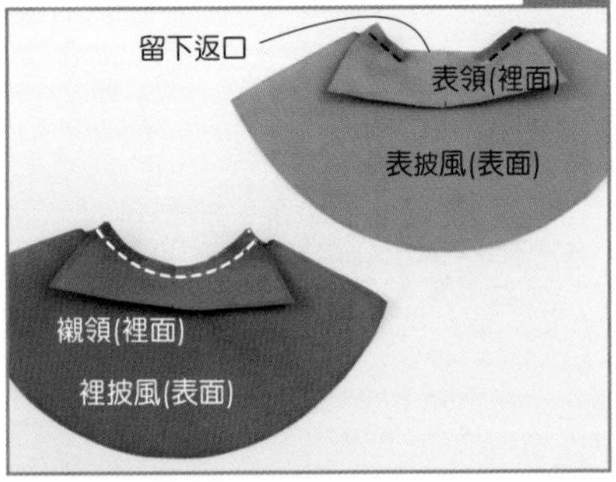
留下返口
表領(裡面)
表披風(表面)
襯領(裡面)
裡披風(表面)

將表布和裡布的披風與衣領分別縫合。領圍要留下返口不縫。將縫份熨開。

2

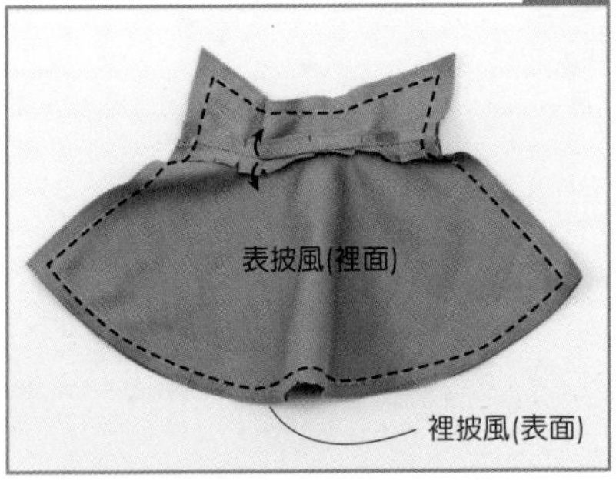
表披風(裡面)
裡披風(表面)

將領圍的縫份熨開，表、裡披風以表面相對的方式重疊，在周圍縫上一圈。

3

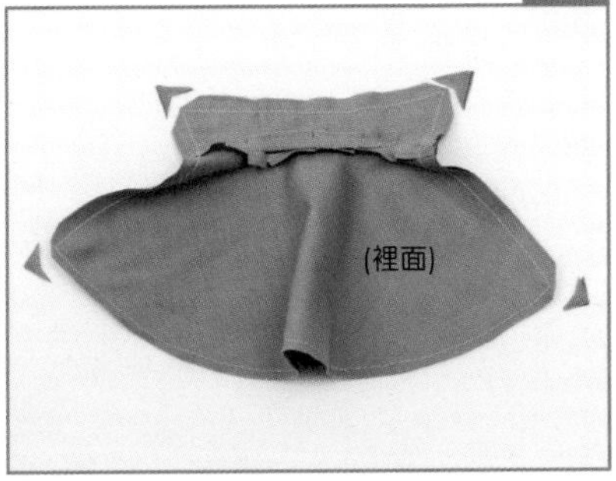
(裡面)

將縫份的邊角裁掉，下襬的縫份也裁切成0.3cm。

4

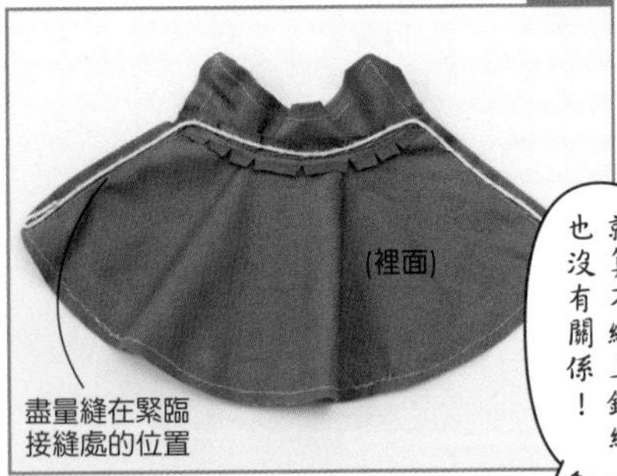
(裡面)
盡量縫在緊臨接縫處的位置

將鐵絲縫在領圍~前布端的縫份。

就算不縫上鐵絲也沒有關係！

5

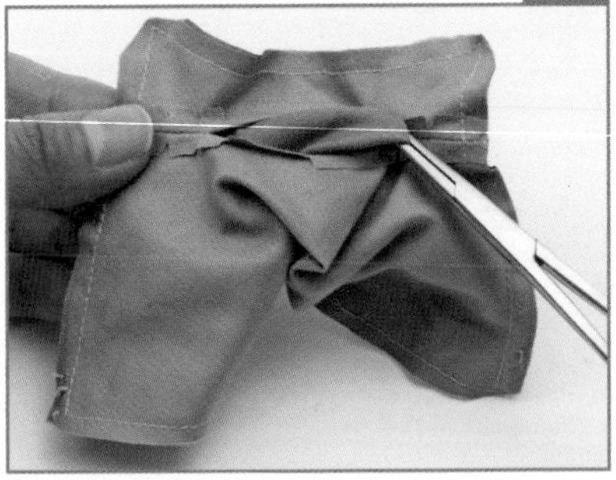

由領圍的開口處翻回表面。

6

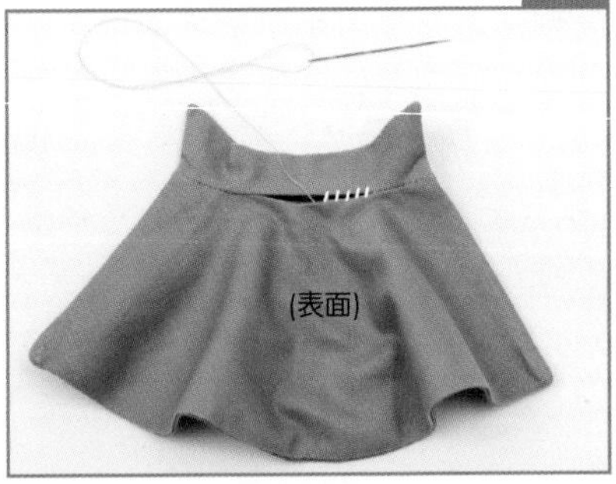
(表面)

以熨斗整平，並將裡披風的返口以藏針縫封口。

像這樣一直繞著鐵絲縫合固定在披風上，
雖然有點辛苦，但請多加油！
將鐵絲的尾端摺彎，以免危險

連帽斗篷

表裡用不同顏色的布料製作也很可愛呢！

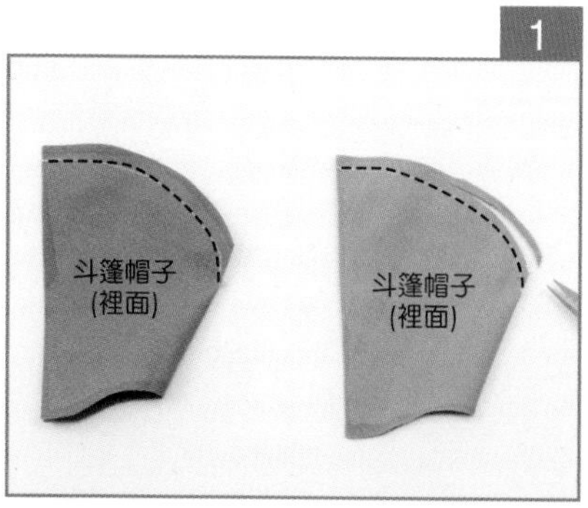
1
斗篷帽子
(裡面)
斗篷帽子
(裡面)

將斗篷帽子以表面相對的方式重疊，縫份裁切成0.3cm左右。

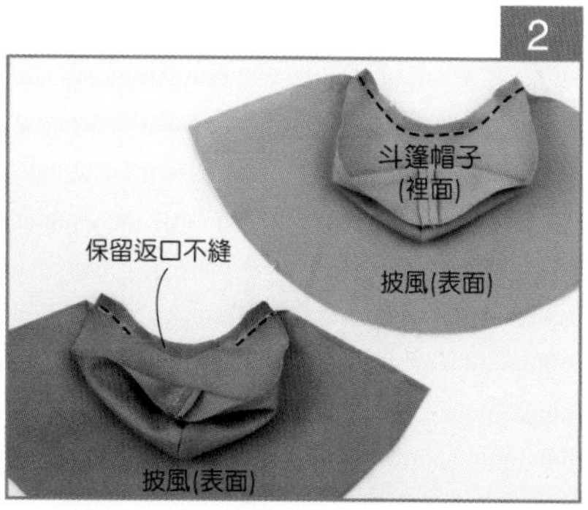
2
斗篷帽子
(裡面)
保留返口不縫
披風(表面)
披風(表面)

將斗篷帽子及披風縫合。內側的披風保留返口不縫。

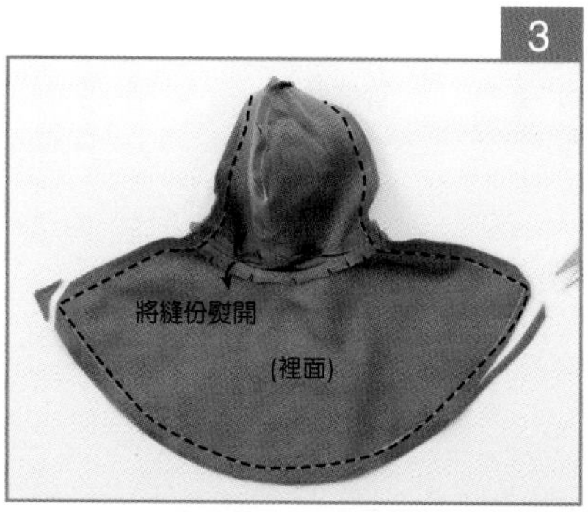
3
將縫份熨開
(裡面)

將表披風與裡披風表面相對重疊，在周圍縫上一圈。裁切掉縫份的邊角，披風的下襬縫份也要裁切成約0.3cm。

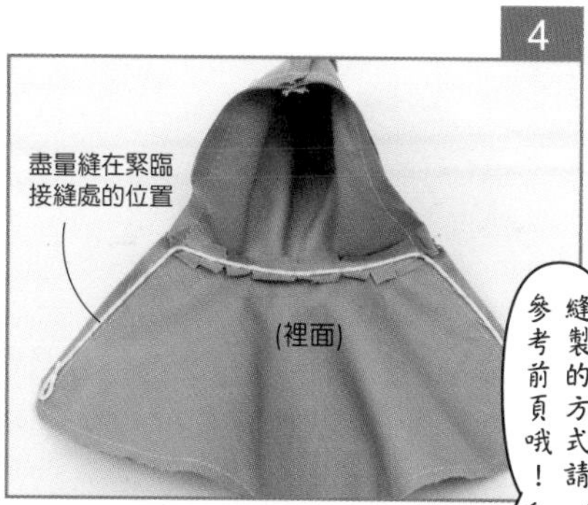
4
盡量縫在緊臨
接縫處的位置
(裡面)

將鐵絲縫在領圍~前布端的縫份。

縫製的方式請參考前頁哦！

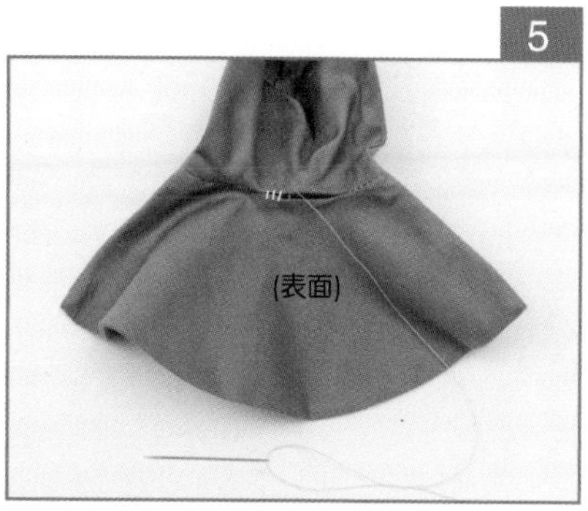
5
(表面)

由領圍的開口處翻回表面，以熨斗整平，將裡披風的返口以藏針縫封口。

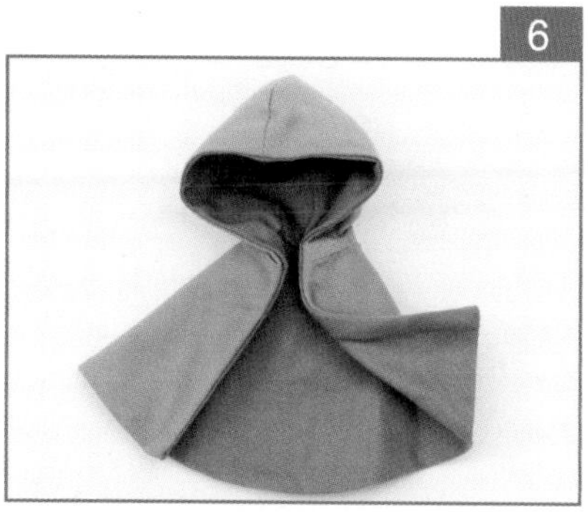
6

完成。摺彎或伸展鐵絲時，請連同布料一起按壓，小心調整。

也可以試著加上緞帶、鏈條、鈕釦等裝飾品哦！

雖然比金屬線來得粗，但這是可以運用在口罩等產品的安全素材，可以自由彎曲加工，但又不像鋁線那麼容易摺斷。

請盡量選擇較細的產品

テクノロート
TEKNO ROTE
プラスチックの針金

本書使用的是TEKNO ROTE的PE形狀記憶樹脂線。

Chapter *15.*

浴衣

— YUKATA —

原寸大

浴衣紙型

→ 製作方法 P.88-89

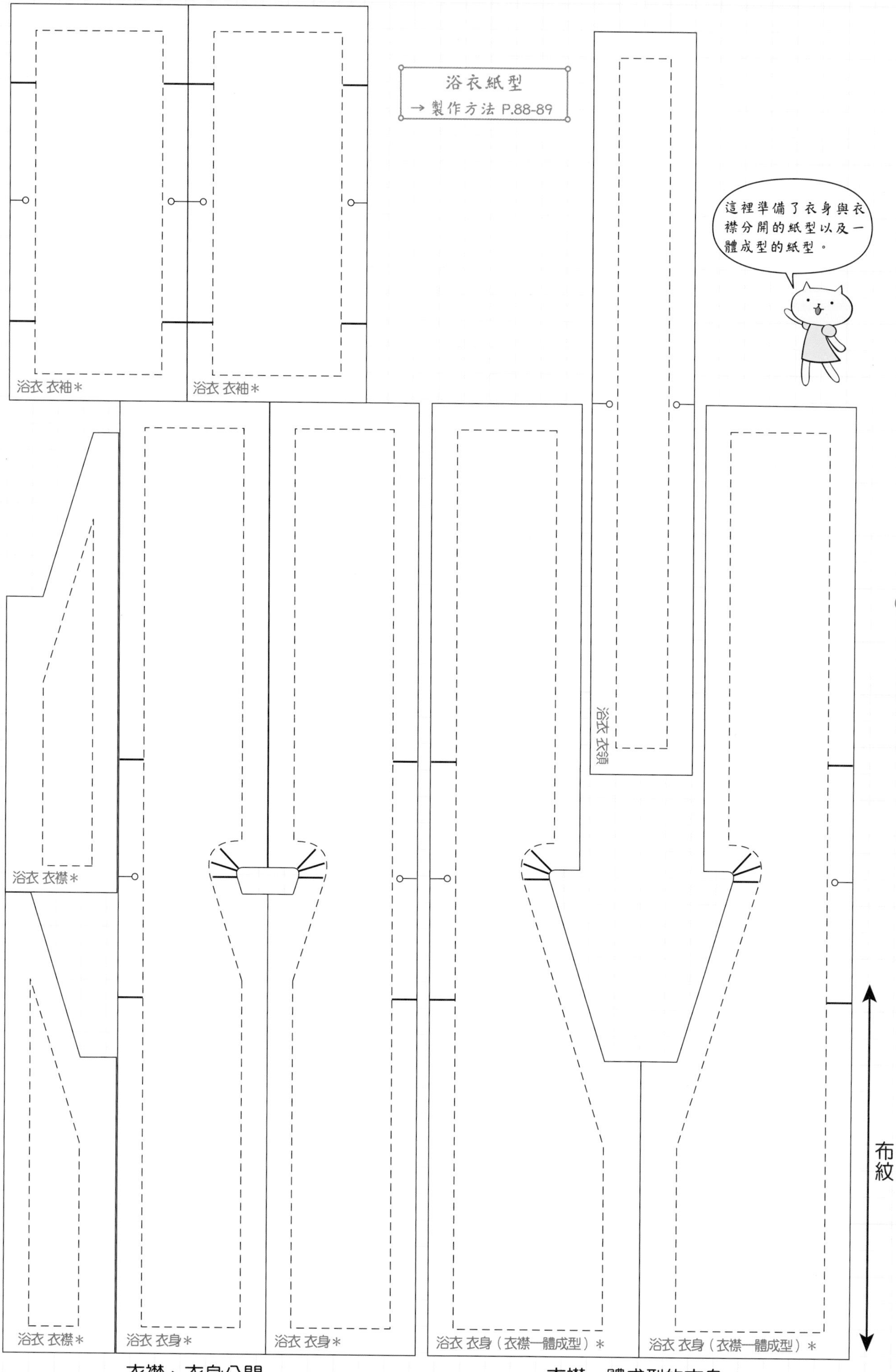
這裡準備了衣身與衣襟分開的紙型以及一體成型的紙型。
浴衣 衣袖＊
浴衣 衣袖＊
浴衣 衣領
浴衣 衣襟＊
浴衣 衣襟＊
浴衣 衣身＊
浴衣 衣身＊
浴衣 衣身（衣襟一體成型）＊
浴衣 衣身（衣襟一體成型）＊
布紋

衣襟、衣身分開

衣襟一體成型的衣身

※如果只是左右相同，或者是左右反轉的紙型，會加上＊記號。

請將紙型複印後裁切下來使用！

浴衣

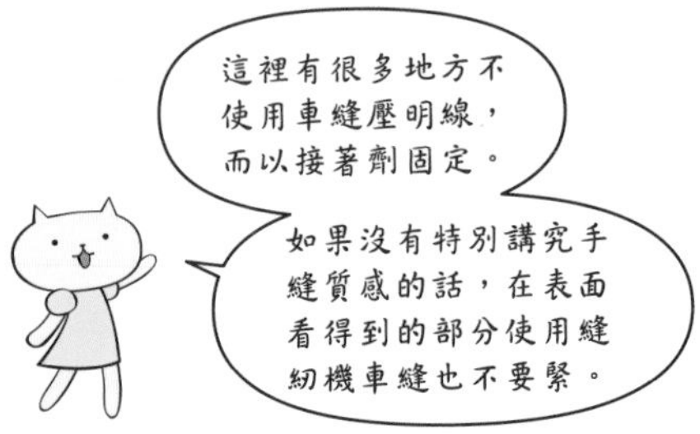

這裡有很多地方不使用車縫壓明線，而以接著劑固定。
如果沒有特別講究手縫質感的話，在表面看得到的部分使用縫紉機車縫也不要緊。

建議以這樣的原則區分使用
有衣襟的紙型↓縫接線明顯的布料
衣襟一體成型的紙型↓縫接線不明顯的花紋布料

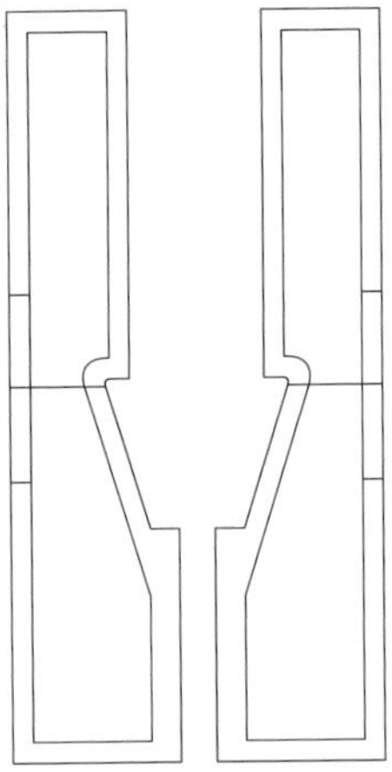

衣襟一體成型的紙型

1

→紙型 P.87

前
衣身(裡面)
後

將衣身表面相對重疊，縫合背中心。

2

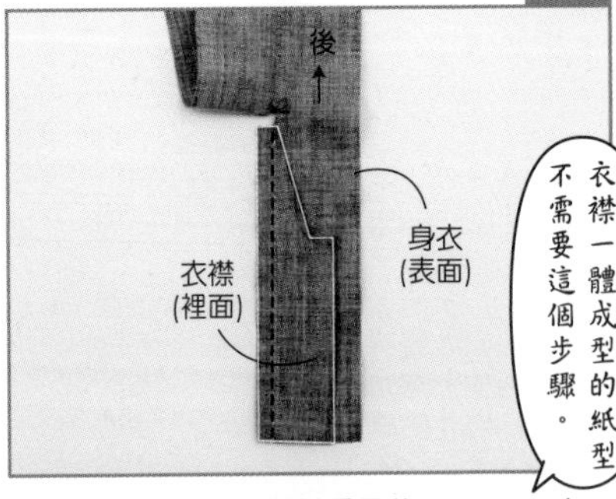

後
身衣
(表面)
衣襟
(裡面)

將衣身與衣襟表面相對重疊後縫合起來。(只適用衣襟不同布片的情形)

衣襟一體成型的紙型
不需要這個步驟。

3

衣襟
(表面)
衣身
(表面)

將衣襟的縫份倒向中心側，並將縫份斜切裁掉。

4

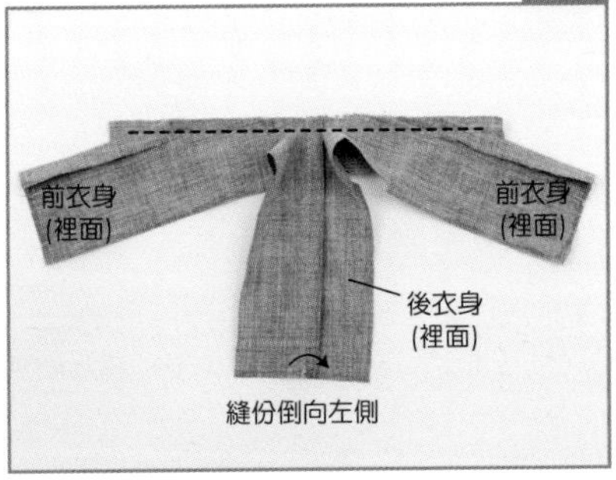

前衣身
(裡面)
前衣身
(裡面)
後衣身
(裡面)
縫份倒向左側

將背中心的縫份倒向左衣身側，衣領表面相對重疊縫合起來。

5

摺起布端
將衣領的縫份捲起包覆
(裡面)

用衣襟將領圍的縫份包起來繚縫。

6

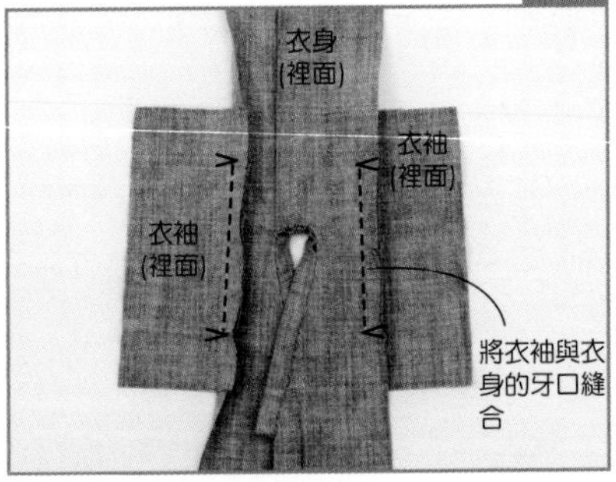

衣身
(裡面)
衣袖
(裡面)
衣袖
(裡面)
將衣袖與衣身的牙口縫合

將衣袖表面相對重疊後縫合。

7

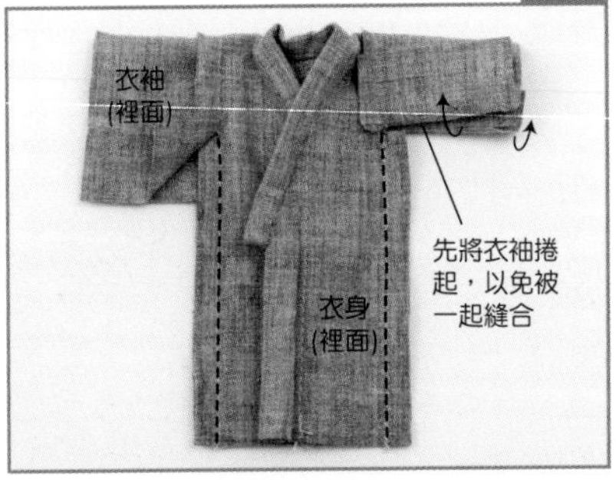

衣袖
(裡面)
先將衣袖捲起，以免被一起縫合
衣身
(裡面)

將衣身表面相對重疊後摺起，縫合側邊。

8

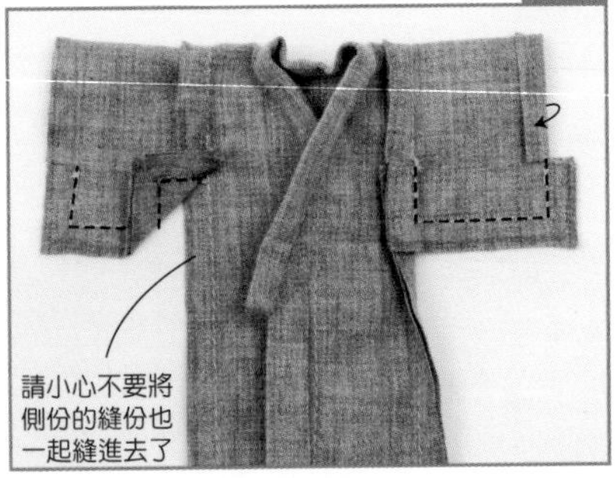

請小心不要將側份的縫份也一起縫進去了

縫合衣袖。將袖口倒向裡側。

9

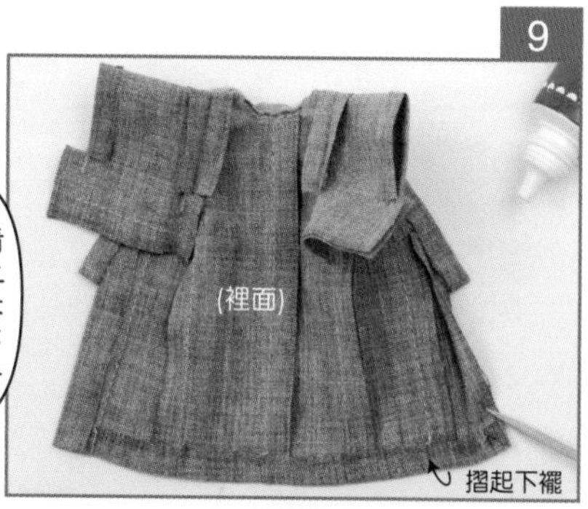
(裡面)
摺起下襬

請注意不要讓接著劑滲出表面！

將前布端、袖口、下襬的縫份以接著劑黏貼固定。

腰帶結的製作方法

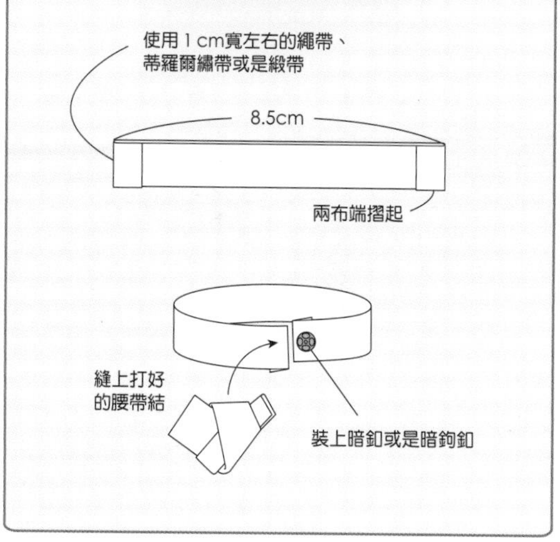
使用1cm寬左右的繩帶、蒂羅爾繡帶或是緞帶
8.5cm
兩布端摺起
縫上打好的腰帶結
裝上暗釦或是暗鉤釦

腰帶結的製作方法

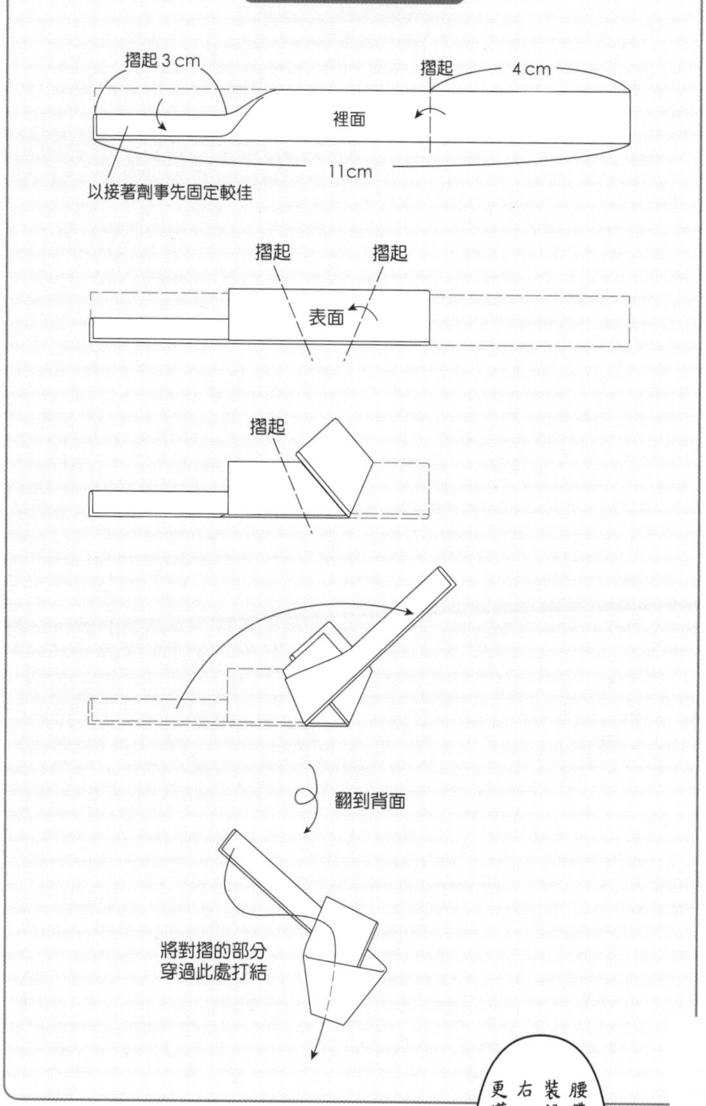
摺起3cm
摺起
4cm
裡面
11cm
以接著劑事先固定較佳
摺起
摺起
表面
摺起
翻到背面
將對摺的部分穿過此處打結

腰帶結的位置如果能裝設在背中心稍微偏右一點點，看起來會更瀟灑！

Chapter 16.

鞋子

— SHOES —

原寸大

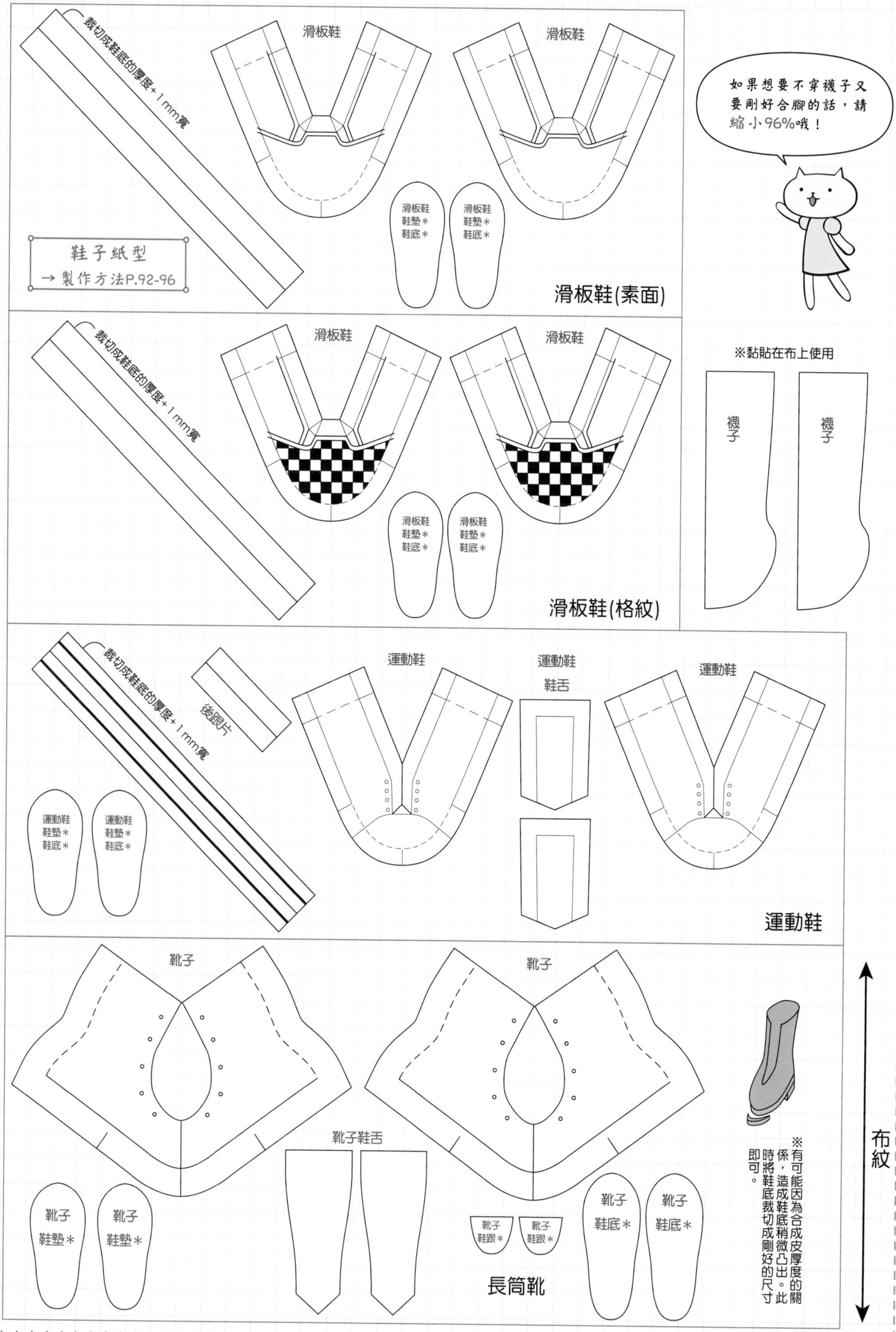
鞋子紙型
→製作方法P.92-96
裁切成鞋底的厚度+1mm寬
滑板鞋
滑板鞋
滑板鞋
鞋墊*
鞋底*
滑板鞋(素面)
如果想要不穿襪子又要剛好合腳的話，請縮小96%哦！
滑板鞋(格紋)
※黏貼在布上使用
襪子
襪子
運動鞋
運動鞋
鞋舌
後跟片
運動鞋
鞋墊*
鞋底*
運動鞋
靴子
靴子
靴子鞋舌
靴子
鞋墊*
靴子
鞋跟*
靴子
鞋底*
長筒靴
※有可能因為合成皮厚度的關係，造成鞋底稍微凸出。此時將鞋底裁切成剛好的尺寸即可。
布紋

※如果只是左右相同，或者是左右反轉的紙型，會加上*記號。

滑板鞋・運動鞋

使用列印布，就不需使用木型，以勞作的感覺製作哦！

1

→紙型 P.91

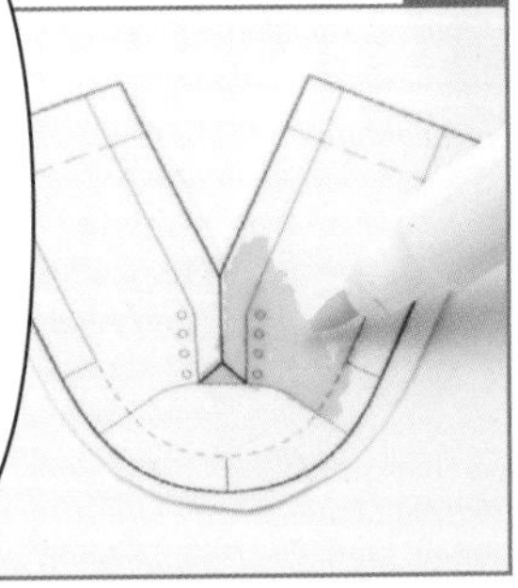

將紙型掃瞄後列印在布上。在電腦上描繪自己喜歡的花紋或是使用繪布筆著色自己喜歡的顏色。

如果沒有掃瞄器和印表機時，與「穿帶長筒靴」的製作方法相同，將紙型貼在布料上裁切後，使用錐子或是較細的魔擦鋼珠筆、自動鉛筆等工具將花紋繕寫在鞋面上。

2

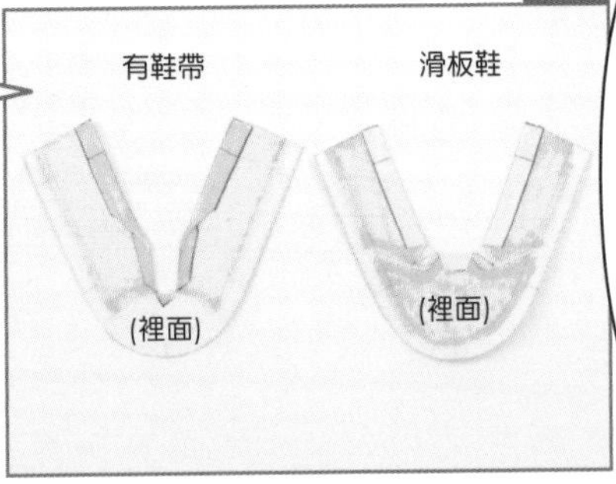
有鞋帶
滑板鞋
(裡面)
(裡面)

將鞋口的縫份摺向內側後，以接著劑固定。

牙口的位置

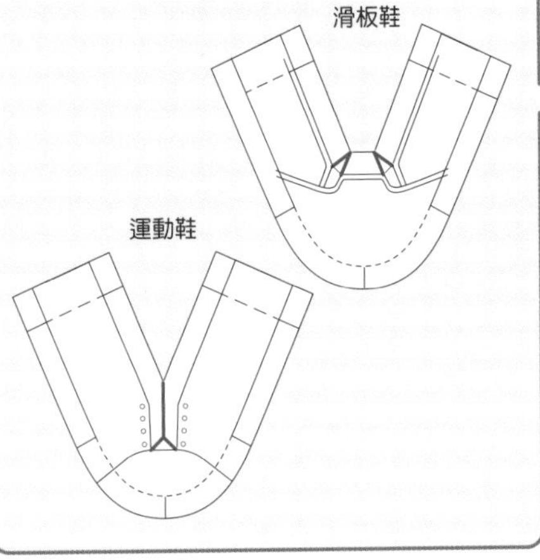
滑板鞋
運動鞋

3

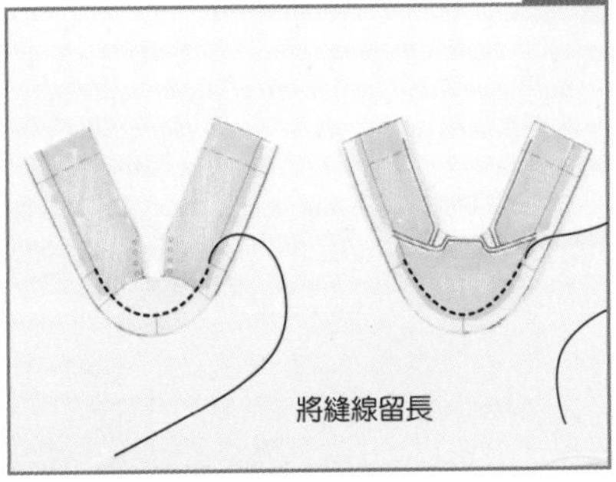
將縫線留長

鞋頭的虛線部分盡可能要縫得密集一些。

4

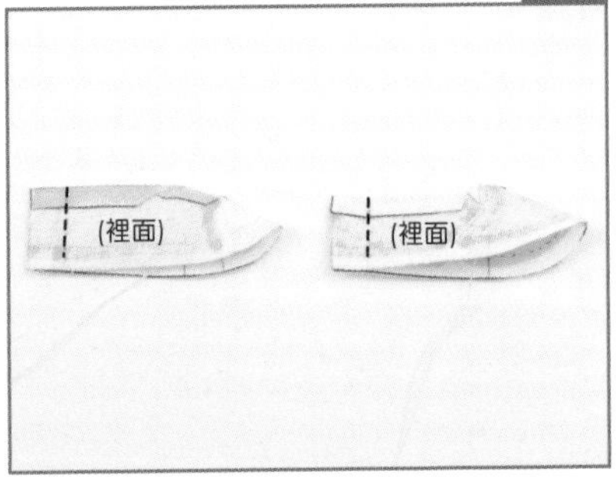
(裡面)
(裡面)

將鞋片表面相對重疊後縫合。縫份裁切成0.3cm左右，掀開後以接著劑固定。

5

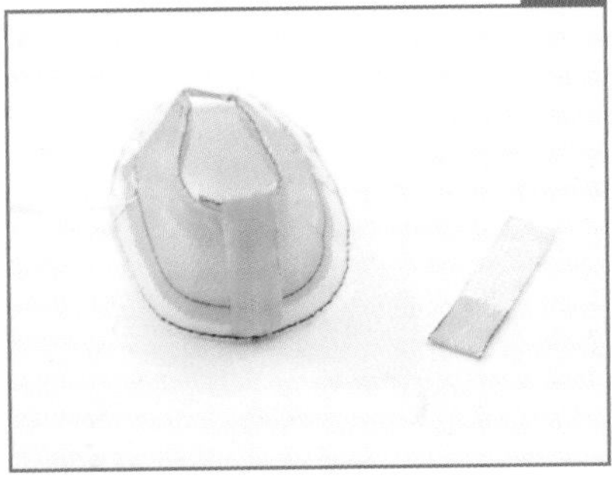

將後套布片摺成喜歡的長度，以接著劑固定。

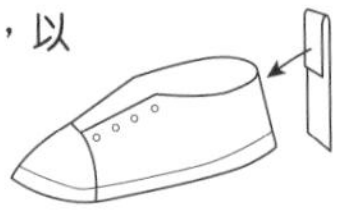

6

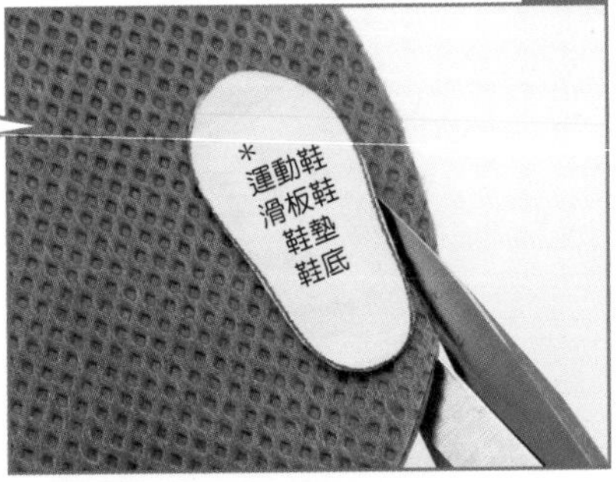
*
運動鞋
滑板鞋
鞋墊
鞋底

將背面貼有雙面膠的紙型，黏貼在鞋墊上，仔細地沿著紙型裁剪製作成鞋底。

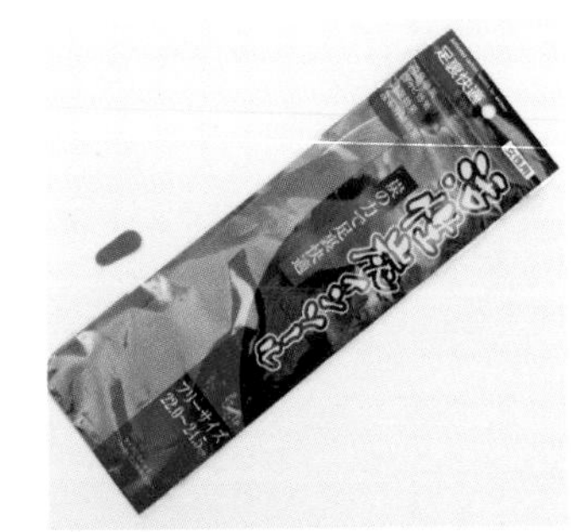

※本書所使用的是厚度0.2cm的薄鞋墊。

7

*
運動鞋
滑板鞋
鞋墊
鞋底

將相同的紙型貼在厚紙上裁切製作鞋墊。維持原樣，或者是在紙上貼布片都可以。
※請使用比面紙盒更厚的厚紙製作。

8

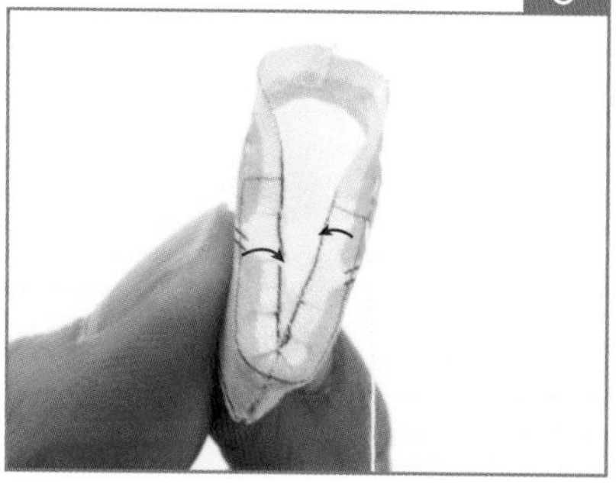

在後套布片剪出牙口，以接著劑黏貼在鞋墊。

9

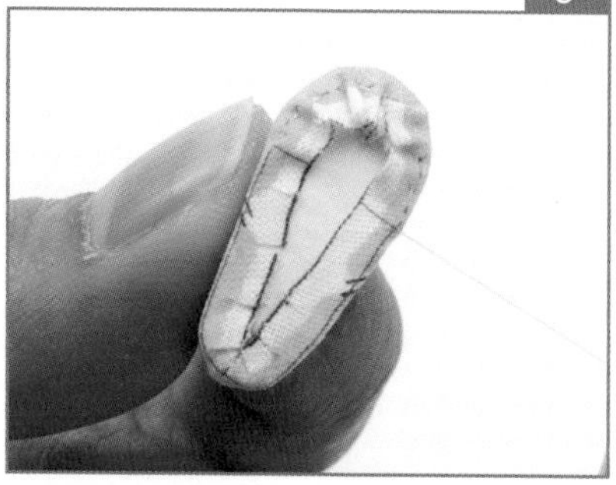

鞋頭的部分也要塗上接著劑，拉線抽出褶子，黏貼在鞋墊。

10

鞋子和鞋墊完全乾燥後將鞋底黏貼上去。以曬衣夾固定，等待接著劑完全乾燥黏合鞋子和鞋底。

11

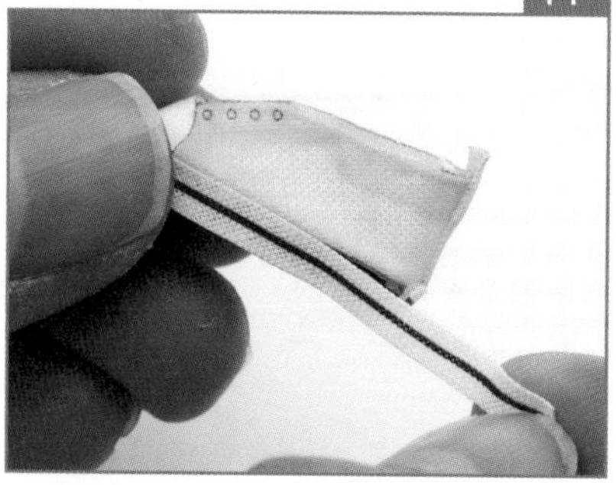

將寬度裁切成鞋底厚度+1mm寬的布條，以接著劑黏貼在鞋底周圍。

12

鞋舌要摺疊成這個樣子，再以接著劑黏貼固定。

製作鞋舌，以接著劑黏貼上去。(只適用於運動鞋)

13

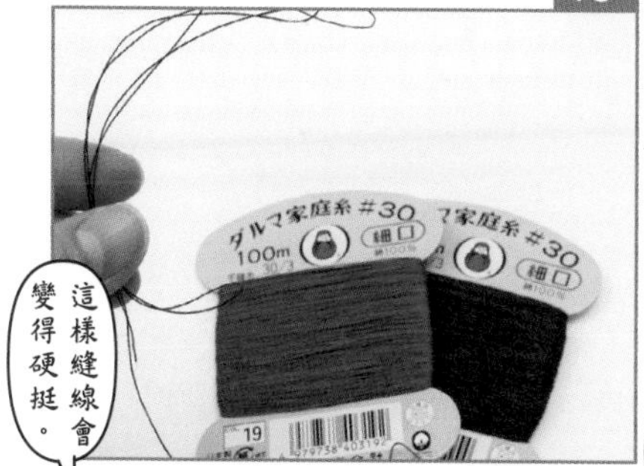
ダルマ家庭糸 #30
100m
細口
這樣縫線會變得硬挺。

製作鞋帶。將以水稀釋過的接著劑，塗在30號左右的木棉線上晾乾。

14

用針將鞋帶穿過運動鞋。

15

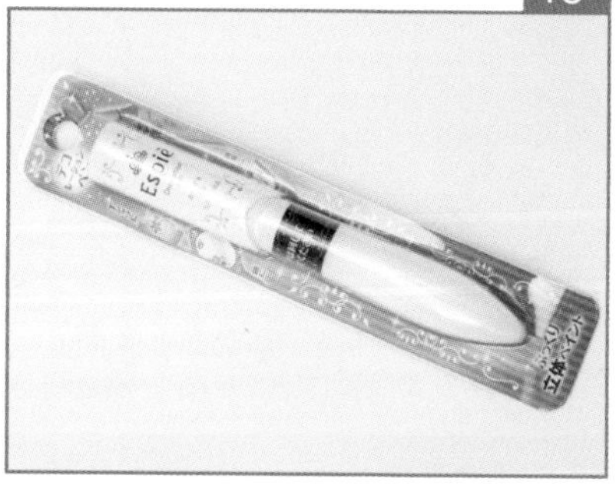

使用T恤彩繪用的「白色立體彩繪筆」來做完工前的最後修飾。

16

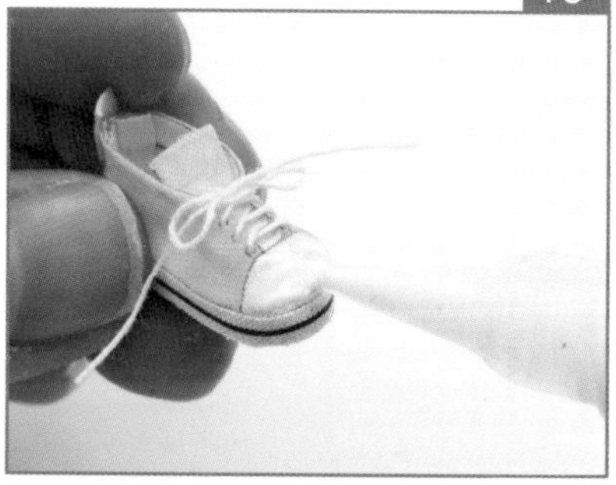

塗抹在運動鞋的鞋頭，可以呈現出類似橡膠的質感。

穿帶長筒靴

這是一體成型剪裁的簡易款靴子。不需要使用木型，就像是做勞作的感覺！

→紙型 P.91

1

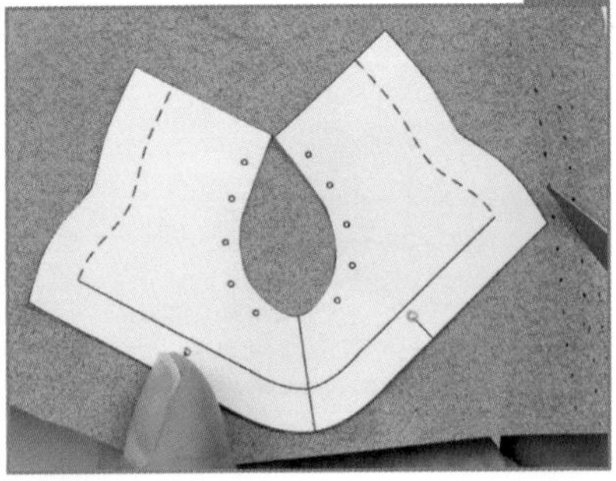

將背面貼有雙面膠帶的紙型，黏貼在合成皮革這類不會綻開的布料上。

2

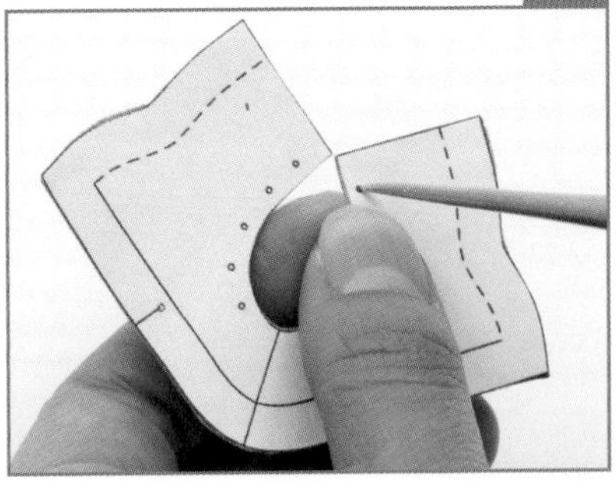

鞋帶要穿過鑽開的小孔洞。只要能夠確認位置，稍微留下痕跡再使用尖錐子鑽洞就可以了。

3

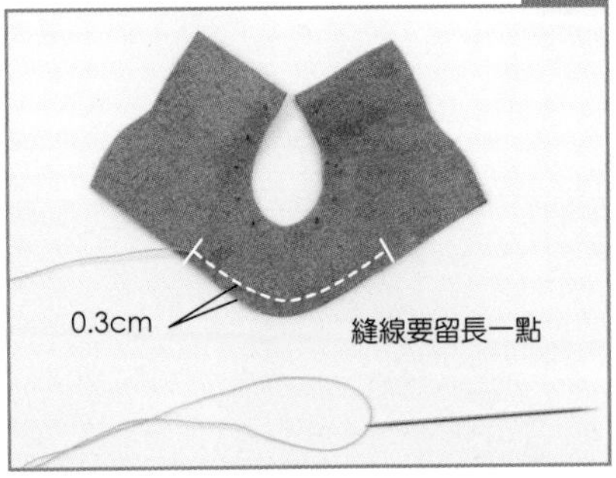
0.3cm
縫線要留長一點

在鞋頭縫上緊密的縫線。(距離布端0.3cm處)

4

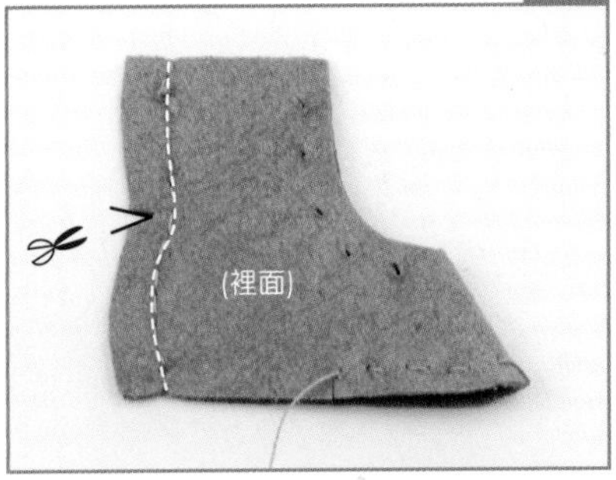
(裡面)

縫合後側。腳踝內凹曲線部分的縫份要剪出V字形的牙口。

5

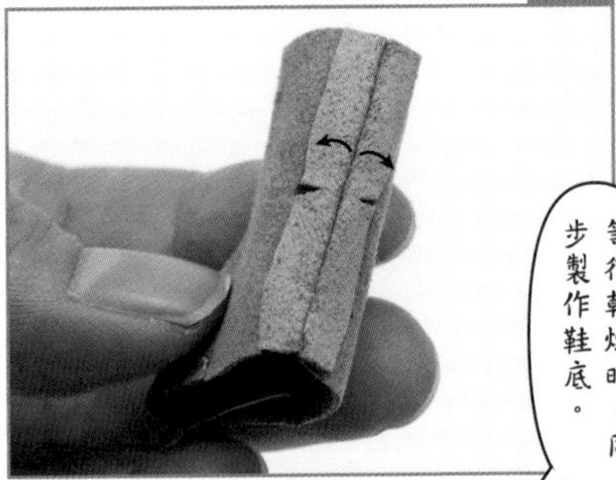

將縫份確實熨開，再以接著劑固定，翻回表面。

等待乾燥時，同步製作鞋底。

6

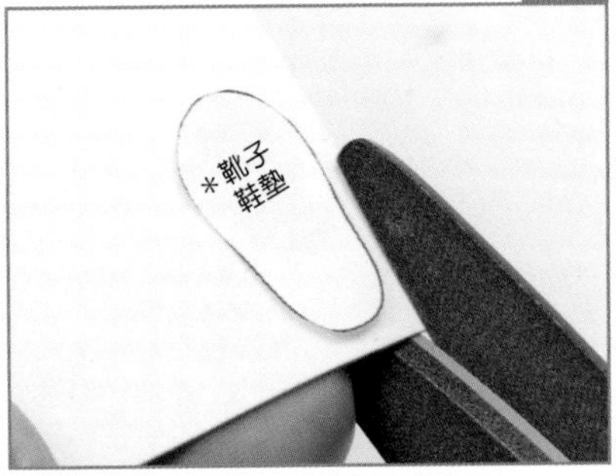
＊靴子鞋墊

將厚紙裁切下來製作成鞋墊。
※這是比鞋底略小的紙型。
※請使用比面紙盒更厚的厚紙製作。

7

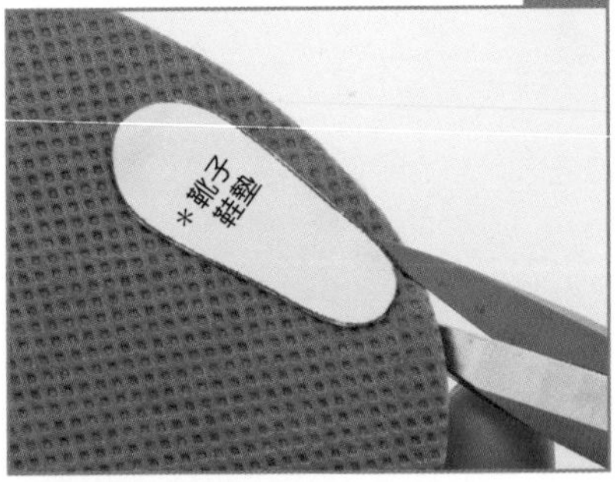
＊靴子鞋墊

將鞋墊裁剪製作成鞋底。
※鞋底的紙型要比鞋墊稍大一些。

8

將鞋跟黏貼在由鞋墊裁剪下來的鞋底。鞋底與鞋跟可以塗成自己喜歡的顏色。

※本書所使用的是厚度0.2cm的薄鞋墊。

9

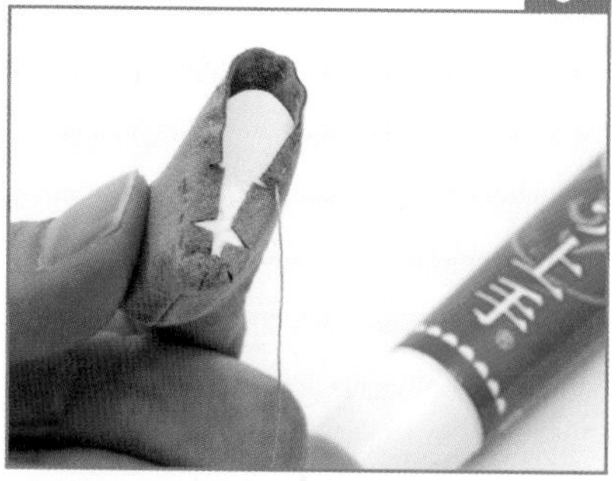

在後套布片的縫份加上牙口，鞋墊以接著劑固定。※如果手藝用的接著劑無法將合成皮革黏貼牢固的話，可以改用皮革或合成皮用接著劑。

10

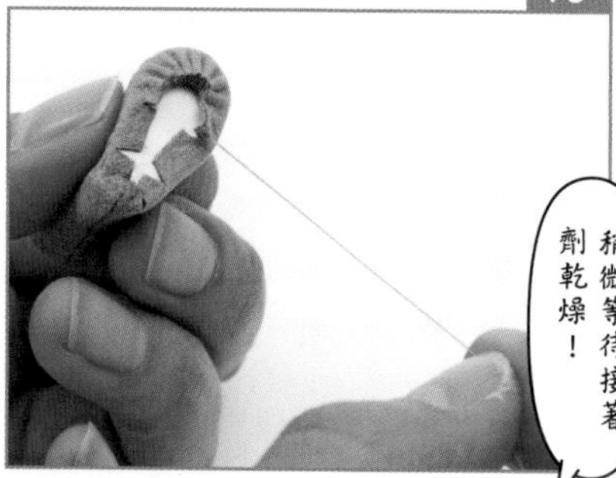
稍微等待接著劑乾燥！

鞋頭的部分也要塗上接著劑，拉線抽褶子後黏貼在鞋墊上。

11

鞋子與鞋墊完全乾燥後，將鞋底黏貼上去。使用曬衣夾等工具固定，等鞋子和鞋底完全黏合固定。※如果是較薄的合成皮革，鞋底可能會凸出鞋面，裁剪成大小適合的尺寸。

12

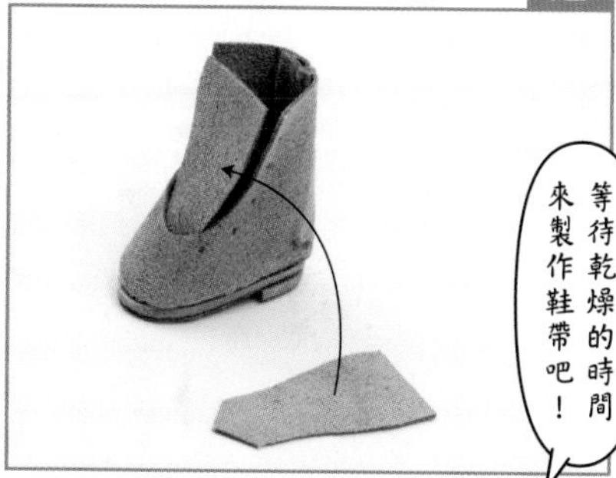
等待乾燥的時間來製作鞋帶吧！

鞋底乾燥後，黏上鞋舌，再次等其乾燥。

13

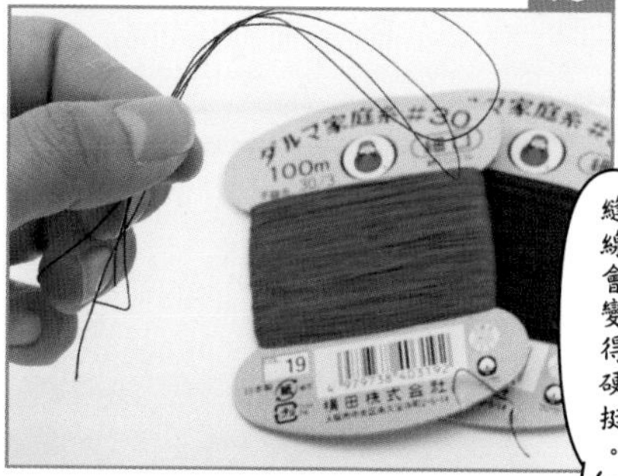
縫線會變得硬挺。

製作鞋帶。將以水稀釋過的接著劑，塗在30號左右的木棉線上晾乾。

14

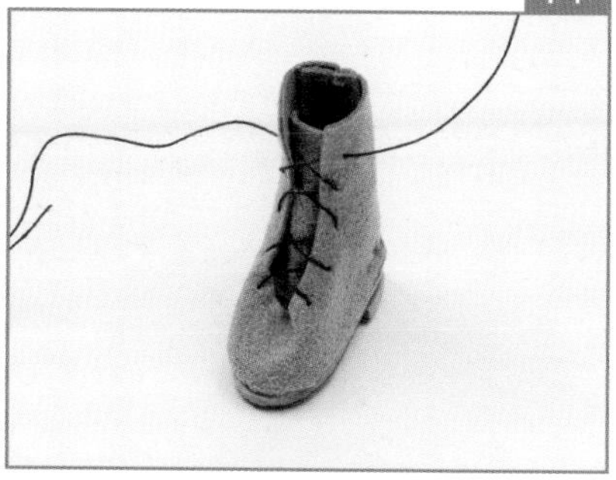

用針將鞋帶穿過靴子。

請盡量活用布用雙面膠帶吧！

雖然以接著劑黏貼固定最為牢固，不過也可以使用布用雙面膠這種便利的工具。布用雙面膠的膠層會比一般雙面膠的膠層更厚，可以確實黏貼在布料上。

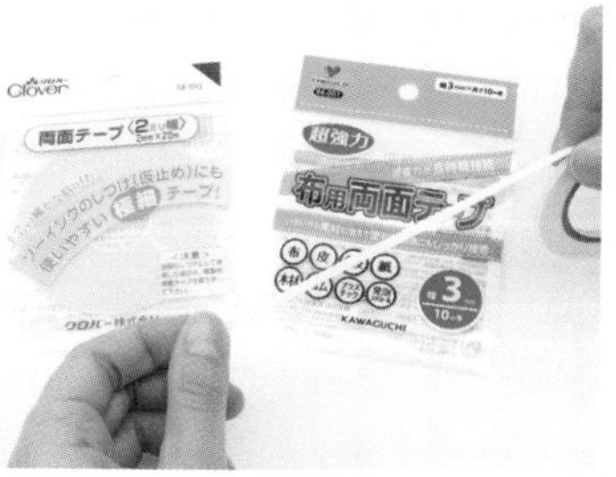

如果說很難將用於黏貼在運動鞋的細長布條裁切成正確寬度的人，也可以先貼上鞋底厚度＋1mm寬的布用雙面膠，然後再沿著膠帶裁切，就能切出正確的寬度。

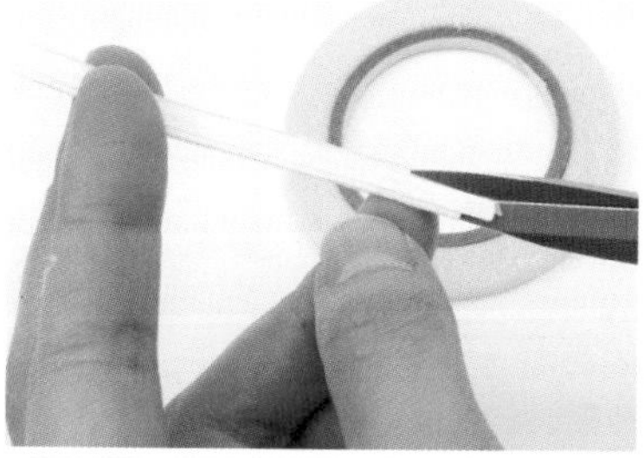
每家廠商的膠帶寬度都不太一樣，請選用自己喜歡的寬度吧！

及膝長襪

請試著製作各種不同顏色和花紋的襪子吧！縫紉線建議使用針織布用的Resilon針織紗。

→紙型 P.91

1

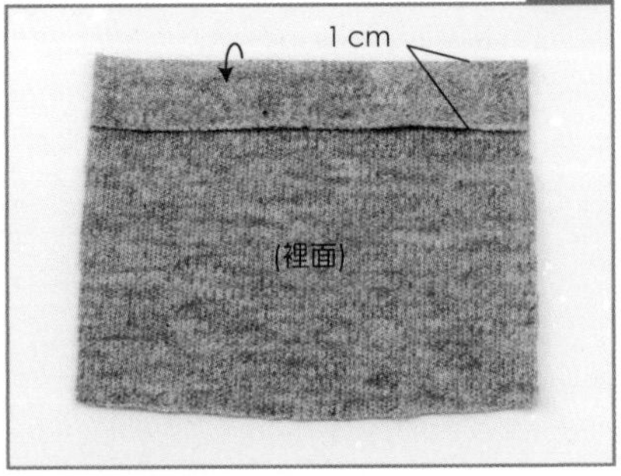
1 cm
(裡面)

準備一塊比紙型大上兩圈的針織布料。將針織布的上部摺起 1 cm。

2

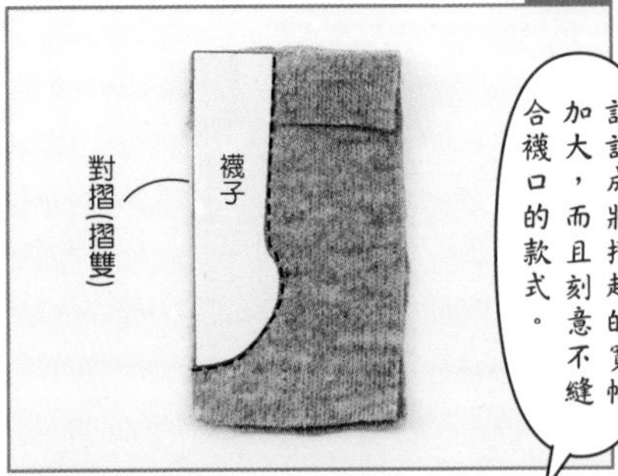
襪子
對摺(摺雙)

將布料摺成表面相對的狀態，再將背面貼有雙面膠帶的紙型黏貼在布料上，以此為導引將周圍縫合起來。

設計成將摺起的寬幅加大，而且刻意不縫合襪口的款式。

3

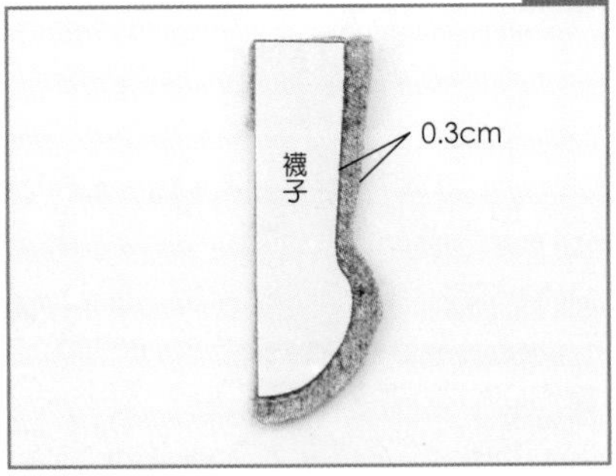
襪子
0.3cm

將縫份的寬度裁切成0.3cm。

4

翻回表面，完成。

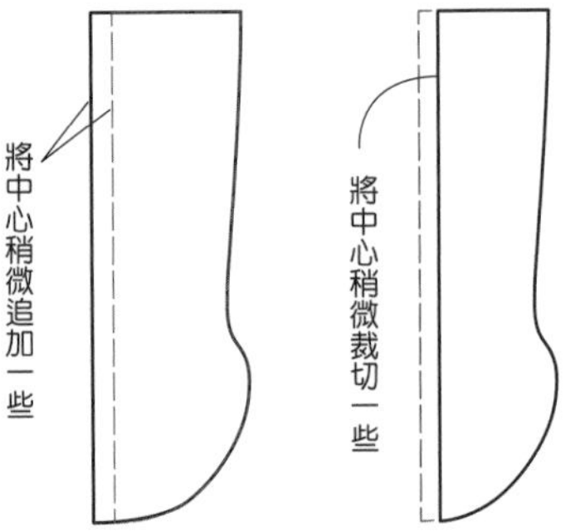
襪子太小時
將中心稍微追加一些
襪子太大時
將中心稍微裁切一些

因為素材的不同，布料的伸縮率也不同，如果尺寸不合的話，請修改紙型。

要考慮的不只是伸縮率，針織布料的厚度也會微妙地影響尺寸，
雖然麻煩了一點，建議還是先製作一個樣本來試穿確認尺寸！

如果是不穿襪子的打扮

運動鞋與靴子的紙型都是以穿著襪子為前提製作。如果想要不穿襪子但又想要鞋子穿起來合腳的話，請將紙型縮小96％後製作。

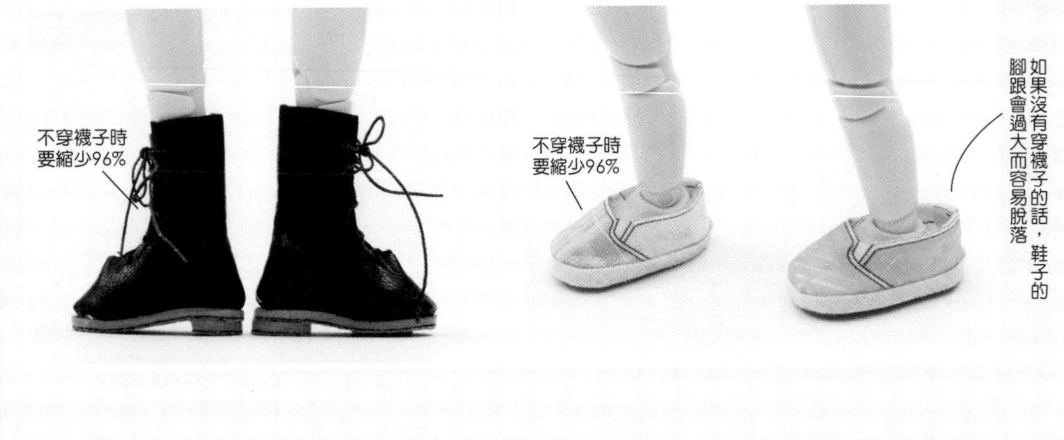
不穿襪子時
要縮少96%
不穿襪子時
要縮少96%
如果沒有穿襪子的話，鞋子的腳跟會過大而容易脫落

Chapter 17.

帽子

— HAT & CAP —

原寸大

學生帽・軍帽

請試著使用皮革布
或是斜紋布等各種
素材製作看看吧！

→紙型 P.102

1

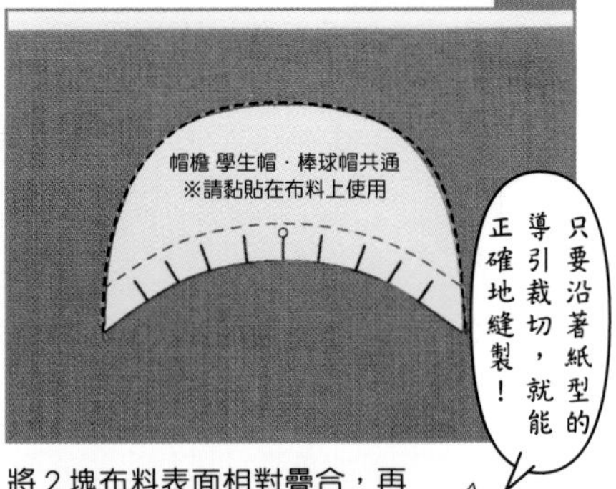
帽簷 學生帽・棒球帽共通
※請黏貼在布料上使用
只要沿著紙型的
導引裁切，就能
正確地縫製！

將 2 塊布料表面相對疊合，再將貼有雙面膠帶的帽簷紙型黏貼在布料上，沿著帽簷的外輪廓縫合。

2

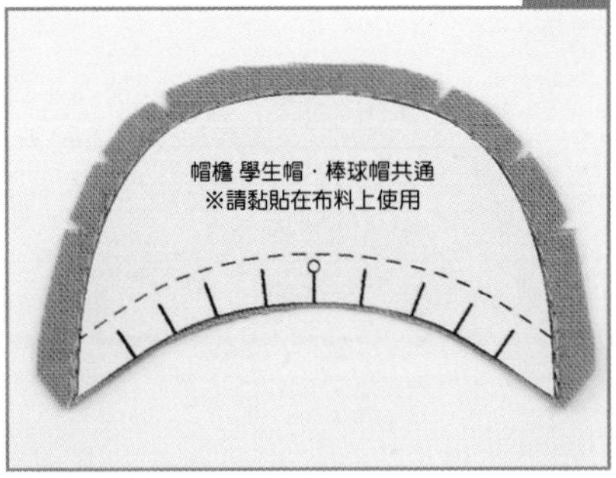
帽簷 學生帽・棒球帽共通
※請黏貼在布料上使用

在周圍保留縫份後裁切下來，並在圓弧處加上牙口。

3

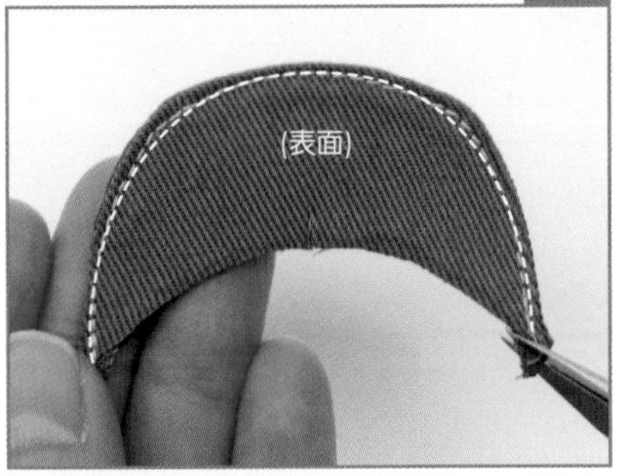
(表面)

翻回表面以熨斗整理形狀，車縫布端。將縫份多出來的部分裁切掉。

4

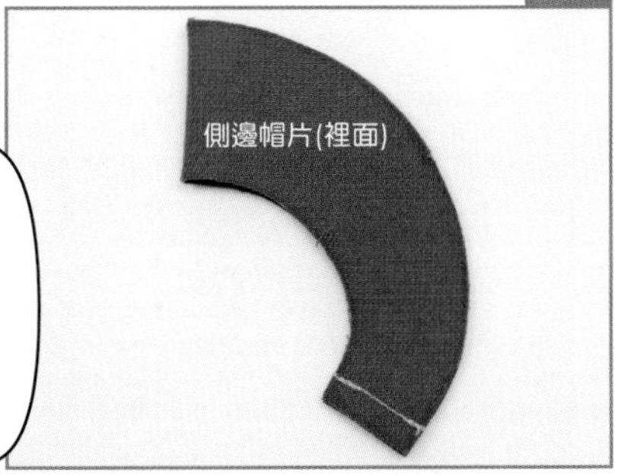
側邊帽片(裡面)

將側邊帽片表面相對摺起，縫合布端。

5

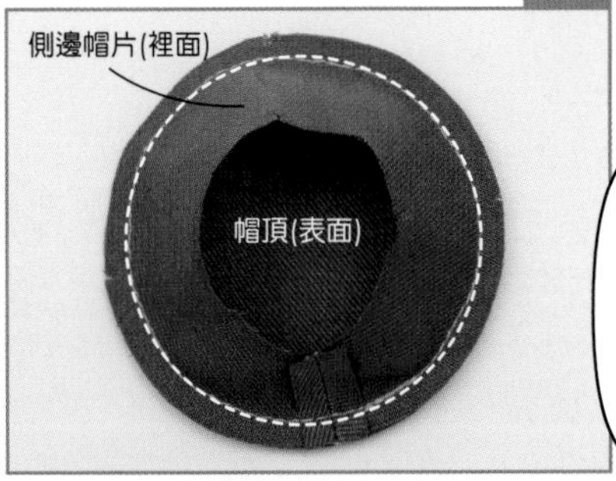
側邊帽片(裡面)
帽頂(表面)

對齊合印再縫哦！

將側邊帽片的縫份熨開，與帽頂以表面相對的方式縫合。縫份裁切成0.3cm左右。

6

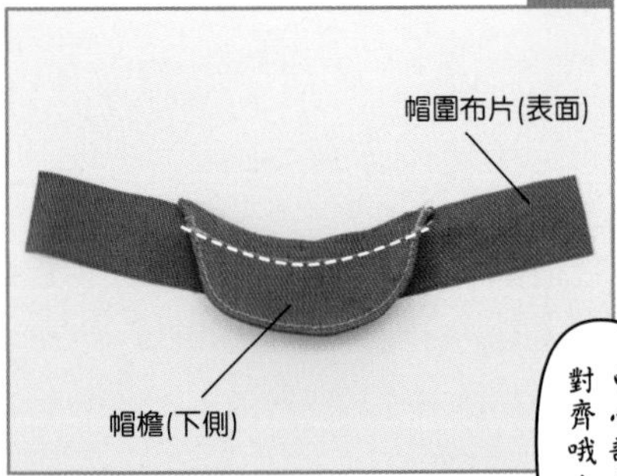
帽圍布片(表面)
帽簷(下側)

中心部分要
對齊哦！

將帽簷縫在帽圍布片的中心。

7

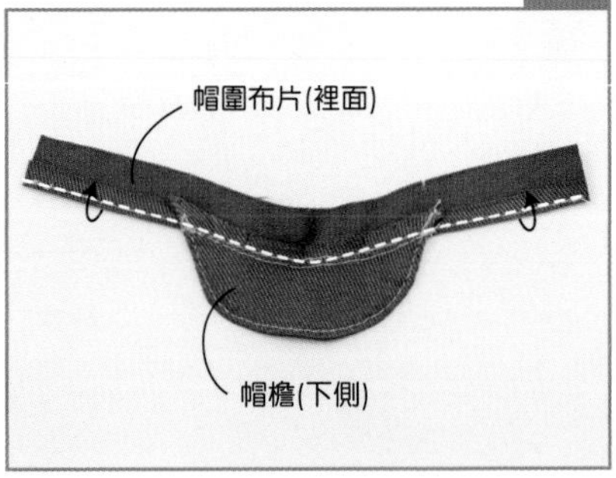
帽圍布片(裡面)
帽簷(下側)

將帽圍布片的縫份以熨斗摺起，布端壓明線。

8

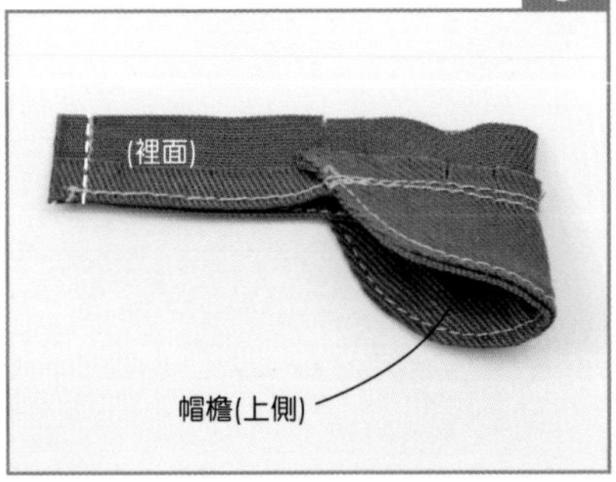
(裡面)
帽簷(上側)

將帽圍布片的後側以表面相對的方式重疊後縫合布端。

9

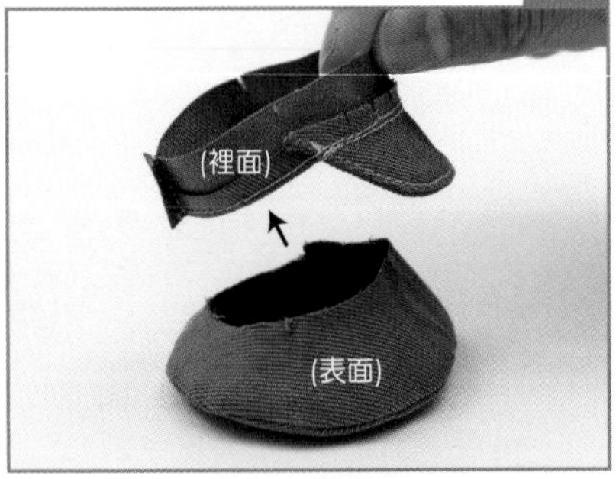
(裡面)
(表面)

將側帽片翻回表面，放入縫有帽簷的帽圍布片中。(請注意前、後不要弄錯了)

也可以調整設計成沒有帽檐的貝雷帽哦！

10

(裡面)
帽檐(下側)
(表面)

將側邊帽片與附有帽檐的帽圍布片縫上一圈固定。

11

將帽圍布片翻到表面，完成。

貝雷帽的調整設計

將側邊帽片以表面相對的方式摺起，並縫合布端。製作2塊像這樣的布片，並將其中1塊翻回表面後重疊在一起。

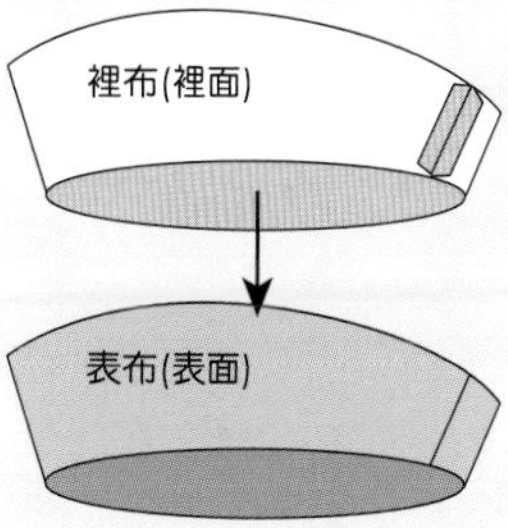
裡布(裡面)
表布(表面)

將帽口縫上一圈

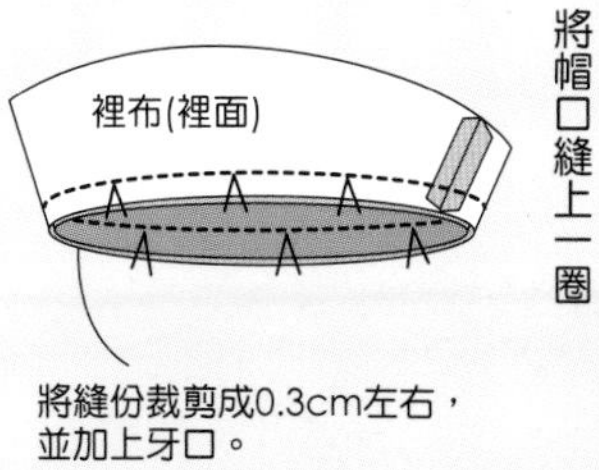
裡布(裡面)
將縫份裁剪成0.3cm左右，
並加上牙口。

翻回表面，在帽口的邊緣壓明線

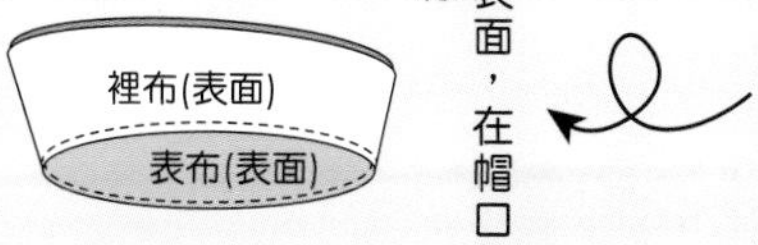
裡布(表面)
表布(表面)

將上面的步驟縫合起來的帽圍布片和帽頂布片表面相對重疊

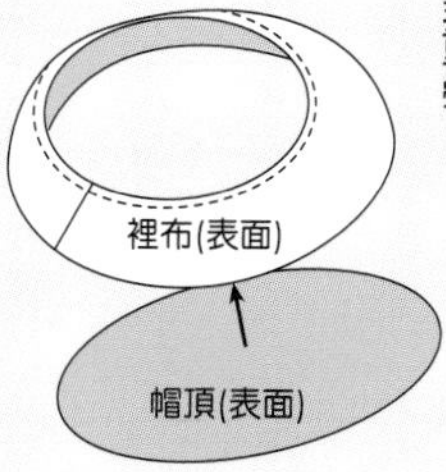
裡布(表面)
帽頂(表面)

將周圍縫上一圈，並將縫份裁切成3mm左右

翻至表面即完成

鉗子是用來將布翻至表面時的方便工具

每次要將OBITSU11這種尺寸的小衣服或小配件翻至表面時都需要耗費一番工程。像這種時候，「鉗子」就是很好用的工具。市面上也有銷售手工藝專用的小尺寸鉗子可供選用。

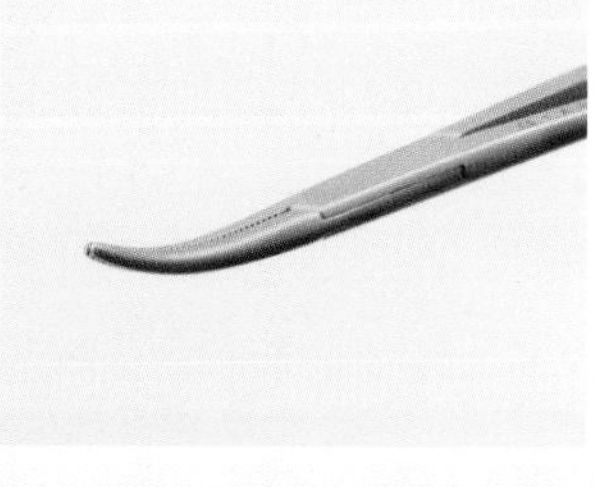

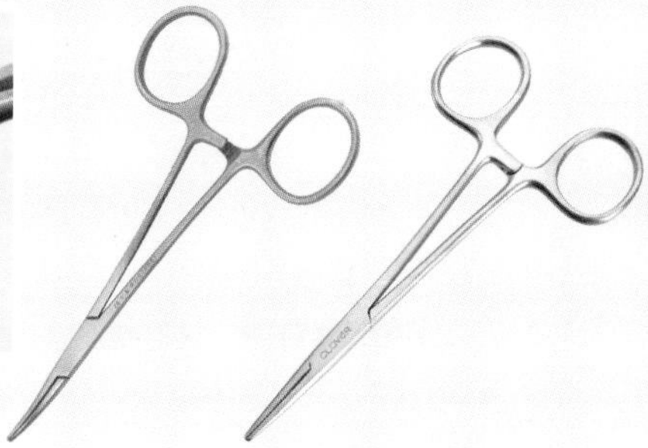

前端呈現彎角的種類也很方便哦！

便帽・棒球帽

分為6片式和4片式兩種類型。

→紙型 P.102

1

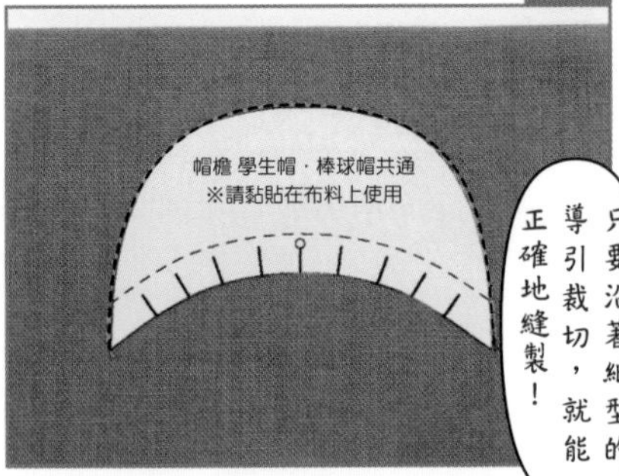
帽檐 學生帽．棒球帽共通
※請黏貼在布料上使用

只要沿著紙型的導引裁切，就能正確地縫製！

將2塊布料表面相對疊合，再將貼有雙面膠帶的帽檐紙型黏貼在布料上，沿著帽檐的外輪廓縫合。

2

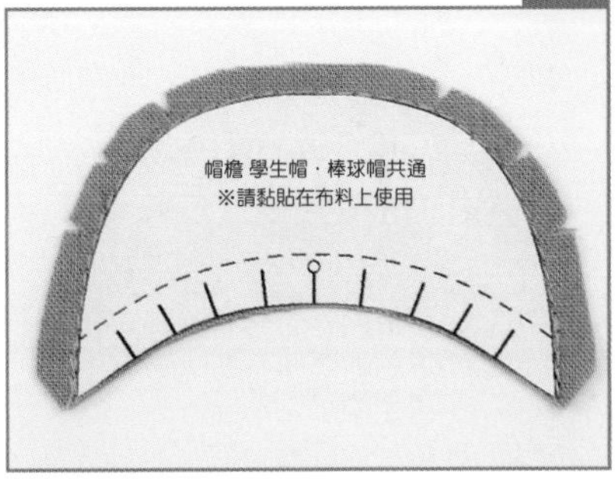
帽檐 學生帽．棒球帽共通
※請黏貼在布料上使用

在周圍保留縫份後裁切下來，並在圓弧處加上牙口。

3

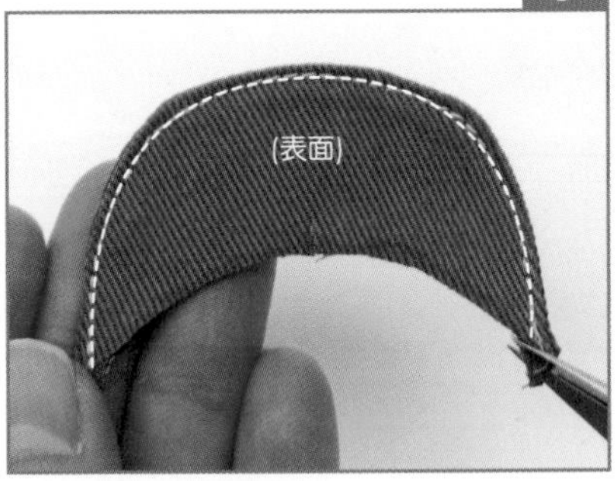
(表面)

翻回表面以熨斗整理形狀，車縫布端。將縫份多出來的部分裁切掉。

4

(裡面)
(裡面)

將帽身布片兩兩縫合，並將縫份熨開。(上部不要縫合到布端)

5

(裡面)
(裡面)

在4片式帽子的前布片縫上一個上部的縫合褶。(上部不要縫合到布端)

6

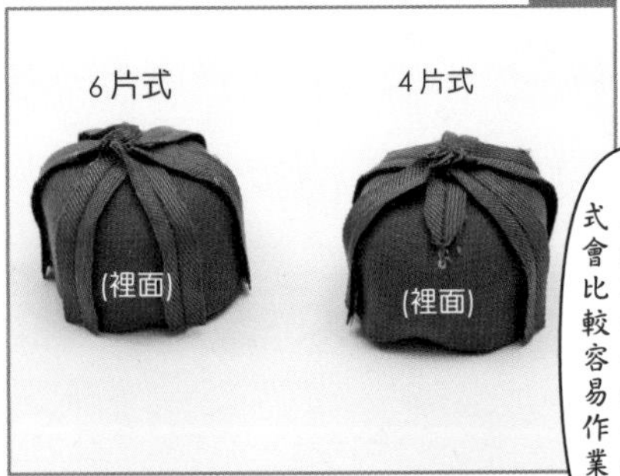
6片式
4片式
(裡面)
(裡面)

將各布片縫合起來。

不要一片一片縫，而是採取兩兩縫合的方式會比較容易作業。

7

帽子(裡面)
帽檐(下側)

將帽檐縫在帽子上。

8

(表面)

將帽口摺起，並在邊緣縫上一圈。

9

4片式帽子的製作方法也相同。

如果使用的是像條紋布這種布料時，布紋的方向要特別注意。

使用接著劑固定也可以，但還是用縫合的方式比較不易脫落。

製作帽頂鈕

將棉花或是面紙等可以揉成圓形的東西，放入布片後拉緊縫線使其變成圓形布包。調整形狀後縫至帽子的頂端。

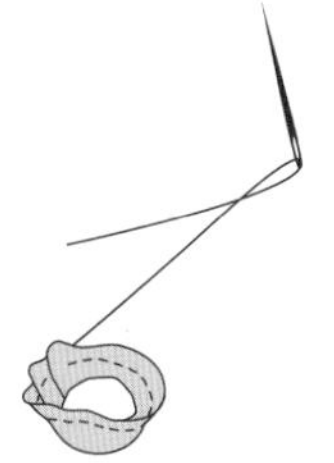

※也可以用布包住半圓形的物品

在布片的周圍縫線

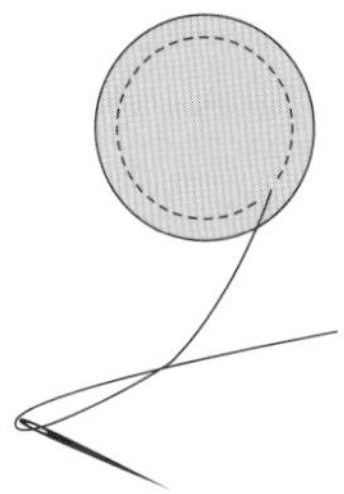

這是加贈的紙型哦！

多層穿搭時很方便哦！

這裡也為各位準備可以使用列印布印刷，附有縫份的帽檐紙型。

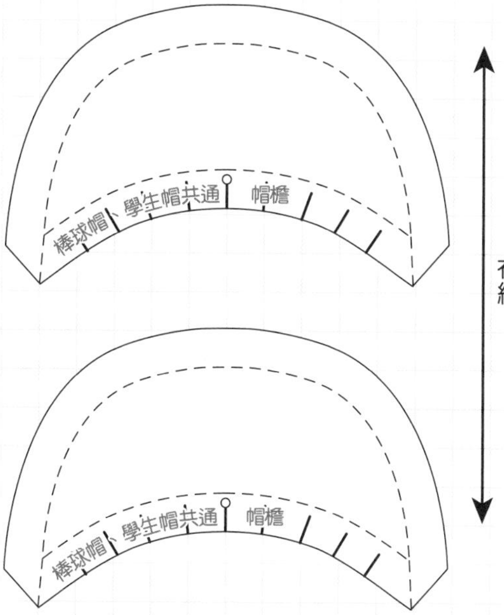
棒球帽
學生帽共通
帽檐
布紋
棒球帽
學生帽共通
帽檐

※帽檐部分的布紋可以直擺、橫放隨意改變。

可以輕鬆穿袖的手套

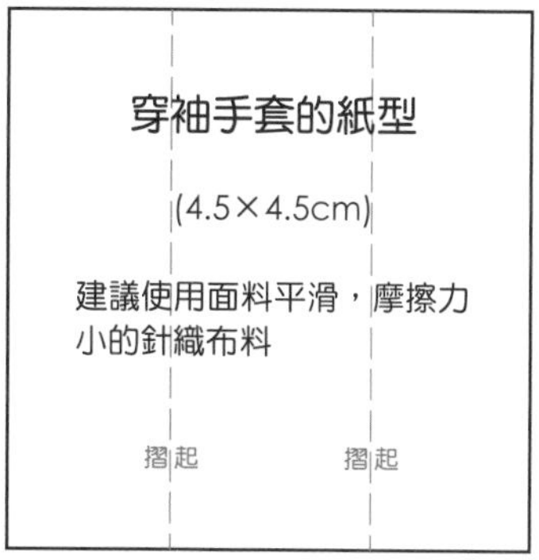
穿袖手套的紙型
(4.5×4.5cm)
建議使用面料平滑，摩擦力小的針織布料
摺起
摺起

將布料摺成三等分，再放入一條對摺的3mm寬緞帶

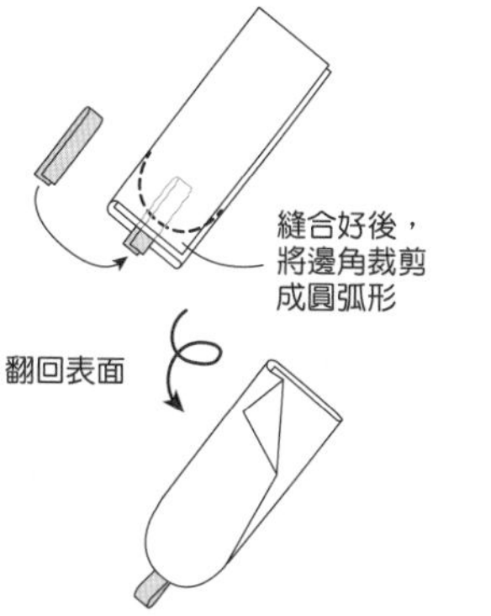
縫合好後，將邊角裁剪成圓弧形
翻回表面

將衣袖包覆起來。(娃娃裝著手臂零件的狀態比較容易穿袖)

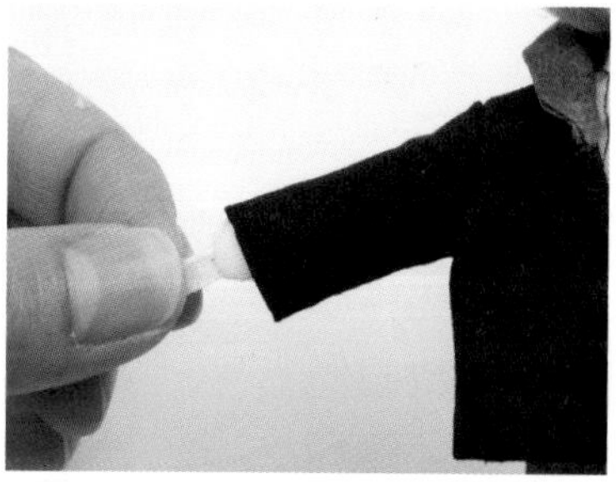

只要一拉動緞帶，手套就會脫落。

※如果只是左右相同，或者是左右反轉的紙型，會加上＊記號。

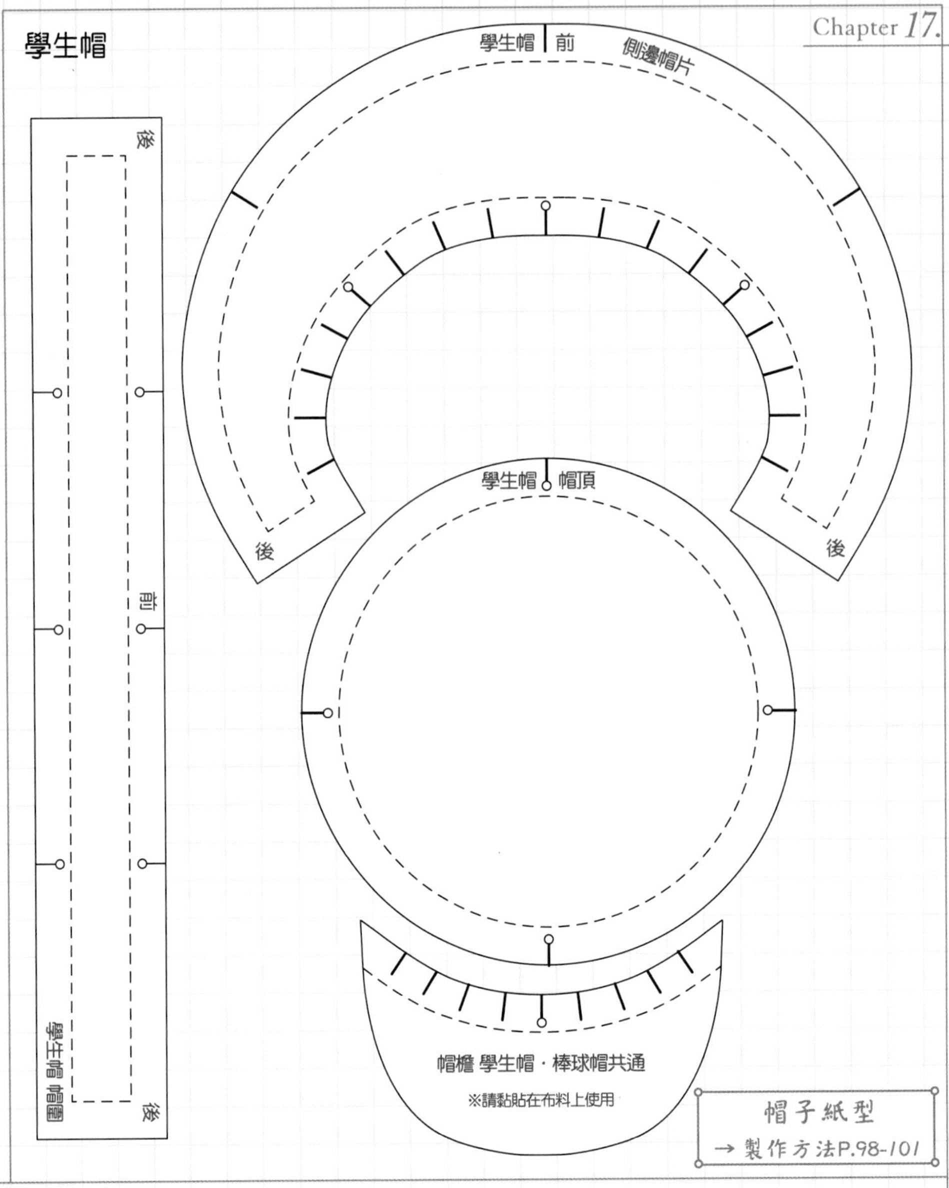
學生帽
學生帽 前
側邊帽片
後
後
後
前
後
學生帽 帽圍
學生帽 帽頂
帽檐 學生帽・棒球帽共通
※請黏貼在布料上使用
帽子紙型
→ 製作方法P.98-101

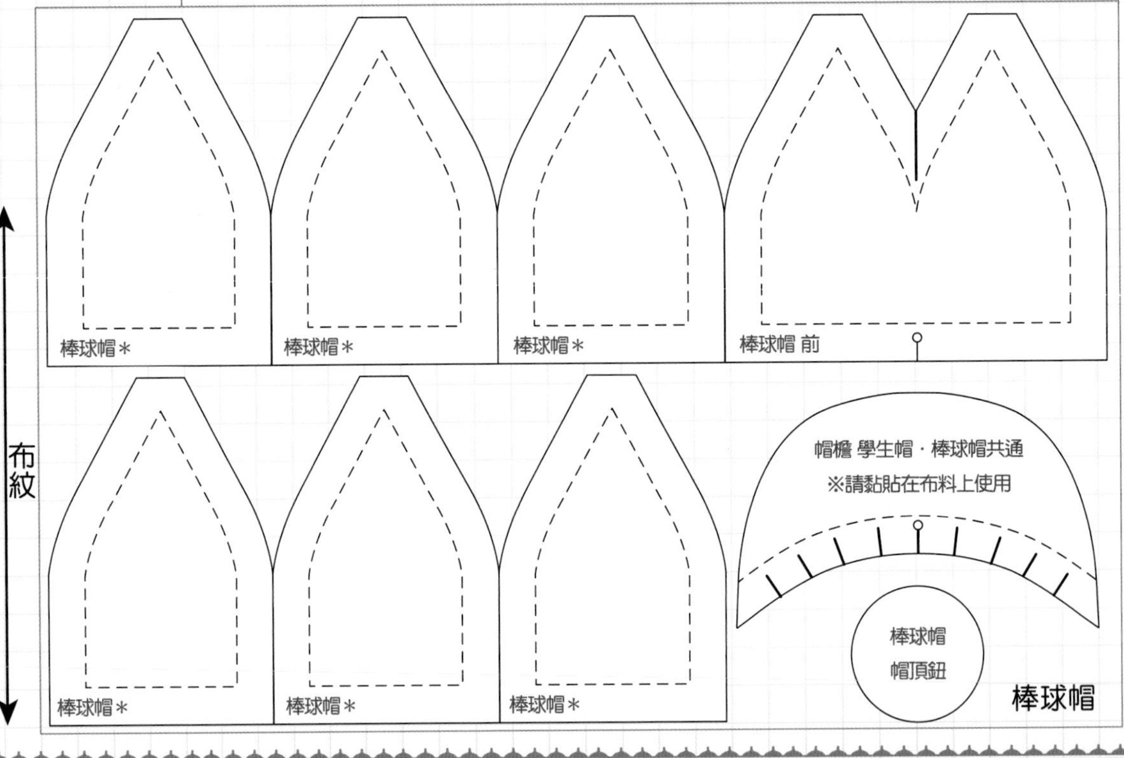
棒球帽＊
棒球帽＊
棒球帽＊
棒球帽 前
布紋
棒球帽＊
棒球帽＊
棒球帽＊
帽檐 學生帽・棒球帽共通
※請黏貼在布料上使用
棒球帽
帽頂鈕
棒球帽

請將紙型複印後裁切下來使用！

關於同意使用範圍

☆請勿將本書的內容轉載到別的地方

請不要擺明轉載本書所刊載的紙型及製作方法解說頁面。

○○的製作方法與動畫

免費提供紙型

唔？不管怎麼看都和書本裡的內容幾乎一樣嘛！

這和書本附錄的紙型完全一模一樣耶…

NG!

☆請不要散佈或販賣將本書附錄的紙型直接或只更動一部分製作的衣服或紙型(包含展售會、網路販賣、拍賣銷售)。販賣將紙型直接或放大縮小、改變長度等，更改一部分設計的衣服。

即使是將本書的紙型直接或是稍加更改設計的紙型免費發送也不行！

¥○□△○

NG!

OBITSU11 尺寸褲子紙型

NG!

想要販賣的話，請自行從零開始製作紙型！

不只是一本書，其他手作工藝書也大多會禁止以上這些事項。

允許範圍

☆將使用本書紙型製作的衣服上傳至自己的部落格或是SNS。

我用喜歡的布料自己製作衣服呢！

OK!

☆將紙型調整設計後製作完成的衣服或是製作過程的報告刊載於網頁或是SNS。

將教科書的紙型長度加長，做成了外套！

OK!

非常歡迎各位發表自己製作的衣服。請盡量發表大家自製的可愛衣服吧！

除此之外，將自製的衣服贈送給其他朋友，只要在常識範圍內的話是被允許的。

請各位想像一下
如果自己是紙型的製作者或是教科書的作者
「真不希望發生這種事情」
「被這樣子對待好討厭哦」
就不難判斷哪些事情是否能做了

注意、禁止事項

即使是自己製作的紙型，像是動畫或漫畫的角色人物、演藝人員的舞台服裝等完全相同設計的衣服，如果沒有得到許可，是絕對禁止在網站及會展活動上販賣的。

如果說無論如何都想要販賣自己製作的版權服裝時

即使是個人，也可以在會展活動等的機會，取得角色人物的「當日版權」，進而合法展示或販賣作品。

什麼是「當日版權」？

這是活動的主辦單位、承辦參展者個人提出的「角色人物的權利使用申請」，代為向版權所有者申請特例許可使用權利的一種制度。

「Wonder Festival」
http://wf.kaiyodo.net/pdf/copyright_manual.pdf
「Dolls Party」※只限於Volks Dollfie的相關產品
http://www.volks.co.jp/dolpa/

上面是以娃娃及模型人偶為主的主辦單位連結，

關於細節部分，請仔細閱讀並理解上述網頁的內容。

就算只是個人販賣的小生意，也要正式簽訂權利使用的契約，除了符合申請的期限之外，

還要務必遵守需要提交的文件及相關規定！

申請的期限雖然依活動而有所不同，但大多是活動的半年~數個月前

請務必事先查詢想要參加的活動規定，確認申請的時間排程，充裕而且有計畫的進行申請作業。

當然申請也有不幸沒有獲得同意的可能性

申請失敗了

看起來好像很難的樣子…

話雖如此，還是請大家一起來遵守規約！

只要好好的按部就班提出申請，就能獲得版權所有者的同意，取得僅限定於活動會場中的「販賣以角色人物為創作主題衣服的權利」。

擅自在網路販賣、拍賣銷售違反版權的商品。

創作出角色人物，並精心呵護培育長大的版權所有者。透過當日版權這種制度來支持創作活動者。願意遵守規約的支持者們。

等於是背叛了所有人的行為。

希望不要發生以「人家不知道嘛」無法脫罪的情形！

請大家一定要確實遵守規定！

SHOP LIST

● Okadaya 店舗／網路販賣

店舖大多集中在日本關東地區，我常去的店是新宿本店。娃娃尺寸的鈕釦、緞帶都很容易在這裡買得到。店員既親切而且也很專業。對初學者來說是一家很容易採購的店舖環境。

http://www.okadaya.co.jp/shinjuku/

● Yuzawaya 店舗／網路販賣

日本全國各地都有大型手工藝材料店的店舖。 像緞帶、布料等，商品應有盡有。 雖然各地的店舖規模各有不同， 請各位有機會的話可以就近到住家附近的店舖參觀看看！

http://www. yuzawaya.co.jp/

● Crafttown 店舗／網路販賣

這是負責營運手工藝專門店 Craft Heart Tokai 的集團公司。店舖大多位於車站附近。本書中所介紹的原創產品 Soft seet 黏扣帶只有在這裡才買得到。

http://www. crafttown.co.jp/

● Cotton House Tanno 店舗

這是位於 JR 西八王子車站南口的店舖。除了有一般標準布料之外，也有稀有布料。比方說細小花紋的布料、懷舊風格的小物品等等，甚至還有販賣外國製的盤子。店員非常親切。

http://www. cottonhouse-tanno.com/

● Pb'-factory 網路販賣

4 mm 的原創鈕釦、皮帶頭、拉鏈、以及其他娃娃尺寸的各種材料琳瑯滿目，我也會在這裡採購。也有販賣剪刀、裁縫粉片、燙衣台等方便的道具，對於製作小尺寸娃娃服的人來說是一家不可或缺的商店。

http://www. pb-factory.co.jp/

● IVORY 網路販賣

像是娃娃尺寸的迷你鈕釦、鉚釘、孔眼、皮帶頭、熱壓飾釦等，可以說是娃娃相關迷你尺寸手工藝材料的寶庫。細小尺寸的蕾絲以及細緞帶，娃娃用的鞋子零件等，在這家店待得時間愈久，逛的產品愈多，就愈買愈多，是個危險的網站。

http://ivorymaterialssyop.la.coocan.jp/

其實還有很多很棒的店家。這裡介紹的是我自己實際有買過的店舖。

如果各位住家附近有手工藝材料店的話，請務必進去逛一逛。
也許可以發現稀有物品或是其他的漂亮素材也說不定呢！

娃娃服縫紉 BOOK

OBITSU11 荒木佐和子の紙型教科書3

—— 11CM 尺寸の男娃服飾 ——

－作者－
荒木佐和子

－設計－
田中麻子

－攝影－
玉井 久義・葛 貴紀

－編輯－
鈴木 洋子

－攝影協力－
OBITSU製作所 / DONO-RE！

－使用身體－
OBITSU BODY®11 Whitey (OBITSU製作所)

－使用模特兒－
OB-DH-E-00「HAKASE」/ OB-DH-E-01「OTOKO」
OB-Doll Head Sample (DONO-RE！)

－使用假髮－
4 inch假髮 包含私人自製品 (DOLLCE)

國家圖書館出版品預行編目(CIP)資料

荒木佐和子の紙型教科書 3：11CM尺寸の男娃服飾 / 荒木佐和子著；楊哲群翻譯. -- 新北市：北星圖書, 2018.07
面； 公分. -- 娃娃服縫紉BOOK (OBITSU11)
ISBN 978-986-6399-88-6(平裝)

1.玩具 2.手工藝

426.78 107007729

娃娃服縫紉 BOOK
荒木佐和子の紙型教科書 3：[OBITSU11] 11CM 尺寸の男娃服飾

作　者 / 荒木佐和子
翻　譯 / 楊哲群
發 行 人 / 陳偉祥
發　行 / 北星圖書事業股份有限公司
地　址 / 新北市永和區中正路 458 號 B1
電　話 / 886-2-29229000
傳　真 / 886-2-29229041
網　址 / www.nsbooks.com.tw
E-MAIL / nsbook@nsbooks.com.tw
劃撥帳戶 / 北星文化事業有限公司
劃撥帳號 / 50042987
製版印刷 / 皇甫彩藝印刷股份有限公司
I S B N / 978-986-6399-88-6
定　價 / 380 元
初版首刷 / 2018 年 7 月
初版二刷 / 2018 年 11 月

ドールソーイング BOOK オビツ 11 の型紙の教科書 -11cm サイズの男の子服 / HOBBY JAPAN